中国传统建筑

解析与传承

宁夏卷
Ningxia Volume

Editorial Committee of the Interpretation and Inheritance
of Traditional Chinese Architecture: Ningxia Volume

THE INTERPRETATION AND INHERITANCE OF
TRADITIONAL CHINESE ARCHITECTURE

《中国传统建筑解析与传承 宁夏卷》 编委会 编

中国建筑工业出版社

图书在版编目（CIP）数据

中国传统建筑解析与传承. 宁夏卷 /《中国传统建筑解析与传承·宁夏卷》编委会编. —北京：中国建筑工业出版社，2019.12
ISBN 978-7-112-24564-2

Ⅰ. ①中… Ⅱ. ①中… Ⅲ. ①古建筑-建筑艺术-宁夏 Ⅳ. ①TU-092.2

中国版本图书馆CIP数据核字（2019）第286231号

责任编辑：吴 绫 胡永旭 唐 旭 张 华
文字编辑：李东禧 孙 硕
责任校对：王 烨

中国传统建筑解析与传承 宁夏卷

《中国传统建筑解析与传承 宁夏卷》编委会 编

*

中国建筑工业出版社出版、发行（北京海淀三里河路9号）

各地新华书店、建筑书店经销

北京锋尚制版有限公司制版

北京富诚彩色印刷有限公司印刷

*

开本：880×1230毫米 1/16 印张：12¾ 字数：376千字

2020年9月第一版 2020年9月第一次印刷

定价：152.00元

ISBN 978-7-112-24564-2

（35225）

本卷编委会

Editorial Committee

组织人员：霍健明、李志国、杨　普、杨文平、岳国军、万雄兵、李　鸣、徐海波、
　　　　　杨彦国、白　昕

指导专家：李立敏、李志辉、杜建录、杨占武、杨玉龙、朱瑞华、马建军、薛正昌、
　　　　　边　江、韦　红、詹　雷、郝艳英、陈伟民

编写人员：陈宙颖、陈李立、李晓玲、马冬梅、董　茜、王晓燕、马小凤、王德全、
　　　　　刘　佳、马媛媛、李　涛、吕桂芬、尚　贝、马依楠、丁小丽、唐婉琪、
　　　　　马　龙、张天然、郜英洲、姚　瑞、常　轩、贾燕萍、王　蕾、张玲玲、
　　　　　田晓敏、朱启光、龙　倩、李巧玲、武文娇、杨　慧、周永慧、伍雅超、
　　　　　魏红宁、买　瑞、刘蓓蓓、陈　帆、谷晓菲、唐　美、单佳洁

调研人员：林卫公、杨自明、苏宇静、燕宁娜、贺　平、张　豪、宋志浩、傅天明、
　　　　　李　慧、董　娜、许　洋、陈　远、贾立南、杨　浩、孙　楠、马慧娟、
　　　　　周　润、赵　晏、付　钰、王璐莹、王秋玉、唐玲玲、李娟玲

参编单位：宁夏回族自治区住房和城乡建设厅
　　　　　宁夏大学
　　　　　宁夏建筑设计研究院有限公司
　　　　　宁夏木谷建筑设计事务所（普通合伙）
　　　　　中国矿业大学银川学院

目　录

Contents

第五章　宁夏传统建筑主要特征

下篇：宁夏现代建筑的传承

第六章　宁夏现代建筑传承设计的原则、策略与方法

第七章　宁夏现代建筑的文化求索与地域性实践

第八章　结语

附　录

参考文献

后　记

前　言

Preface

　　宁夏地处中国西北区域，宁夏西北与腾格里沙漠相邻，被贺兰山阻隔，东部与毛乌素沙漠相邻，北部与蒙古高原相交接，东南与黄土高原毗连。全区可分为平原绿洲区、荒漠草原区、黄土丘陵区三部分，其地域呈现南北长，东西窄的格局。省域面积约6.64万平方公里，是我国面积最小的地理单元之一。

　　宁夏具有廊道的自然地理特征，是原始人类迁徙的通道和选择定居的重要地区，人类农耕文明发展的重要节点之一。宁夏境内发现有新、旧石器时期的遗址，如水洞沟遗址、鸽子山遗址、海原县境内的菜园文化遗址等。出土文物证明，这里在史前就是原始人类迁徙的通道，以及选择定居的地区之一。仰韶文化早期开始，这里就有农耕居民，世界的农业文明已经传播至宁夏。在北部平原的黄河岸边及南部丘陵的清水河岸边形成了大小不一的多个乡村聚落，采用半农半牧的农业生产方式。靠捕猎为生的原始人培育了稻种等植物之后，演变成了居仕于村庄中的农民。当时生活在宁夏的原始人类已经培育稻种，成为食物的生产者。由于春秋战国时期气候变冷、变干旱，原始人类向更加温暖、湿润的南方迁徙。当时，狄、戎等游牧民族，选择在牧业条件非常好的宁夏南部丘陵地区建立政权，繁衍生息。在隋唐时期，由于途经宁夏的丝绸之路线路较短，沿途有官府驿站和重要城镇分布，这里成为陆上丝绸之路上的重地。目前，宁夏境内还留有大量丝绸之路的历史遗迹，如须弥山石窟等。出土于固原南郊乡深沟村李贤夫妇合葬墓的鎏金银壶，属于波斯萨珊王朝的一件金属手工艺品，距今有1500年的历史，壶身图案描绘的是古希腊神话故事。2013年9月，国家主席习近平提出建设"新丝绸之路经济带"和"21世纪海上丝绸之路"的合作倡议，以曾经辉煌的东西经济发展、社会交融、文化传播的廊道——"丝绸之路"为媒介，发展国际对外贸易，建立沿线国家的各种合作关系，宁夏也成为重要的节点之一。

　　宁夏也具有迁徙的人文地理特征，是中原汉族文化与多元少数民族文化交融的地区，是丝绸之路的文化传播并演进发展的重要地区之一。宁夏位于自然地理廊道临近西安的位置，它的地理特征，使其成为西安的"西门户"。当西安承载国家首都功能的时候，它就需要承担保护首都的重要军事防御功能。秦之前，长期被游牧少数民族占领，并建立政权。由于地处黄土高原与蒙古高原的交错地带，北部平原适宜发展农业，南部丘陵适宜发展牧业。秦统一中国后，开启了宁夏农耕文明的序幕。境内既生活着来自山东、河南等中原移民，也居住着北方游牧民族（少数民族）。隋唐时期，宁夏经历了一次非常有利的气候变革，降水增多、气候变暖，为农业发展奠定了基础。也是这一次自然条件变好的契机，使宁夏成为丝绸之路上的重要商贸节点，在中西方商贸交流中发挥了重要的历史作用。宋、金、西夏时期，宁夏气候条件再次变冷、变干旱。元朝时期，对待宁夏的政治政策开始发生巨大的转变，并且一直延续到清朝康熙时期。不再对宁夏实施农业开发，而是以军事防御为主，当地居民也被强迫迁徙到甘肃、陕西的周边地区。也是在这个时期，通过丝绸之路、战争等方式，大量欧洲、西亚的商人、战俘、军人到达宁夏，并长期定居下来，与当地汉族、蒙古族等通婚，形成了一个新的民族——回族。回族在宁夏的土地上繁衍生息，与汉民族形成了"大杂居、小聚居"的空间分布特征，建筑风格与中原建筑一脉相承，建筑局部的装饰，如屋脊、窗户等延续并传承了回族文化。

宁夏的传统建筑特征受到自然地理和人文地理的双重影响。可是现如今，趋同化与全球化的大势所趋似利剑，让传统建筑文化形如困兽。宁夏地区建筑的地域性与传统文化也开始淡化。可喜的是，这种大环境下"趋同化"的影响，已引起政府、社会、百姓的广泛关注。趋同化与全球化的大势所趋下，传统建筑文化何去何从？传统建筑文化需要传承什么？如何去传承？随着文化自信屡屡提起，传统建筑文化理应重新走入人们的视线当中。

基于此，本书分为三个部分阐述宁夏传统建筑发展。第一部分基于文献分析，阐述了宁夏的自然和人文环境特征。第二部分基于实地调研和测绘，归纳、分析宁夏的传统建筑特征。第三部分以案例分析，归纳了宁夏现代建筑的空间实践特点。依据宁夏自然地理三种地貌类型，归纳了北部平原地区、中部荒漠地区、南部丘陵地区的建筑空间特征。由于三种地貌类型考虑对水源的利用、耕作方式、采光通风、功能使用等要求，在聚落选址、居住空间和建筑外形等方面均呈现出明显的差异。同时，三个区域不同的人文地理特征也对建筑发展演进产生了深刻的影响。本书对北部平原的王陵、佛塔、传统民居等，中部荒漠的传统民居、堡寨、石窟、陵墓等，南部丘陵地区的传统民居、宫殿、寺庙、楼阁、石窟、佛塔、陵墓、古长城等逐一进行了阐述。在此基础之上，总结宁夏传统建筑的物象特征，从自然地理和人文地理双重视角分析其成因机制。

综上所述，宁夏的传统建筑是中华建筑大家族中不可或缺的一员，具有明显的自然地域特征和少数民族文化特征，非常珍贵却研究甚少。本书基于文献综述、田野调查、案例分析和归纳演绎的科学方法，进行了大量的科学研究工作，整理了宁夏自然地理环境和人文地理环境的基础资料，阐述了不同地貌类型。不同功能类型建筑的空间特征，归纳总结了宁夏传统建筑的物象特征及其成因机制，并对当代优秀的建筑进行了案例分析。厘清了宁夏传统建筑的发展线索，阐述了宁夏传统建筑的空间特征，提出了宁夏建筑未来实践的地域性思考。虽然本书是研究组的专家、老师多年的研究、实践和思考，但由于时间紧迫，个别案例的调研深度不够等问题，会存在纰漏和错误，希望出版后得到各位专家及读者的批评指正。

第一章　绪论

　　宁夏位于我国西部偏北的位置，宁夏地区境内发现有新、旧石器时期的遗址，如水洞沟遗址、鸽子山遗址、海原县境内的菜园文化遗址等。出土文物证明，在史前这里就是原始人类迁徙的通道，以及选择定居的地区之一[①]。宁夏地区不仅是原始农业文明传播、迁徙的廊道，也是丝绸之路文化传播的廊道。宁夏是我国"一带一路"战略西北地区的重要节点之一。追溯历史，在隋唐时期宁夏成为陆上丝绸之路的重镇。至今，境内还留有大量丝绸之路的历史遗迹，如须弥山石窟、瓦亭关口、固原古城城垣等。同时，宁夏与西安存在"唇齿相依"的地理关系。当西安承载国家首都功能的时候，它就需要承担重要的军事防御功能。

---

① 宁夏海原县菜园村遗址切刀把墓地[J]. 考古学报，1989（04）：415-448+526-535.

第一节　宁夏自然地理条件

一、宁夏的区位

宁夏位于东经104°17′~109°39′，北纬35°14′~39°23′之间。位于中国大陆北部偏北，胡焕庸线以西，处在黄河中上游地区。南北长456公里，东西宽250公里。整个地域南北长，东西窄，省域面积6.64万平方公里，是我国面积最小的地理单元之一。西北与腾格里沙漠相邻，被贺兰山阻隔，东部与毛乌素沙漠相邻，北部与蒙古高原相交接，东南与黄土高原交接。

宁夏东临陕西，南接甘肃，西连青海，北邻内蒙古。黄河从宁夏中部由南向北流过，灌溉了宁夏北部平原地区的肥沃土壤，创造了"塞北江南"的农业奇迹。境内主要分为三个地形单元，北部平原、中部荒漠、南部丘陵。首府银川位于北部平原，享黄河灌溉之利，是西北地区重要的区域中心城市。

二、宁夏的地理环境

宁夏地区存在两种地质构造：中朝准台地，形成于距今18亿年以前；昆仑秦岭地槽褶皱区，形成于寒武纪中期535~515万年前，始于喜马拉雅运动。宁夏从南至北分为4种气候类型：温带干旱区、宁南温暖干旱区、宁南温凉干旱区、六盘山高寒温湿区。土壤分为两种类型，其中灰钙土：4.2万平方公里，83.87%；黑垆土：1.0万平方公里，16.13%（周特先（1988）[①]。境内主要可以划分为3个地形单元，地貌单元可以粗略分为五种类型，由南向北依次为丘陵、台地、山地、沙漠、平原（盆地）。宁夏全区黄河流程397公里，支流水系发源于宁夏的有清水河和苦水河。随着时间的推移，不同的地形地貌区域形成了不同类型的人地关系，不同的营造和建筑范式，具有鲜明的地域特色。

三、宁夏的气候

宁夏各地太阳总辐射能源非常充足，年总值为122.6~148.9千卡/平方厘米。全区平均温度比较低，一般在5℃~9℃之间，宁夏平原平均温度在8℃以上，为全区温度最高的地区。宁夏全区降水在200~600毫米之间，由南向北递减。宁夏北部平原日照最充足，温度最高，土壤适合耕作，虽然降雨量稀少，但是有黄河灌溉，是宁夏地区最适宜发展种植业的地区。南部丘陵降水最充足，地貌为丘陵，适宜于动植物生长、繁衍，是宁夏地区发展牧业较好的地区。

第二节　宁夏历史文化及建筑综述

一、人文历史基本脉络

位于宁夏灵武市境内的水洞沟遗址表明，早在3万多年前，人类就已在这片土地上繁衍生息，表明宁夏是中华民族古文明的发祥地之一。秦汉时期，宁夏全境皆属北地郡，筑有闻名的秦长城和秦渠，开创了引黄河水灌溉的历史。三国时期，今宁夏中部、南部为魏国统治，其余地区皆系鲜卑、匈奴、羌人驻牧之地。两晋时期，仅南部属安定郡所辖，北部仍为匈奴、羯、氐、羌、鲜卑等人所居。南北朝时期，今宁夏地区先后属北魏、西魏和北周所辖。隋朝统一全国后，今宁夏大部分地区属平凉郡、灵武郡。至唐朝，今宁夏全境均属关内道，境内置灵州、原州，宁夏大部分地区属之。北宋初期，今宁夏地区分属灵、盐、原等州。1038年，以党项民族为主体建立起来的西夏王朝，立国190年（1038~1227年），建都于兴庆府——今宁夏银川市。蒙元时期，今宁夏南部固原市原州区、彭阳县及西吉县、中卫市海原县的东部，当时属陕西行省，泾源县属平凉府华亭县，隆德县和西

---

① 周特先. 宁夏国土资源[M]. 1988（07），银川：宁夏人民出版社.

吉县大部属平凉府静宁州，中卫市海原县西部属西安州海喇都城。北部地区隶属甘肃行省之宁夏府路。明清时期，今宁夏全境隶属于"九边重镇"之宁夏镇和固原镇。中华民国元年（1912年），执政的令各省裁府存道，宁夏府遂改称朔方道，同年又改称宁夏道。

1949年10月1日，中华人民共和国成立。今宁夏南部地区为甘肃省西海固回族自治州，北部仍为宁夏自治区。1958年10月25日，宁夏回族自治区成立，辖银川专区、吴忠回族自治州、西海固回族自治州及泾源、隆德两县。2004年，宁夏进行新的区划调整，下辖5个地级市、9个市辖区、2个县级市、11个县。

二、宁夏传统建筑的基本特征

"宁夏有天下人，天下无宁夏人。"这句在宁夏流传很广的俗语，既道出了宁夏自古就是移民地区，又点出了宁夏人因地理环境优越而恋乡保守的文化特点。在农业时代，宁夏之所以成为历朝历代的重点移民地区，与其独特的自然和政治、军事地理环境密不可分的。

历史上，宁夏的移民类型多种多样，既有来自内地的汉族移民，又有来自四夷的少数民族移民；既有军事移民、政治移民、经济移民，又有文化移民；既有强制移民，又有自由移民；既有从外向内的移民，又有从内向外的移民。因此，宁夏移民的文化特色，自古以来就呈现出五方错杂、风俗不纯、人地和谐、冲激碰撞和融合更新的特点。

历史上移民大潮屡屡席卷宁夏，使大量外籍移民迁入宁夏大地的各个角落，各地毫无例外地出现了"五方错杂"的情况。"五方错杂"，既是大移民运动的产物，同时也是宁夏移民社会的表征。宁夏的移民人口远远超过了本地土著，这是宁夏移民社会根本的标志。由于"五方杂处"的形形色色，因此就必然出现"五方之民、语言不通、嗜欲不同"的情况，随之而来的便是"风俗不纯"。所谓"不纯"就是不单一，不止一种。换句话说，就是多元、复合。"不纯"一词在这里没有贬义，它是宁夏移民特色文化"多元、复合"

特征的另一种表达。而所谓人地和谐，就是人与土地的和谐，人与水土资源的和谐，人与地理环境的和谐，也就是人与自然的和谐，它在移民的"天·地·人系统"中处于基础地位。冲突就是矛盾，就是斗争，它是更新与融合的前提。在自然经济处于支配地位的社会里，广大农民世代附着于土地，乡土观念很重，不肯轻易离乡背井；而且交通、通信条件又落后，"生离"常常是"死别"的同义语。因此，每一次移民行动，政府与移民的冲突是不可避免的；移民与土著的冲突是不可避免的；移民与移民的冲突也是不可避免的。冲突，从表面上看，是族群与族群之间、统治者与被统治者之间的矛盾，而实质上却是不同文化的冲突、碰撞和融合。从秦至清，每次大型的移民活动，都会带来一群新的个体，这些个体都带着当地鲜明的文化个性和风俗习惯，他们的到来，都会与当地已经形成的文化进行碰撞和交融，进而互相渗透与吸引，形成一种新的文化。可以说，每次大规模移民的涌入，带来的都是一次文化的嬗变。

纵观历史长河，宁夏地区曾有20多个少数民族定居繁衍，其中有些民族到后来演变成汉族或其他少数民族，而有些民族迁到这里不久后，就再也找不到延续的脉络。他们经过宁夏地区各种（阶级的、民族的、文化的）斗争和冲突的洗礼，最后都完全融入了中华民族的大家庭之中。

正是在这样的历史演绎下，自南部丘陵，经中部荒漠，至北部平川，形成了适应不同地形地貌、融合多元文化特征的宁夏传统建筑。其主要特征表现如下：

（1）应对自然与军事防御的群体肌理组织。宁夏境内遗留多处明长城遗址，据魏保信的《明代长城考略》记载，长城沿线九镇中的宁夏镇、固原镇均位于宁夏域内，利用六盘山、贺兰山脉和沙漠、黄河等天然屏障，宁夏传统建筑聚落形成两大类肌理组织，一是与长城之间"唇齿相依"的军事城池，二是与自然结合依山傍水的农耕聚落。

（2）应需拓展与自然相生的聚落空间格局。因各个朝代屯垦驻军、移民迁入的需要，自南向北，宁夏传统建筑形成地貌特征鲜明、自然相生、由小到大、由纯变杂、由高到低的山地、丘陵类和平原类聚落空间格局。

（3）地景交融的自然与人工一体化营建。由于宁夏干旱缺水且冬季寒冷，地形地貌变化丰富，宁夏传统聚落多靠近水源、顺应地势。无论高房子、窑洞，堡寨民居，还是生土加麦草的夯筑形式，都是尊重地形地貌与气候条件的产物，这种仿佛从土里长出来的建筑，是对地域的最大尊重，不仅经济安全、保温隔热，也是宁夏传统建筑地景交融、天人合一的特色所在。

（4）黄土为衣、山河为脉的就地取材方法。由于宁夏森林覆盖率低、林木资源匮乏，决定了生土作为当地民居建筑材料的主体结合木构建筑形式，形成了富有地域特色的生土木构建筑体系，各类生土为主的土坯房、砖坯房既可在丘陵、高原顺山就势，也可在荒漠、平原遍地开花，形成宁夏传统民居黄土为衣、山河为脉的生土材料建造特色（图1-2-1）。

（5）多类迁徙文化交融的创新建造技艺。宁夏作为一个迁徙之地，以中原汉族文化为根源，融合各个历史时期逐渐迁入的多民族文化，塑造了该地区多元且包容的建筑表现形式（图1-2-2），缔造了极具地域文化特征的建造技艺，比如与层峦叠嶂的六盘、贺兰山脉交相辉映的廊殿楼阁挺拔的屋顶、上翘的翼角；又如具有典型中原合院形制却又融合不同宗教文化元素的各种神异形同的纪念建筑（图1-2-3）；还有将南北综合、回汉结合的马月坡寨子中挑梁减柱法建造的连廊。

这些于宁夏土地上逐渐演变发展的传统建筑，形成了我国西北军事边塞建筑体系的主要格局，产生了适应西北地貌气候的宁夏传统民居的基本类型，丰富了迁徙文化与中国礼制建筑相交融的本土化实践经验，并创造了于历史上"不毛之地"御寒降暑、防御固沙并繁衍发展的建造奇迹。

研习这一部屯垦迁徙的建造历史，为宁夏现代建筑的传承与发展，提供了诸多尊重自然又可持续发展的建造思想与技艺表述。尤其在多元文化交融、和平共生发展的建筑文化传承上为现代建筑的设计提供了诸多创新设计方法，更为新时代背景下设计适合地域、人性科学、低碳环保的本土绿色建筑提供了诸多有益又长久的设计启示。

最后对本书结构和内容编写情况给予简要说明。本书基本结构由绪论、解析、传承、结语四大部分合计八章组成。

"绪论"从自然地理、历史人文、建筑传统、现代传承等主要层面综合论述宁夏传统建筑的特征内涵、历史意义与现代建筑的传承思想及设计方法。

"解析篇"由第二、三、四章与第五章组成，构成了解析宁夏传统建筑的主要部分。通过三个不同地貌特征的区域建筑，分析宁夏传统建筑的聚落特征、建筑特色与建造方法。

"传承篇"由第六、七章组成，重点通过有一定代表性的实践案例总结了宁夏现代建筑的创作经验与传承方法。

"结语篇"即第八章，对全书研究内容进行总结梳理，并对宁夏建筑未来的发展提出了有意义的展望。

图1-2-1　宁夏同心县黄谷川（来源：贺平 摄）

图1-2-2　银川古楼（来源：贺平 摄）

图1-2-3　一百零八塔（来源：贺平 摄）

上篇：宁夏传统建筑解析

第二章　北部平原绿洲区传统建筑解析

　　宁夏北部平原绿洲区即银川平原区域，银川平原位于中国宁夏回族自治区中部黄河两岸，是河套平原的西南部。早在三四万年以前，就有古人类居民点。水洞沟旧石器文化遗址便是其有力写照。北部平原绿洲区属于内陆构造平原，是断裂下陷后，又由黄河冲积而成，现整理渠道，改良土壤，扩大灌溉面积，产水稻、小麦、油菜、玉米、胡麻等，号称"塞上江南"。温带大陆性气候导致当地南寒北暖。本章将从北部平原绿洲区城乡格局、规划传统及北部平原绿洲区传统建筑群体与单体三个方面解析其营造智慧。

第一节　北部平原绿洲区的自然环境与人文环境

一、区域范围

　　宁夏回族自治区是我国5个省级少数民族自治区之一，位于我国中北部的黄河中上游地区，地处北纬35°14′~39°23′，东经104°17′~107°39′，与陕西省、内蒙古自治区、甘肃省毗邻，总面积为6.64万平方公里。宁夏地理格局呈东西窄、南北长的带状，南北相距456公里，东西相距约250公里。地势南高北低，山地、高原约占全区的3/4，1/4为平原。宁夏平原属河套平原绿洲区，以青铜峡为界，又可划分为以南为卫宁平原，以北为银川平原的两个绿洲亚区。六盘山与贺兰山南北纵贯，黄河自中卫入境，由两山之间的宁夏腹地穿过，穿越宁夏中北部地区向北流淌，顺地势经石嘴山出境，在宁夏境内总流程达397公里，流经12个县市。

　　北部平原绿洲区即银川平原区域，地处宁夏北部，包括银川、石嘴山、吴忠、中卫、平罗、青铜峡、灵武、贺兰、永宁、中宁等十个城镇（图2-1-1），区域国土面积2.87万平方公里。作为宁夏的城镇集聚地区，因有黄河穿越而过，土地肥沃，自然条件和社会经济条件较为优越，成为宁夏人口和经济要素聚集地，对省内贫困地区如南部山区和省外周边地区人口有着强大的吸引力，导致人口的进一步集聚，是宁夏经济社会发展的战略高地和主要增长极，其发展状况决定着宁夏全区未来的发展势头。

二、自然环境

　　北部平原绿洲区地处温带大陆性气候，四季分明，春多风沙，夏少酷暑，秋凉较早，冬寒较长，无霜期短，年日照充足，昼夜温差大，雨雪稀少，蒸发强烈，气候干燥，风大沙多。

　　北部平原绿洲区地势平坦开阔，土地肥沃，由母亲

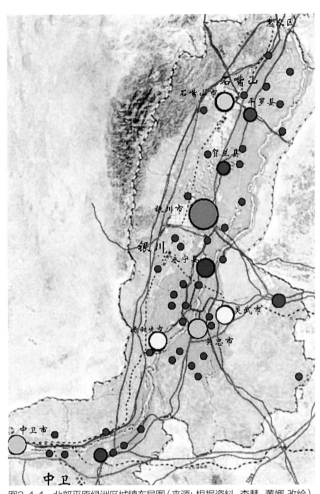

图2-1-1　北部平原绿洲区城镇布局图（来源：根据资料，李慧、董娜 改绘）

河——黄河流经绿洲区，自秦汉开始就引黄河水进行自流灌溉，沟渠纵横，水利资源丰富，加之日照充足，自然条件优越，是重要的农林牧渔生产区，亦是宁夏粮食的主产地，也是全国著名的商品粮基地之一。但同时，北部平原绿洲区处于干旱与半旱区、荒漠与草原交错的过渡地带；以种植业为主，植被种群单一，以人工种植为主体；北部平原绿洲区东、西、北三面分别被毛乌素沙漠、腾格里沙漠、乌兰布和沙漠包围，外部环境恶劣；北部地区盐渍化严重，综合来看，北部平原绿洲区抗外界干扰能力较弱，恢复能力极低，属于易受损地区，使其生态系统具有更为显著的脆弱性和不稳定性。

　　北部平原绿洲区矿产资源丰富，有煤炭、赤铁矿、黏

土、金、铜、铝、铁、石油、矿石、天然气、铝土、硅石、铁矿石、湖盐、陶土、贺兰石、膏盐矿、磷矿石、水晶、石英等数十余种。石嘴山、中卫及灵武矿区的煤炭更是具有高发热量、低灰、低硫、低磷等优点，在全区乃至全国都占有十分重要的地位。贺兰石"石质莹润，用以制砚"，制成的贺兰砚"呵气生水，易发墨而护毫"，自古就有"一端二歙三贺兰"之盛誉，为中国"五大名砚"之一。

三、人文历史

北部平原绿洲区是中华民族远古文明发祥地之一，历史积淀丰厚，文化多元鲜明，曾有汉族、匈奴人、党项人、蒙古族、回族等多个民族在此活动，加之在历史上曾进行了七次大规模移民活动，因此自古以来宁夏北部绿洲区就是一个中原文化、移民文化、边塞文化、河套文化、丝路文化、西夏文化、伊斯兰文化等多种文化激荡交融的区域。北部平原绿洲区已形成多民族聚居的现状，有汉族、回族、维吾尔族、东乡族、哈萨克族、撒拉族和保安族等二十余个民族聚居在此，带来了各种少数民族文化与习俗，并相互影响、逐渐融合。区域内宗教历史悠久，有佛教、伊斯兰教、道教、基督教和天主教。主要少数民族为回族，信仰伊斯兰教，在回族聚集地区，建有大量不同形式和规模的清真寺。

第二节　北部平原绿洲区城乡格局及规划传统

一、北部平原绿洲区历史格局与发展变迁

北部平原绿洲区地势平坦开阔，内有黄河穿越而过，自然条件得天独厚，得益于引黄灌溉技术的引进，农业得到了空前的发展，社会经济条件的优势也逐渐凸显，产生了大规模的移民和频繁的新县治设立，逐渐呈现出"塞北江南"的景象。而随着西北地区各民族的发展壮大，民族之间的较量

所引发的战乱，一方面多次使北部平原绿洲区的灌溉农业陷于停滞，给人民生命财产造成了严重破坏和极大损失；另一方面也促进了城市的建设与发展，北部平原绿洲区的政治、军事地位日益突出。总的来看，北部平原绿洲区作为多民族聚居区，虽然在政权迭出的动荡年代多次作为战区，发展一度处于停滞期，但历代统治者均十分重视其农业与水利开发，不断开垦土地，资源、人口和县治不断增多，逐渐形成了北部平原绿洲区的城乡格局。

（一）秦汉时期县治的出现与发展

黄河穿宁夏平原而过，北部平原绿洲区早期县治的设立与城池的修筑都在黄河东岸。在引黄灌溉尚未开发之前，北部平原绿洲区的农业耕种是较为原始的自然状态。随着秦朝蒙恬开边活动的进行，大量移民进入宁夏平原并带来了中原先进的农耕技术，新县治始在北部平原绿洲区沿黄河东岸设立。富平县设置于秦始皇三十三年（前214年），是在北部平原绿洲区设立的第一个县治，治所位于黄河东岸吴忠与灵武之间，管辖范围包括黄河东岸宁夏平原较大范围，隶属于北地郡。

西汉时期，经过"文景之治"数十年的积累，到汉武帝时期国家实力大为增强。汉武帝派军反击匈奴，重新收复了秦始皇时期开发的"新秦中"后开始移民屯田，北部平原绿洲区引黄灌溉得到了空前发展。元鼎三年（前114年），汉武帝在北部平原绿洲区新设立了呴卷县、灵武县、灵州县、廉县，虽然新县治设立的密度陡然增大，但布局却相对合理，这种格局持续了较长时间。

东汉以来，西北地区的羌族势力不断壮大，频繁与东汉政权较量。公元111年羌族大起义的主战场在宁夏境内，北部平原绿洲区的灌溉农业因战乱而陷于停滞。公元129年，汉顺帝同意将永初五年（111年）内迁的安定、北地二郡迁回原址，并于当年十月北上巡视二郡。郡治的恢复既意味着地方政权建制的重建，也是宁夏平原农业屯垦的复苏。但141年（汉顺帝永和六年）十月，东羌、西羌再度联手掀起羌族大起义，西征将军马贤父子战死，战事失败，东汉政府再次被

迫将安定郡内迁扶风，北地郡内迁左冯翊，北部平原绿洲区引黄灌溉随之停罢。

（二）魏晋南北朝时期"塞北江南"的形成

魏晋南北朝的三百多年是北方动荡、民族迁徙、政权迭出的年代，史称"五胡十六国"时期，经历了这一时期的民族大迁徙与文化大融合之后，北方又逐渐走向统一。

北魏早期重视发展水利事业。太平真君五年（444年），出任北魏薄骨律镇（今宁夏吴忠市利通区古城湾）镇将的刁雍重视发展农业生产，实地考察当地水利灌溉后，修缮和利用秦汉时修筑的旧渠以利灌溉，策划屯田积谷。数年之后，粮食生产和储蓄大增，受朝廷之命向北部沃野镇水运粮食五十万斛。薄骨律镇屯田与水利开发效益良好，其他军镇的军粮也仰赖这里供给。在经历长期战乱后，北魏对北部平原绿洲区农业与水利开发开始繁荣，对后世影响较大。

之后的北周虽然短暂，但在北魏奠定的农业与水利开发基础上继续向前推进，重视引黄灌溉，发展农业经济，北部平原绿洲区逐步成为阡陌纵横、水网遍布的江南景象，"塞北江南"的称谓正是北周时期形成的。

（三）隋唐时期军事、政治、经济三位一体格局的形成

隋朝的政治、军事建制基本沿袭北周，突厥屡屡南下犯边，隋朝为加强宁夏军事防御，在北部设灵州总管进行应对，此外，加强军事防御的措施还包括长城的修筑和有效利用。因此，突厥犯边基本没有对隋朝的农业生产与水利灌溉产生太大影响。但到隋朝末年，战乱就对宁夏平原农业生产造成一定影响。

到了唐代，北部平原绿洲区的城市建设与发展伴随北部边境安宁与动乱而变化。唐朝初年，由于突厥不断犯边，北部平原绿洲区县治建设与城市模式基本沿袭隋朝设置。灵州总管府管辖回乐县、弘静县、怀远县、灵武县、鸣沙县等。吉利可汗归降唐朝后，边境的相对安宁带来了城市与县治的变化。由回乐县析置回、环两州，同时在回乐县境内另设丰

安县。公元705年又改弘静县为安静县，增设温池县。以上所有置县皆隶属于灵武郡（天宝元年改州为郡）。县制的增加，预示着北部平原绿洲区社会经济的繁荣和发展。

唐代的灵州是北方重要的大型军区驻防地，朔方节度使一度管辖范围很大，包括单于都护府、夏州、盐州，还有定远、丰安两军以及灵州以北的中西受降城。从城市建设的意义上看，朔方节度使驻防地是当时灵州城市的重要地标。唐太宗在灵州接受北方草原各少数民族首领的朝贺、唐肃宗灵武即位等重大事件，在体现灵州特殊时期政治、军事地位的同时，也彰显着灵州中心城市的位置。而在安史之乱后，灵州城地理位置的重要性更是被称为"扼东牧之咽喉，控北门之管键"。这一时期不仅灵武地理位置重要，灵州所处的北部平原绿洲区发达的农业还为驻军提供了较为充足的粮食。由此看来，北部平原绿洲区的农业生产、驻军规模与城市布局三位一体。但安史之乱后爆发的吐蕃与唐朝的战争长达数十年，灵州成为主战场，吐蕃军队不断向这里发起进攻，人畜被掠，粮食被劫，对灵州及边地人民生命财产造成了严重破坏和极大损失。

（四）西夏时期政治中心的迁移

党项建立西夏的历史与宋朝几处同一时期，但其发展与壮大却早在唐代中后期。安史之乱为党项发展提供了舞台和空间，唐末黄巢起义为党项提供了开拓近二百年西夏基业的历史机遇。历经唐末、五代至宋初，党项在接受中原王朝统治的同时，持续巩固和提升自己的实力。"虽未称国而王其土久矣"，实际上类同于"藩镇"。夏州政权时期，他们就看准了黄河岸边的中心城市灵州。1002年，党项首领以夏州为中心向西推进，攻取灵州后改置为西平府，定为都城。1004年，在与吐蕃的一次交战中战败，为继续巩固和发展已有势力，采取"依辽和宋"的策略，称臣于宋、辽，接受封号"西平王"。此后，随着经济实力和疆域的不断扩大，党项又开始谋划称帝建国活动，于1020年，将都城西平府（灵州）迁往黄河以西的怀远镇，改名为兴州（今宁夏银川市），正式建都。兴州的建立结

束了唐代以前宁夏北部政治中枢一直在黄河东岸的历史，奠定了此后宁夏政治中心的地理位置，这是党项族在政治中心迁移与城市建设向前推进方面所取得的巨大功绩。1031年，为了奠定建国基础，升兴州为兴庆府，大兴土木兴建都城。西夏建都兴庆府后，这里成为北部平原绿洲区规模最大的城市，在体现军事职能的同时承载着中西文化的交流与传播功能。从城市文化的根脉上看，兴庆府是黄河文化在黄河流域的一种表现形式。

西夏都城兴庆府，虽然是党项主持修建的都城，但城市建筑与楼阁形制却充分吸纳了中原传统样式，因此，西夏建国与兴庆府的修建在体现西夏政治、军事和文化中心的同时，也彰显着都市建筑文化。地方行政建制为府、州、军、郡、县，基本采用州、县两级制，府、州同级；郡为蕃夷聚居地区的特殊建置，类似于州。在宁夏平原设有中兴府、鸣沙军、怀远县、保静县、灵武郡，大致仍沿袭唐代县制格局，但外围有所拓展，主要与军事防御有关。除此以外，西夏也非常重视农业，统治者鼓励开荒，扩大耕种面积，在利用已有引黄灌渠的同时，还积极开挖新渠，充分利用黄河灌溉之利。兴州、灵州和河西走廊皆为著名的农业区。

（五）元明清至近代时期县制格局的变化与成形

蒙古国建立之后，成吉思汗先后对西夏发动过6次规模不等的军事进攻，前后跨越20余年。1226年，成吉思汗率10万大军第六次大举进攻西夏，中卫、灵武等北部平原绿洲区的重要城市都被战火所吞噬，都城兴庆府孤城耸立。成吉思汗的"中兴屠城"使西夏都城也消失在战火中，西夏政权不复存在，百姓大多逃走，农田多已荒芜，战争对北部平原绿洲区造成了十分严重的破坏。此后元朝建立，持续时间只有近百年，但经营北部平原绿洲区却大有成效。无论从地方政权的设置级别还是州、县设置与布局，宁夏府路之下的5州3县格局基本上奠定了后来北部平原绿洲区县级城市的基础。

明朝延续了二百七十余年，其间退回草原的蒙古人大多数年份都在北部边境徘徊，或兵锋南下，或四处劫掠。宁夏

地处前沿，成为防御蒙古铁骑南下的重要军镇。因此，明代初年曾设立宁夏府，数年之后府治罢撤，人口内迁，直到洪武九年（1376年）设立宁夏镇。实际上，明王朝不在极边地带设府、县建置，而是以军事性质的管理机构——卫、所掌控军事，管理民政。明代北部平原绿洲区没有府、州、县地方政权建置，地方事务由军政合一的宁夏镇管理，但元代以前形成的县城并没有完全放弃，县制格局仍然存在，只是以各种不同的名称在延续。

清初经历了王辅臣之乱、攻灭蒙古噶尔丹之后，随之而来的是宁夏地方政权的设置。此后，随着人口的增多和社会生产力的发展，北部平原绿洲区县治不断增设。雍正四年（1726年），宁夏府在贺兰山以东的辽阔地带招民开垦土地，引水灌溉农田，荒芜的土地变成了良田。不久，清政府在这里设立新县。1872年镇压回民起义后，为加强对灵州地区回民聚居区的控制，清政府对宁夏府所属区划作了多处调整。

近代中华民国建立后相继撤销府、州、厅建制，北部平原绿洲区县治设置与城市变化较大。1921年，灵州改为灵武县，宁灵厅改为金积县，花马池分州改为盐池县，清代被划出去的平远县再度划归宁夏，改为镇戎县。1933年9月，原中卫县调整划分为中卫县与中宁县，宁安堡、鸣沙州、枣园堡、广武营等村镇划归中宁县，两县以黄河为界，黄河以西为中卫县。1941年春，对宁夏、宁朔、平罗3县作了重新调整，划分为5县，增设永宁县和惠农县。同年5月，因宁夏县与宁夏省雷同之故，将原宁夏县改名为贺兰县，县治由宁夏省城移至谢岗堡。1942年设立新的永宁县，由贺兰县与宁朔县两县析置，县治设于杨和堡。1929年先设陶乐设治局，1941年正式设立陶乐县，划归宁夏省管辖。清末置平远县，1913年改为镇戎县，1928年改为豫旺县，1938年移县治于同心城，改名为同心县。宁夏建省后，还设立磴口县，并将阿拉善旗、额济纳旗划归宁夏省管辖。由民国时期宁夏平原县治的变化来看，土地不断开垦，资源、人口和县治不断增多，北部平原绿洲区的县治布局已基本形成。

二、北部平原绿洲区传统村落选址与格局分析

北部平原绿洲区自古以来就是多民族聚居区，汉族、匈奴人、党项人、蒙古族、回族等都曾在此活动过，便不可避免地出现匪患或战乱的情况，因此，在村落的选址上格外注重防御和安全。同时，对于以农业为主的传统村落，农业经济成为支撑整个村落生存与发展的基础，因此在选址时，会着重考虑土地是否足够并且适合耕作、土壤是否肥沃、地势是否平坦、周围是否有足够的灌溉水源等。在满足了生存安全和农业经济发展后，才逐渐开始完善具有独特风貌特色的村落布局。地理位置、自然条件、民俗文化等因素造就了北部平原绿洲区传统村落灵活多变的布局形式，正是这样丰富的布局形式，使村落更加具有魅力和价值。

（一）传统聚落规划特色

宁夏地区历史时期人口居住形式的主体包括城居和乡居两种基本形式。乡居形式的出现和中原地区在时间上没有明显的差别，但比城居形式出现的时间要早得多，在以后的历史进程中变化也比较频繁。而城居形式的出现明显要比中原地区晚，在类型上主要有郡县体制下的行政城镇、军事城堡和商业市镇三种类型。

其中，商业市镇出现最晚，郡县体制下的行政城镇居住形式在以后的历史运动中基本稳定，变化不大。军事城堡式居住形式在宋、夏和明代最为突出，城居形式和乡居形式在空间分布上明显地受到当地自然环境的结构性限制，一些军事城堡则与具体的军事环境密切相关。

在传统农牧业经济体制和社会结构下，这种居住格局难以超越自然环境的总体限制，因而也不可能有实质性的改变。乡居是针对郡县制度而言的地方社会组织形式和居住形式，乡居的本质含义是村落居住。从世界范围来看，村落居住形式诞生的年代要远远早于城居的居住形式，这一点在我国各地基本上都是一致的。宁夏地区是我国古代文明的发祥地之一，约距今两三万年前，今银川市东南19公里处的水洞沟就有早期人类居住和生活，这就是现在非常著名的水洞沟旧石器晚期文化遗址。晚于这一时代的人类文化遗址在宁夏不少地方也有发现，特别是新石器时代的遗址分布更是不少。这些现象说明，大约从这一时期起，宁夏境内的早期人类已经逐步进入不同程度的村落生活。

（二）传统聚落的结构形态

1. 旧石器时代到新石器时代晚期

在这个时期内，宁夏境内人类活动是连续未断的一个过程，这些早期人类的社会组织经历了原始群团、"血缘家族"、氏族社会和部落制的发展历程，其居住形式以集中居住的村落为主，房址有半地穴式、窑洞式和地面房屋三种基本形式。这种居址形式在今宁夏境内空间上的分布和异同虽然还不能明确地揭示出来，但进入前国家时代（或部落制时代），地面房屋越来越多的趋势却已显露出来，距今5500～4900年的隆德县沙塘乡和平村页河子新石器时代遗址（隆德县沙塘乡和平村页河子新石器时代遗址图）的6处白灰面房基大致可以说明这一点。

2. 前国家时代

这个时期社会在发生着剧烈的变化，各地长期以来形成的部落集团征战不已，迁徙不定。周兴华等以为，兴起于西北地区的"炎族、黄族"就曾活动于今宁夏中卫黄河以南"香山"为中心的地区，并且认为现存于中卫的香山、大麦地和西山三个岩画区的万余幅岩画（岩画图），特别是其中的龙、蛇图腾崇拜是其充分的证明之一。

这一观点虽然尚不能认作定论，但上万幅岩画以及石器时代以来众多的人类活动遗迹表明，这里曾经长期稳定地生活着一个或数个较大的氏族、部落或部落集团，他们过着较为稳定的生活，他们的居住形式应当是集中居住的村落。

3. 战国秦汉以后

战国秦汉以后，随着宁夏被逐渐纳入中原王朝的正式统治范围以内的过程的进行和完成，郡县体制下的乡村居

住形式作为制度化的产物被日渐普及和组织化起来。不过，直到元代及其以前，村落组织体系虽然已经建立，但一直不大稳固，所以《民国固原县志》说："秦筑长城于义渠，其进于村落之时欤。汉唐以降，密迩羌狄，变乱迭兴，人民居处仍疏疏落落，飘摇不定"。造成这种现象的基本原因：

（1）历史上这里长期处于中原统一政权的边缘地带，同时又是北方、西方少数民族不断侵入和建立地方政权的地区，统一帝国时期的政治秩序、社会组织秩序和地方管理秩序屡屡被冲击和打破。

（2）即使在一些统一王朝时期，出于政治稳定的考虑和大一统的需要，不少侵入、迁入或归附的少数民族部落、民众以各种形式被安置在这里，这些人中的一部分除了融合于汉民族中以外，一部分不同时期、不同程度地保留着自己的部落或集团的居住形态。

（3）由于地处边地，战乱频繁，历代统一政权苦苦经营的一体化社会组织形式屡遭破坏，汉民族人口稀少，在一些特殊时期，又经常驻有大量的军队，甚至在一些特殊时期实际上形成一种"城郡"、"城州"、"城县"、"城军"的体制或居住形态，从而淡化了村落形式的稳定存在和发展。

4. 战国秦汉以后到明清以前

村落规划结构特点为：

（1）村落规模一般都不大；

（2）村落有城村、非城村以及数户散居等三种形式。

村落规模不大，主要原因是边地人口稀少造成的，另外与边地较长时期政治环境不大稳定也有密切关系。城村的情况在秦汉时代大概已经不同程度地存在了，来源有两种，一是秦汉政府移民实边，有组织地迁移内地民众开发宁夏平原和宁卫平原一带，为了安全考虑而建立的；二是当时及其以后历代军屯基础上形成的一些城村。

5. 明清以后

元代初年，意大利人马可·波罗游历中国，途经此宁夏向东走，他说宁夏以东天德军（今内蒙古托克托东西）境内"有环以墙垣之城村不少"。以此推测，城村是历史时期农牧交错带上从事农业居民的一种基本的村落形式，宁夏境内当不同程度地存在有这样的城村，特别是明清以来的一些民堡更是这一形式的典型表现。至于说，不少屯堡在后来也相继民堡化，并在清代中后期多发展为各种级别的城村，在现在的很多村镇中都能找到其间的延续关系。

由于自然地理环境的天然的制约，长期以来形成的村落依然比较广泛地分布于河流、泉源附近，这一方面是居民生存的基本生活用水的来源，一方面由于气候干旱，如果没有水源，居民赖以生存的粮食生产，甚至牧业生产都难以得到保障。水井虽然在历史上出现得很早，但在这一带村落位置选择的考虑上依然没有表现出广泛而深切的影响，如乾隆时代的盐茶厅（今属中卫市海原县）地处六盘山山区，不少村落依山泉水而形成。

（三）聚落的空间格局

1. 院落空间格局

从我国古代的城市和建筑的布局中，可以看出历朝历代都非常重视建筑之间的空间院落组合变化，建筑组合一般表现为多层次、多院落和多变化[①]。一个院落接着一个院落，从而形成不断发展下去的空间组合形式，多是在建筑空间的组合上追求叠屏封闭、曲折幽静、小中见大的空间环境。宁夏北部的村落形式也普遍采用院落组织的空间形式，其院落的空间格局是传统生活个性观念的强烈反映。

居民院落多呈四合院式布局，其中北面正中为三间堂屋（又称主屋），是房主的主要居室；堂屋左右各建耳房一至两间，主要作为厨房和储藏粮食杂物；耳房向南建对称的两至三间厢房。院落院门的两侧或一侧还建有下房，

① 余道明. 我国传统街区空间开放形态浅析[J]. 建筑与规划理论. 2005，（03）：11-13.

下房门向北，与堂屋相对。堂屋高度一般高于其他房屋，所有房屋前与房檐同宽地面上，都铺有相互连通的走廊，走廊稍高于院子的水平面，房屋均为传统的"四柱八梁"式土木结构。

2. 居室空间特点

构成村落的居室自新石器时代以来没有多少实质性的变化，仍然以低矮的平房为主。平房是适应当地比较干旱的气候条件而形成的一种房屋建筑形式，这是因为宁夏北部地区平均年降雨量只有200～300毫米，加之，当地地处干旱半干旱地区，缺乏较为粗大笔直的木材等建筑材料，所以一般百姓将住宅屋顶处理成平顶。

（四）汉族聚落实例分析

1. 中卫市南长滩村

南长滩村位于中卫市沙坡头区香山乡西北部，东与香山乡梁水村相接，南、北、西与甘肃靖远县毗连。它是黄河流经宁夏的第一个行政村，因黄河黑山峡冲刷淤积形成狭长河滩地而得名。

唐末，党项平夏部参加了对黄巢农民起义军的镇压，因作战有功，其酋长拓跋思恭被封为定难军节度使，赐给李姓，爵号夏国公。从此以后，夏州拓跋氏称李氏，统辖夏、绥、银、宥四州之地，成为藩镇割据势力。1038年，党项族建立了自己的政权——西夏，直至1227年被蒙古大军所灭，西夏人开始踏上了流亡的道路。拓跋党项族的居民从蒙古人的屠杀中逃脱出来，定居南长滩，南长滩村便由此发展而来。

黄河自西南甘肃省靖远县穿越黑山峡观音崖进入宁夏中卫境内的香山乡南长滩，此处河床狭窄，河湾曲折，水流湍急，黄河在此形成一个"S"形的大转弯，在黄河南岸随河弯形成一处半弧形台地，台地高于河面5至30米之间，呈缓坡、阶梯状连接到东部山脉，南长滩古村落就位于此处台地之上，加之黄河两岸山峰林立，峭壁相错，整个南长滩村

便前有黄河后有高山，可谓是山水汇集、藏风得水之地，如图2-2-1所示。台地依山就势错落有致，村落便依此呈现出向心式的布局形式，地阶共分为四级，最低一级为河滩，第二级为农田，第三级为果园，最高一级是错落的村落，以村落为中心，果园、农田、河滩围成了几个大的同心圆，这种特殊的地貌情况是上千年南长滩人耕耘沉积的结果，如图2-2-2所示。

这一村落选址与格局的形成，一方面是基于安全与生存的需要，南长滩村四面环山，一面临水，地势险要，具有较强的防御性；另一方面则是受到了我国古代风水观念的影响，"山管人丁，水管财"、"山环水抱必有气"，从而形成背山面水、负阴抱阳的格局，同时，村落的发展也因山就势，结合地形，呈向心式布局形态。

图2-2-1　中卫南长滩村地势图（来源：中卫市香山乡南长滩村传统村落保护与发展规划（2014-2025））

图2-2-2　村落格局分析图（来源：中卫市香山乡南长滩村传统村落保护与发展规划（2014～2025））

2. 中卫市北长滩村

北长滩古村落位于中卫市沙坡头区迎水桥镇西南32公里处的黄河北岸，由上滩村、下滩村2个自然村组成，总面积约2000余亩。它是黄河流入宁夏北岸的第一个小村庄，黄河以南与中卫香山乡黄泉村相连，东与常乐镇大柳树村相邻，西与南长滩村相接；黄河北岸西靠甘肃省景泰县翠柳沟村，东靠迎水桥镇介孟家湾村，北部越过山脉与迎水桥镇长流水村相邻。

北长滩人类的居住历史最早可追溯到距今四五千年之前的原始社会新石器时代，在这里发现过大量的打制细石器、磨制石器、素面红陶片、彩陶片及穿孔石珠等装饰品。位于黄石旋与榆树台子之间的一处台地上，曾发现过春秋战国时期的青铜短剑、青铜镞等遗物。在早年村民建房、挖土、放牧过程中，还发现过大量的汉代灰陶残片、五铢钱，唐代的开元通宝，以及天圣元宝、祥符元宝、政和通宝、宣和通宝等宋代钱币……2012年中国传统村落名录的录入为北长滩村在传统村落领域奠定了价值和地位。

黄河进入香山乡南长滩后，向东北流经帽儿山到达北长滩，同样也在此形成了五六个大小不一的"S"形转弯，在黄河北岸随河弯形成几处带状台地，北长滩村就位于这台地之上。南、北长滩村隔黄河遥遥相望，自然山水格局便十分相似，如图2-2-3所示。不同的是，受带状台地的影响，这里村落的发展沿道路轴向形成，呈现出线形布局形式。同

时，充满智慧的北长滩人，将造水车手艺发扬光大，在上、下滩各有一架大型水车，共引黄河水灌溉400多亩耕地，形成了水、田、路、村为一体的形态格局，如图2-2-4所示。

这一村落选址与格局的形成，除了受风水观念的影响外，一方面基于农业经济发展的需要，黄河盘绕而过，滋养了这一方土地，得以耕作，从而满足生活所需，另一方面则受地形条件影响，村落形态沿道路呈线形布局。

3. 银川市纳家户村

纳家户村位于银川以南的引黄灌区平原上，北距首府银川市21公里，东距永宁县城1公里，南距吴忠市37公里，下辖11个村民小组，回族占总人口的98%。

纳家户自文献记载南宋就有人类栖息于此，距今近700年历史，而村中的纳姓回族为元代由陕西迁徙至宁夏，系陕西平章政事瞻思丁·纳速垃丁的后裔。《甘宁青史略》称："纳氏是纳速拉丁的后裔，于元代迁居宁夏。"今天的纳家户大清真寺院内匾额记载曰："吾家弃秦移居西夏，吾寺起建于明嘉靖年间。"

纳家户西距贺兰山32公里，南距牛首山98公里，东距黄河5公里，西汉所修汉延渠从纳家户东边流过，又有西河、唐徕渠环绕，在中国古代超大尺度的空间意识下，纳家户也呈现出"背山面水"的格局，如图2-2-5所示。而其所处的汉延渠与唐徕渠的"汭位之地"，使得村落附近水源充足，利于耕作。除此以外，受到民族传统文化和宗教信仰的影响，村落呈现出"围寺而居"、"依寺而居"的向心式布局形态。在村落发展起来逐渐走向富庶后，却屡遭匪患，为了防御土匪、马贼，纳家户开始修建寨墙、开挖护城河，从而使村落呈现为"四方形"寨子。村落向心式布局和"四方形"寨子形态如图2-2-6所示。

这一村落选址与格局的形成，除了同样受到风水观念影响、农业经济发展需要和安全与生存需要外，还体现了民俗文化活动的影响，呈现出以清真寺为中心的布局特点，这和以汉族聚落中国传统血缘宗族"以崇祀建筑为中心，民居辐射构筑"的聚落格局有着相通性。

图2-2-3 村落选址（来源：中卫市香山乡南长滩村传统村落保护与发展规划（2014~2025））

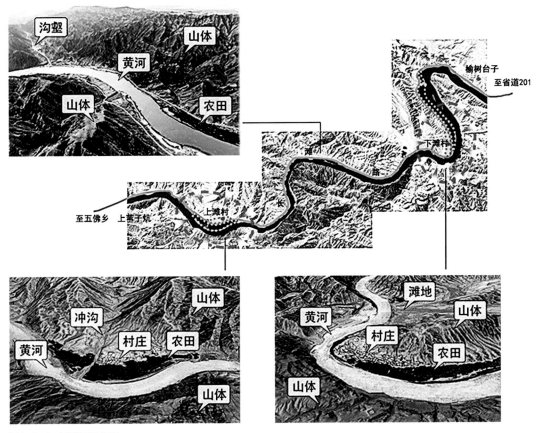

图2-2-4　村落格局分析

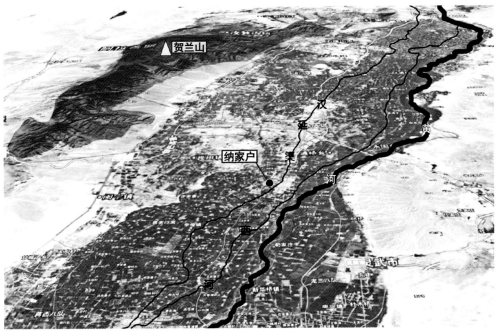

图2-2-5　纳家户山水关系图（来源：马依楠 绘制）

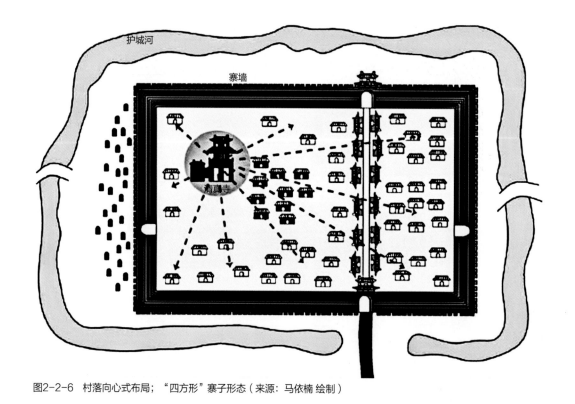

图2-2-6　村落向心式布局；"四方形"寨子形态（来源：马依楠 绘制）

4. 灵武市郝家桥村

郝家桥村位于灵武市郝家桥镇镇区的南侧，北与崔口渠村相接，西和胡家堡村毗邻，南跟沈家湖村接壤，东与吴家湖村邻近。村域面积2.86平方公里，共辖8个村民小组。

郝家桥村地势较平坦，秦渠和马湾子沟相互交错蜿蜒贯穿整个村庄，整片的农田便被自然分割成了规整的多个片区。农户住宅也多依渠而建，根据建筑与地形、道路的不同组合关系，形成统一又有变化的水、田、林、路为一体的村庄布局形态。盛夏时节的郝家桥村，宅前小渠细水缓缓流过，绿树红花相互掩映，大道小径幽幽延伸，塑造了一幅环境优美的乡村画卷。

这一村落选址与格局的形成，较大程度地体现了农业经济发展的需要，村落中两条水系环绕，满足农田灌溉的需要，同时，住宅建筑多依水系而建，便也奠定了村落形态格局。

第三节　北部平原绿洲区传统建筑群体与单体

一、传统民居解析

宁夏传统民居受农耕和放牧生活影响较大，相对贫困的家庭通常使用开间较小的"滚木房"，富庶的家庭通常建有院落宽敞的三合院和四合院（图2-3-1），其中最为典型的是位于吴忠市的董府。而在宁南地区，还可以见到一种俗称"高房子"或"小高楼"的建筑，即在主房的上方再加盖一间房屋（图2-3-2）。

（一）官邸民居——董府

1. 董府概况及历史沿革

董府位于宁夏回族自治区吴忠市利通区以西5公里处的

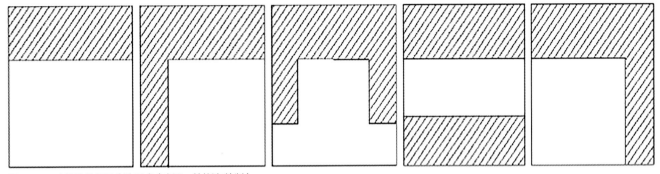

图2-3-1　宁夏传统民居合院形式（来源：单佳洁 绘制）

图2-3-2　宁夏传统民居"高房了"（来源：宁夏传统民居调研资料）

黄河东岸，距离青铜峡市24公里，是宁夏唯一保存最为完整的官邸建筑群，其气势恢宏、屋宇森严，也是宁夏修建年代较早、规模等级较高、建筑规模较大的一座清代将帅府邸，有宁夏第一府之美誉。

它建于1902年，历时三年完成，是具有双重寨墙的寨子，外寨屯兵存粮，内寨呈现方形，主要为居住功能，东西长115米，南北宽105米，墙体高8.5米，四角有凸出的角堡，仅有东面设一堡门。寨内建三列两进四合院，相互毗连，俗称三宫六院。三院坐西向东，并稍偏北布置。中轴线房屋及南北上房为坡顶瓦房，其余房屋尽为宁夏地区传统的草泥平屋顶[①]（如图2-3-3）。

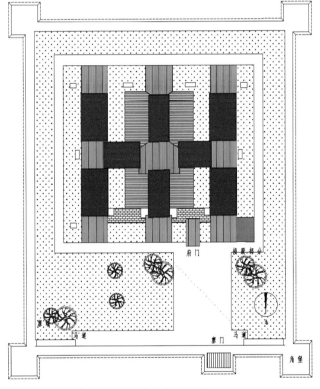

图2-3-3　宁夏董府平面图（来源：单佳洁 绘制）

府宅建筑规模宏大，融合我国南北建筑风格，兼有官府民居特色。整个建筑在西北的明清建筑中很有代表性。董府仿北京"宫保府"建造，按尚书衔提督府规格修建，占地34650平方米。由于历史和人为原因，府郭和护府河已荡然无存，但主体建筑基本保存完好，占地11000平方米，为

---

① 王凯. 宁夏董府的建筑风格与空间形态研究[D]. 西安：西安建筑科技大学，2008.

图2-3-4　董府大门（来源：《宁夏董府的建筑风格与空间形态研究》）

传统砖木斗栱结构，运用彩绘、雕刻等手法，又以碑、匾、题、画点缀装饰。布局呈"三宫六院"宫廷式，庭院错落，以回廊贯通，结构精巧，工艺精湛，风格古朴典雅，具有很高的建筑艺术价值和文物价值。1988年被公布为宁夏回族自治区文物保护单位，2006年被国务院公布为全国重点文物保护单位（图2-3-4）。

2. 董府的布局与建筑结构

董府内寨建筑布局为"三宫六院"式，进深（东西）60.30米，面阔（南北）73.96米。房屋过百间，占地面积4455平方米，是北京宫廷建筑与宁夏地方民族特色建筑的结合物，左右以中院为中轴对称，内寨大门向东（图2-3-5），表示主人虽被革职，但心仍向朝廷。

董府的中院（图2-3-6、图2-3-7）是全府的中枢所在，唯有这个小四合院是二层楼房结构，上下大小房屋30间，由一木制楼梯上下通连。府内顶数这个小四合院气派宏伟，且保存最为完好，做工精细，采用硬山式大屋顶、飞檐，结构上采用平座斗栱。在外观上用的是砖瓦，正北楼则部分采用琉璃瓦，雕梁画栋，磨砖对缝，门窗雕花精美，格外古朴、肃穆、大方。中院是董福祥生前居住之所，正西楼上是用来做"祖先堂"供奉祖上的。董福祥死后，其后人便把董之御赐衣冠、黄马褂及巨幅画像供在这里。府院的屋顶以硬山式居多，次要房屋皆为平顶，墙壁和屋顶比较厚重，

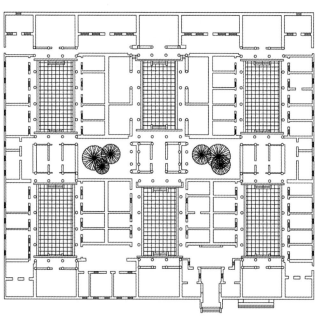

图2-3-5　董府一层平面图（来源：单佳洁 绘制）

图2-3-6　董府内宅（来源：《宁夏董府的建筑风格与空间形态研究》）

图2-3-7　董府中院正房（来源：《宁夏董府的建筑风格与空间形态研究》）

是考虑到西北地区气候特征而精心设计的。府院四周由各院房屋的后墙所封闭，不对外开窗，只有在南、北、西墙的两头各开有一砖拱形小门，供家小和贴身佣人出入，每个门上刻有二字为"小天"、"享境"、"馀润"等，表现了浓厚的府院住宅气息。

董府居住用房的木造结构，属于清式营造中的大木作小式，最主要的特点是采用六架卷棚顶，檐下无斗栱。所有建筑负重部分全赖木架，墙体不承重，因而门窗装修部分不受限制，可充满小架下空隙，墙壁部分则可无限制地减少。屋架都采用抬梁式，梁头搁檩条，梁上放短柱，柱上又架短梁，其上复搁檩，层叠而上形成整个屋架（图2-3-8）。

3. 建筑细部

（1）府门

董府的府门（图2-3-9）位于内寨北侧偏西的位置，府门左右各有影壁。屋顶一殿一卷，正面硬山顶，背面有卷棚顶。前后檐口各有4攒平坐斗栱。府门正面无垂花柱，背面则有垂花柱。府门左右墀头均用砖雕装饰，右侧墀头上部三门皆有砖雕，砖雕从上至下共分6层：第一层三面皆为茶花；第二层正面为石榴，外侧为葡萄，内侧为寿桃；第三层正面为龙，外侧为狮子，内侧为凤；第四层三面皆为回字纹；第

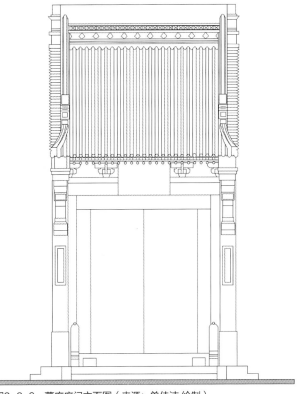

图2-3-9　董府府门立面图（来源：单佳洁 绘制）

五层三面皆为蝙蝠；第六层为文字联"铭怀四字"。右侧挥头脚下有石鼓，雕刻有牡丹与麒麟。左墀头砖雕与右边对称布置，爆头三面皆有砖雕，砖雕从上至下也分6层：第一层三面皆为茶花；第二层正面为佛手花，外侧为柿子，内侧为粽子；第三层正面为虎，外侧为麒麟，内侧缺失（按右侧推测，应该为仙鹤之类）；第四层三面皆为回字纹；第五层三面皆为蝙蝠；第六层为文字联"誓鉴二心"。左山墙脚下有石鼓，石雕图案与右侧相同。

（2）入口影壁

影壁也称"照壁"，是董府入口设计的重要组成部分（图2-3-10）。影壁是为了遮挡外人的视线，即使大门敞开，外人也看不到宅内，能使人们站在大门前感受到宽阔整洁，增强府内外界限的区分度。另外，在风水学上，影壁也有阻挡灾祸、聚拢气流之意。董府寨门、府门皆有照壁，府门两次还各有一字照壁，砖砌仿木构。做法为在须弥座上立两柱。柱顶托额枋、平板枋，两端出头，上托斗栱、檩椽，

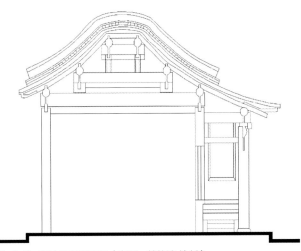

图2-3-8　董府典型剖面图（来源：单佳洁 绘制）

构成悬山瓦顶，两侧以实墙填齐。可惜的是，董府影壁的壁心图案都已遭不同程度的损毁。

（3）屋脊

董府建筑当中多用卷棚顶，无正脊，垂脊的装饰效果有限。另外，府门、中院过庭的屋脊均有两层装饰纹样，上层为牡丹、卷云，下层为元宝脊。考虑到西北地区的气候特征和地理条件，府院的屋顶同时设置有硬山式，普通的房屋也有平顶，墙壁和屋顶都比较厚重，符合宁夏寒冷地区的特点（图2-3-11、图2-3-12）。

图2-3-12　董府建筑屋顶（来源：作者 摄）

图2-3-10　董府入口影壁（来源：《宁夏董府的建筑风格与空间形态研究》）

图2-3-11　董府府门正脊（来源：《宁夏董府的建筑风格与空间形态研究》）

（4）门窗

门：董府大门采用一殿一卷式，即是一个七檩带正脊的门屋与一个六檩卷棚顶的雨棚前后勾连而成，其结构是前后共用柱梁及一檩。垂柱仅用于背立面，正立面不用。门屋采取六柱七步架，两边的山柱各三根。中间的山柱支持脊檩，前边的山柱支撑前檐，后边的山柱支持门屋后檐与卷棚前檐共用的檩条。门扉安装在中柱的位置，将门屋均分为二。四个门簪上的挂匾现已丢失，前檐柱上与额枋间并无雀替。抱鼓石为圆鼓，体量适中，用来制衡厚重的门板。

窗：董府一院的房屋十数间，门窗多过几十扇，如果窗棂样式统一，建筑面貌就会显得过于呆板，毫无特色。董府各房屋窗面以各种图案构成窗格，纹路明显，活泼生动，使其在规矩传统的院落当中成为点睛之笔（图2-3-13）。

4. 董府的价值

董府和其他历史遗存一样，具有它的唯一性，反映了当时社会生产、生活方式、科技水平、工艺技巧和艺术风格，其可贵就在于它是百年的历史产物，作为古建筑，董府融清代工艺于一体，汲取唐以来我国传统木构建筑的营造技巧，兼容并蓄南北建筑风格，具有较高的历史、艺术、科学和社会价值。

（1）历史价值

董府是研究中国近代史和地方文化及人物历史的实物见

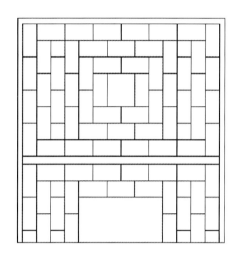
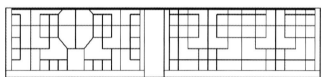

图2-3-13　董府窗棂（来源：根据《宁夏董府的建筑风格与空间形态研究》，郜英洲 改绘）

证，其主人董福祥出身于宁夏固原南部山区，曾在新疆征战十几年。1900年，义和团运动时，董福祥率领的甘军在北京围攻了外国使馆，杀死了日本外交官杉山彬和德国公使克林德。八国联军攻占北京之后，外国侵略者与清政府议和的先决条件是将董福祥处以死刑，慈禧念他曾护驾有功，竭力保其性命，最后将其革职限期返回故里，并拨款建造董府。董福祥个人悲剧结局及董府的营建，实质上反映了当代中国的政治、军事、外交情况和错综复杂的国际国内矛盾，董府正是这段特殊历史的物证。同时，这座布局、结构、规模独特的建筑充分反映了劳动人民的聪明才智和建筑水平，也是激发爱国热情和民族自尊心的实物见证[①]。

（2）艺术价值

董府建筑群具有很高的艺术观赏性，其形制、装饰艺术反映了当时西北地区建筑风格与官式建筑风格的结合，董府建筑群雕刻极为丰富，砖雕、木雕在建筑及建筑装修上随处可见。砖雕图案多为吉祥图案，象征家庭美满富足、阖家欢乐；木雕多在窗门扇上，为故事图案及猛兽形象，反映了主人追求勇猛和力量的意境，也透视了近代西北地区建造工艺技术水平和人们的审美观。

（3）科学价值

董府建筑群的科学价值包括两个方面：一是它所反映出的宁夏地区近代建筑技术水平、生产力发展水平，以及前人的辛勤劳动创造发明的成果，对于研究建筑史是直接的物证；其二是对于研究我国清代少数民族地区，特别是季风区域、西北干旱区域和高寒区域三大自然交汇区域的建筑布局、艺术造型、民族风格和建筑结构、材料施工以及有关科学技术等都是形象生动的可靠资料。

（4）社会价值

董府是一处形制保存完整的建筑群，可作为地方文化展示与爱国主义的教育基地。作为全国重点文物保护单位，国家正在拨专款对董府进行维修。我们相信，修缮一新、气势宏伟的董府会迎来更多的专家、学者、游客前来参观学习。

① 韩志刚，杨学诗. 董府古建筑的现状与文物价值[J]. 固原师专学报. 1998，（01）：63-65.

（二）平顶房

1. 概况

平顶房是宁夏北部平原地区民居普遍采用的屋顶形式，房屋较低，形式简单，南面开窗，北面不开窗。平顶房的外观简陋朴实，在满足基本居住的功能外没有多余的装饰。房屋仅在正立面贴白色瓷砖，其他三面裸露出砌筑材料。

2. 实例——马月坡民宅

宁夏川区保存最为完好且颇具典型性的民居为吴忠市东塔寺乡塔寺村的马月坡宅院，宅院建于20世纪20年代末期，是当时吴忠知名回族工商实家——马月坡的私宅。中华人民共和国成立前，马月坡一家一直居住在此，1949后，马月坡寨子由政府接管，长期作为政府有关部门的办公场所使用。1980年该地划归吴忠市无线电厂，此后几年，因企业扩建厂房，寨内大部分房屋被拆除，只有西三合院因被作为库房而侥幸地留了下来（图2-3-14）。

马月坡寨子为三合院形制。三合院建筑布局紧凑，结构独特，砖雕木刻工艺精湛，民族风格浓郁，堪称宁夏回族民居建筑艺术之瑰宝（图2-3-15）。原寨子坐北面南，东西宽78米，南北长93米，平面呈长方形。四周用黄土夯筑高大寨墙，基宽3.6米，上宽2.8米，高7.5米，四角砖罩马面（图2-3-16），建简易角亭。

院落主房面阔七间，左右厢房各面阔四间。主房与左右厢房北墙不相连接，留出过道，东西尽头砌院墙封闭。两厢

房南山墙之间砌墙，中间开院门。主房前廊与两厢房北山墙中间的一字形横向过道，和两厢房之间的竖向院落，在平面上呈"T"字形，构成了一个完整的庭院。墙外环以护寨壕沟。现存的马月坡故居仅仅是原故居的西院部分，由于各种原因，故居的其他部分已经被损坏或者拆除。现存部分东西

图2-3-14 马月坡民宅（来源：燕宁娜 摄）

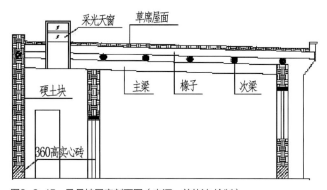

图2-3-15 马月坡民宅剖面图（来源：单佳洁 绘制）

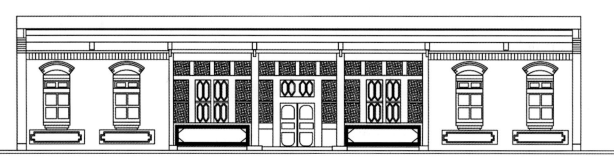

图2-3-16 马月坡民宅上房南立面（来源：单佳洁 绘制）

长大约20米，南北长大约22米，平面呈中轴对称，为典型的三合院平面布局。大门位于整个院落的中轴线上，大门地平到檐口距离是3.3米，院墙的高是2.4米，在大门左右两侧的院墙上为3米长、1.2米宽的砖雕图案。大门向内开启，门高为1.9米，门槛高为100毫米，大门的正上方有个扇环形状的装饰，类似于伊斯兰建筑中的月亮门。进入大门后是一个中轴对称的典型三合院，正对着大门的上方和位于上房两侧的耳房，左右两侧为小厢房。虽然是中轴对称布局，但是左、右厢房的立面和功能并不完全相同。

功能分区：寨内分前后院，前院空旷，是堆放货物的货场。东西两边搭驼马棚道，东南角做台阶式马道可上寨墙。后院坐落于宽大台基上，建东、中、西相邻的三合院，均坐北面南。主人及家人居东西两院，中院做客房和议事房。西寨墙边有一排面东的井房、灶房、杂物房等。寨内房屋60余间，均为土木结构式平顶房。

建筑细部：马月坡三合院的装饰工艺，集中体现在房屋正面的砖雕木刻构件上，兼具南北建筑装饰艺术风格。砖雕主要用于封檐砖和窗台下的槛墙，出自北方匠人，故工艺粗犷豪放。木刻工艺多采用镂雕、浮雕、浅刻等手法，出自南方木工，故图案线条流畅精美，内容十分丰富（图2-3-17、图2-3-18）。

（三）坡顶房

1. 单坡覆瓦房

宁夏北部平原地区南部山区的民居，多有土坯砌墙、单坡挂瓦的单坡覆瓦房。在空间布局上，单坡房往往居厢房或下房的位置，少有用作堂屋的单坡。为了起坡，后墙筑的很高，坡顶长度几乎与后墙高度相同。但在降雨量较少的干旱半干旱地区，如同心县的单坡覆瓦房的坡面与后墙的角度就很大，坡面缓平，几乎与平顶房相同（图2-3-19）。

图2-3-18　马月坡民宅檐口木雕（来源：张健龙 摄）

图2-3-17　马月坡民宅窗下砖雕（来源：张健龙 摄）

图2-3-19　固原单坡覆瓦房民居（来源：燕宁娜 摄）

单坡顶 双坡顶 平屋顶

图2-3-20 回族传统民居主要结构形式（来源：单佳洁 绘制）

单坡覆瓦房布局在三合或四合院落里，多为侧房或下房。单坡覆瓦房的门窗大多开在坡下矮墙一面，但如果后山墙临街或面向公路时，门窗则开在起坡的后山墙上，作为临街商铺。

2. 两面坡起脊挂瓦房

中国坡屋顶建筑历史悠久，一般坡顶起凸脊，坡面铺设梁、桁、椽，覆草、抹泥。这种夯土版筑或土坯砌筑墙体、坡顶覆以草泥的两面坡土屋，在民国时期还被宁夏南部山区回汉农民广泛使用，清晚期才缓慢地退出了民居建筑的历史舞台。草泥坡顶被覆瓦坡面所取代，而夯土版筑或土坯砌筑的墙体，仍然顽强地延续了下来（表2-3-1、图2-3-20）。

不同房顶类型特征比较 表2-3-1

类型	选址	居住形态	优点
平顶房	平原、黄土塬	平屋顶无瓦、无组织排水、出檐较大	就地取材、节能
单坡顶	黄土丘陵地带、坡地	单坡屋顶、有瓦、屋面坡度30°~40°	土木结构、节能
双坡顶	山地、坡地	双坡屋顶、屋脊、房顶有瓦、坡度20°~45°	土木结构、节能

二、公共建筑解析

1. 宗教建筑

除伊斯兰教在宁夏地区常见外，鸦片战争后，宁夏也成为佛教、基督教等教派的主要传教区之一，其中，佛教传入中国约公元1世纪，魏晋南北朝时期宁夏就已有标志性佛教建筑——佛塔的修建。而宁夏的教堂建筑最早出现在19世纪70年代，天主教首次在宁夏陶乐县境内的红崖子一带建造了第一座教堂。对这些宗教建筑的考证就是对宁夏历史的研究。考察不同的宗教的建筑，又是对不同民族文化和宗教发展的过程和形态的追溯。[①]

1）佛教建筑

西夏佛寺建筑群以兴庆府——贺兰山一线和河西走廊地区为主要分布中心。兴庆府——贺兰山一线有高台寺、承天寺、大度民寺、贺兰山佛祖院、五台山寺、慈恩寺、大延寿寺、田州塔寺、安庆寺等；河西走廊有护国寺、圣容寺、崇圣寺、卧佛寺、崇庆寺、诱生寺、禅定寺和白塔寺等。

中卫高庙

中卫高庙始建于明朝永乐（1403年）年间，距今已有600多年的历史（图2-3-21），其占地面积达6895平方米，地表起高29米，殿堂、僧房300多间，距中卫市中心古楼不足1公里。主体建筑均坐北面南，建筑平面布局为前寺后庙，特点是"集中、紧凑、高耸、曲回"，形似凤凰展

图2-3-21　中卫高庙（来源：马龙 摄）

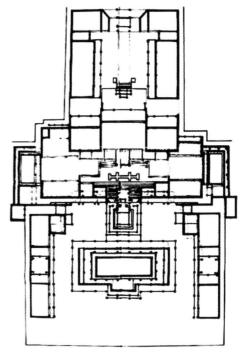

图2-3-22　中卫高庙平面图（来源：《宁夏中卫高庙空间形态研究》）

翅、凌空欲飞之势。高庙镶嵌在中卫古北城墙之上，城域旧有九寺一十八庙之盛，唯高庙高耸、高峻、高踞、高超，美轮美奂，因此谓之高庙。1963年被列为宁夏回族自治区重点文物保护单位，批准开放为佛教活动场所，僧众常住，供奉铜铸、玉刻、木雕、泥塑圣像600余尊，砖雕木刻，精巧绚烂，装饰和谐，法相庄严，入选"中华佛教二千年宝典"[①]。

（1）建筑平面布局

建筑的平面布局自南至北分为3个部分：均分布于南北中轴线的南段、中段和北段，分别是南段部分的保安寺建筑群，中段部分的南北寺相互链接的过渡部分（出南段的天王殿拾级而上至北段高庙的入口南天门，及东西两天池共同构成的中间过渡部分），进入南天门（今华藏玄门）以北，为建筑的第三部分——高庙建筑群（图2-3-22）。

（2）建筑特色

保安寺位于宁夏中卫县高庙村，前平后台，分上下两院，上为高庙，下为保安寺，占地面积4100多平方米，因重楼叠阁（图2-3-23），建筑面积5600多平方米。其下原有庙产油坊一所，车院房舍一区。寺前广场五亩，戏台影楼对坐于广场之南。习惯地把下边的保安寺包括在内，通称"高庙"。据地方志记载保安寺建于宋代，为佛教僧众静修弘法

图2-3-23　高庙保安寺（来源：马龙 摄）

之地。中卫高庙集中国南北古建筑特点于一体，充分显现了古代汉族劳动人民的聪明智慧和精湛技艺。保安寺以其独特的群体古建筑和包罗万象的合体宗教信仰而闻名。

清康熙四十八年9月，因强烈地震，高庙保安寺殿堂倾圮，后经四年修整方复原貌。至乾隆年间，庙寺再次倾于地

---

① 常昕. 中卫高庙古建筑群构图艺术研究与评价[J]. 山西建筑. 2011，37（34）：28-29.

震之灾，时由住持广寿法师，率徒续因、续行，启发地方善信，保其存者，补其毁者。至咸丰八年同增建的砖牌坊、东西天池、转圈楼以及山门、广场、影楼戏台全部竣工。地方绅士尊其三教同源之说，将最顶层供奉玉皇大帝，故而新庙又称"玉皇阁"。1942年农历二月十五日，因庙会失火，高庙保安寺砖牌坊以上的建筑全部付之一炬，次年由信士梁邦振、詹毓麟等助捐募化，陈铭信士担任木工总设计，再与土木，历时四年方完工。新建寺庙因其执事瑶池徒，将瑶池金母和十二仙女之像供于最顶之层，所以新建庙宇又称"高庙"。

（3）建筑结构及风格

高庙保安寺的建筑特点是集中、紧凑、重叠、回曲、高雅。整个建筑设计沿中轴线纵向展开，横向左右对称，逐次伸进、升高，平地高台浑为一体，其布局上下贯通，前部分是保安寺，山门连接引楼，简朴淡雅。进山门通院落，迎面是三凤朝阳的木刻小牌坊，小巧俊秀，亭亭玉立，往北走为古朴大方的天王殿，东西两侧各有祠堂，院落左右厢各配殿宇，通天王殿。登十二级台阶，下有东西贯通的弧形隧道，叫地狱宫，清咸丰八年增建的三孔砖牌坊，巍然屹立在隧道之上。设计别具匠心，砖雕工艺精美，内容丰富多彩。再十二级台阶，通过"华藏玄门"，绕过屏障，迎面是重叠三层的主楼，一层为"大雄宝殿"，二层为"西方三圣殿"，三层为"五方佛殿"。主楼高29米，为九转七工程，大屋顶腾空拔起，气势宏伟。主楼前建有三层玲珑俊秀的"大悲阁"（俗称中楼），其造型之奇特，雕刻艺术之精美为全寺精华，其底层为透风过厅，四通殿宇，排列有序的翘首飞檐三层共有三十六个。在三楼脊顶中起一座八角塔，犹如凤冠；在大悲阁东两侧又建双层楼阁（即钟鼓楼）如凤凰之两翼。从整体看，整个建筑似凤凰展翅，给人以欲飞的感觉。

保安寺是近代三教合一的典型寺院，如寺内小牌楼有寓意三教合一的对联：上联"庙貌巍峨清净通一气"，下联"神灵感应慈悲忠恕不二门"，横批"三教同源"。砖牌坊之砖柱上联"儒释道之度我度他皆从这里"，下联"天在人之自造自化尽在此间"。殿内塑像有佛像、神仙和孔圣牌位，反映出明清时期儒释道三教融合、和谐相处的状况。

"文革"期间，历代儒释道神像遭到破坏，高庙保安寺除一口古钟和部分建筑物外，殿堂内的设施、经书、法器全部毁坏，荡然无存，寺僧被逐。

北武当庙

（1）概况

北武当庙寿佛寺，位于宁夏石嘴山市贺兰山东麓武当山，占地二十多亩，是一座佛道合一的古寺院（图2-3-24）。

寿佛寺最突出的特色是，在同一幢寺中，既供奉诸菩萨，又供奉玄武大帝。道教将此与湖北武当山共名"武当山"。建寺时，蒙古族信徒亦出资出力，建成梵殿，供奉密宗中的五方佛。故除汉僧外，蒙古喇嘛亦驻锡修行，遂使此寺在清代已形成汉蒙藏共朝，儒释道皆尊，禅道密并重的道场。民国年间，尚常有从青藏、内蒙古来朝拜的藏蒙喇嘛和信众，或有朝五台山者挂单歇息。

北武当庙寿佛寺的始建年代依现存不完整资料考证还没能得出一个确切的结论。相对来说，当地人更乐于接受明代正统年间（1439～1449年）建造的说法，按照这种说法，北武当寿佛寺至今五百五十多年的历史足以令今人感到无限风光。另外两种说法一是建于清代顺治二年（1645年），一是康熙四十八年（1709年），乾隆、嘉庆年间进行了扩建。历经几百年的沧桑磨难，北武当庙如今成为宁夏回族自治区重点文物保护单位和宁北石嘴山市的风景旅游胜地。

据记载，武当庙寿佛寺庙宇附近"有泉三道，自地溢出，水清且冽"，因而有"北寺清泉"或"佛寺风泉"之称，被列为"平罗八景"之一。

以佛为主，佛、道、儒合一，曾是这座古寺的一大特点。目前，这里供奉的主要是佛，道和儒的踪迹已荡然无存。这一段历史如何演变已不得而知，但这里曾经遭受的最大磨难——"文化大革命"期间对文物的破坏，却是这座古寺挥之不去的惨痛一页。这里的建筑还是明清时期先人们留下的、已然成了无可厚非的文物，但"物是人非"，殿内供奉的却已是今人1984年以后修复的佛龛。

图2-3-24　武当庙寿佛寺庙（来源：马龙 摄）

（2）总体布局

北武当庙寿佛寺北依贺兰山而建，为四进院落，布局自然和谐、严整紧凑，殿塔亭阁集于一体，蔚为壮观。从最南端的前山门楼向北，依中轴线建有灵官殿、观音楼、无量殿、多宝塔和大佛殿等。中轴线两旁有钟鼓楼、厢房、配殿相对称，置身其中，感觉到古寺这种结构精细、布局严谨和精巧优美的建筑风格是一种有气势的秀美。置身寺前，石嘴山市容及山川秀色尽收眼底，大有心旷神怡、豁然开朗之痛快淋漓的观感。

北武当庙寿佛寺的建筑面积为4300平方米。从古寺院的南山门进入，首先映入眼帘的是灵官殿。

据这里的续早法师（法师一说，是否就是道教在这里存在的见证或可进行考证）记载，灵官殿乃由廓能和尚于康熙四十八年（1709年）始建，殿内原面南供奉关圣帝君，两侧各为黑、白二虎灵官，朝北供伽蓝站像。不幸的是，殿内供奉之像毁于"文革"，而修复后已是弥勒佛和四大金钢的塑像取代了关圣帝君，今人已不再有缘到这里拜谒令人心怡的

关帝圣君。

从灵官殿出来仅有几十步距离的另一座正殿便是观音楼。这是一座据记载始建于康熙二十一年（1682年）的古寺，由理义法师（号省仁）主持兴建。殿内原面南供奉弥勒佛，面北供奉倒座观世音菩萨，两侧为善财童子和龙女。民国33年（1944年），含瑞和尚在此殿上加盖一层藏经阁，此殿因此改名为观音楼。如今这里供奉的是西方三圣——阿弥陀佛、观世音菩萨和大势至菩萨。

再向北行约20米是无量殿。据记载，这座殿宇是省翁和尚启建于康熙十六年（1677年）。殿内原面南供奉真武大帝，文、武相分别披鹤氅戴星冠立于后，两侧有站像周公和桃花；朝北供奉韦驮像，两边为哼哈二将；西墙下供木雕真金贴面三尊佛像，分别为释迦牟尼佛、阿弥陀佛和药师佛。如今，面南供奉释伽如来，左迦业右阿难；前排小像为无量祖师，两边四护法；东西墙为十八罗汉；朝北供奉观音、文殊和普贤三大菩萨。左钟右鼓，这里也是众僧早晚念经诵佛之场所。

图2-3-25　北武当庙寿佛寺庙（来源：马龙 摄）

图2-3-26　石空石窟寺（来源：马龙 摄）

在无量殿与最后一座大佛殿之间有一座宝塔——多宝塔。塔身四面向前以阶梯式凸出，呈梯形结构，共五层，塔的底层入口两侧悬挂着两块由木板制成的两米多长被漆成黑色的牌匾，上面镶刻着金色楷体书："塔影圆明清静地，钟声响彻曦阳天"。由于塔门紧锁，不得其入，留下遗憾（图2-3-25）。

古寺的最后一座殿为大佛殿（也称大雄宝殿）。据载，该殿于乾隆十三年（1748年）由广润和尚主持兴建。殿的前檐廊两侧画有释迦牟尼佛从出生、出家修行到悟道、普度众生的十八幅画像。殿内原面北供奉华严三圣，中为释迦如来，左右各为迦叶和阿傩；面东供奉文殊；面西供奉普贤。原建佛阁上顶有八十八格，每格画一佛像，称八十八佛。周壁画有飞天、人物及诸护法神等。只可惜，"文革"期间悉数被毁。如今，一尊1990年雕塑的来自河北的汉白玉佛供奉在上，佛阁建成于1995年。

中宁石空石窟寺

（1）概况

中宁石空石窟寺，俗称"大佛寺"，位于宁夏回族自治区中宁县余丁张金沙村双龙山南麓。双龙山古时称"石空山"，所以石窟以"石空"而命名。大佛寺面临黄河，北靠长城，距县城20公里，是宁夏回族自治区重点佛教寺院，也是自治区重点文物保护单位之一（图2-3-26）。

据《陇石金石录》引《甘肃新通志稿》："石空寺造像……以寺得名，寺创造于唐时，就山形凿石窟，窟内造

像皆唐制。"据史书《陇右金石录》、《甘肃新通志》记载："石空寺创建于唐朝时，就山形凿石窟，窟内造像皆唐制"。《嘉靖宁夏新志》载为"元故寺"。清代的《乾隆中卫县志》记载为"西夏元昊建"，但关于西夏、元，虽无史书佐证，但从石窟的形制和造型艺术风格看，绝非元代特产。《中卫县志》载为"元昊建"。由此推知，石空大佛寺石窟，可能开凿于唐代，在西夏、元代作了重要修缮和增塑。

20世纪80年代初发掘出土了唐、宋、元、明、清各朝代的彩塑像、壁画、地砖、铜镜、铜像等国家珍贵级别的文物100多件。部分壁画和彩塑像具有典型的盛唐风格。据专家考证，其整体布局、建造样式、艺术手法等，同甘肃敦煌石窟相类似。这些丰富的遗存，都证明了石空大佛寺悠久的历史和灿烂的宗教文化。1963年，被宁夏回族自治区人民政府公布为区级重点文物保护单位，《中国名胜古迹大字典》专条作了介绍，《中华宗教两千年》大型画册将其收录，在全球发行，使其不仅驰名全国，而且享誉世界。

（2）建筑结构及风格

石窟凿于山崖陡壁之下的沙砾岩中，共计13个洞窟，分上、中、下三个洞窟群，时称"三寺"。

上寺有灵光洞，高4.5米，深8.9米，宽5.9米，为覆斗状，里面塑有地藏王菩萨；百子观音洞，高2.5米，深1.5米，宽2米，塑有百子观音；万佛洞，高4米，深8.2米，宽6米，里面塑有佛像、罗汉，顶上塑有许多小佛像，其神形各

异，栩栩如生，神形慈悲安禅。以上三洞均在二层楼阁上。第一层为大雄宝殿，塑有华严三圣，中间释迦牟尼佛，持说法状，佛像高3米，金刚座、阿难、迦叶护法，两旁文殊骑孔雀神狮，普贤骑六牙大象，殿宇金碧辉煌。其次还有福禄寿三星洞，高1.9米，深1.9米，宽3.2米，里面有壁画。三清洞，高4米，深5.7米，宽6米，也就是现在的大雄宝殿的左右配殿。玉皇洞，高3米，深4米，宽5.7米。无量洞，高3米，深2米，宽4米。

　　中寺是九间无梁寺洞，它是整个石窟中心，曾被收录在《中国名胜大辞典》中。这个洞宽敞宏大，宽125米，高约25米，进深724米，上面有三个大佛龛，正中大龛为一铺五身群像，本尊是石胎泥塑的释迦牟尼佛座身，高5米，螺发、圆脸、长眉大眼、耳垂至肩，袒胸盘膝，身穿红色袈裟外衣，姿态雍容温和慈祥，左右两菩萨头戴花冠，颈佩璎珞，袒胸露臂，腕戴钏镯，着贴身长裙，系彩色腰围，脸部丰满，长眉大眼，鼻子微微隆起，颌下有条弧线，额正中眉宇间有一颗红色吉祥痣。造型似盛唐时风格，形态动人，原有阿难、迦叶两弟子像站陪，现已倾倒毁坏。后壁为火焰光环，两侧有彩色壁画，从脱落的部分观察，壁画有里外两层，外层绘有佛经故事，如迦叶渡海等人物造型，色彩运用、气氛渲染等方面都表现出较高的艺术手法。里层时代更早，颜色多已氧化。从色调看，与敦煌唐代彩绘相似。石窟两壁均有各种佛像，分三排陈列，都是盘腿而坐，身着袈裟外衣，每排八九尊，据称共八十八佛。窟顶绘有彩色番莲花图案的藻井，窟底为方砖铺地，可站立三百多人礼佛。

楼阁式佛塔——银川承天寺塔

　　承天寺塔位于银川市老城西南的承天寺院内，俗称"西塔"。

　　承天寺塔为一座八角十一层楼阁式砖塔，高64.5米，比西安的大雁塔还高0.5米。塔体建在高2.6米、边长26米的方形台基上。塔门面东，可通过4.8米的券道进入塔室（图2-3-27）。

　　承天寺塔在元明时期，曾遭兵火和地震的危害，明初时仅"一塔独存"。后来，朱元璋第十六个儿子明庆靖王朱

图2-3-27　承天寺塔（来源：李慧、董娜 摄）

栴，重修了寺院，增建了殿宇，承天寺以"梵刹钟声"名噪塞上，成为明代宁夏八景之一。清乾隆三年十一月二十四日（1739年1月3日）大地震，塔、寺全部震毁。现在看到的承天寺塔，为嘉庆二十五年（1820年）重修，保留了原西夏佛塔的基本形制。

2. 天主教建筑

　　天主教堂主要分布在银川市、石嘴山市郊区、贺兰县、中宁县等部分地区。目前，宁夏教区的天主教堂，主要是以三种形式建起来的：一是拆除旧堂，在原址上建新堂，如银川天主教堂、贺兰天主教堂、石嘴山下营子天主教堂、平罗天主教堂；二是异地建堂，如中宁鸣沙镇天主教堂、东华天

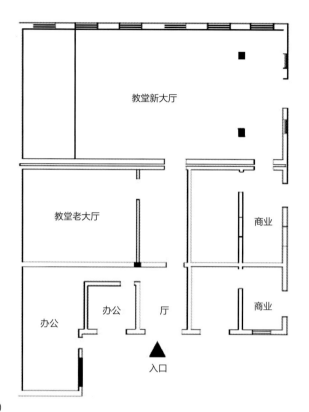
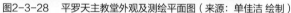

图2-3-28　平罗天主教堂外观及测绘平面图（来源：单佳洁 绘制）

主教堂、中卫天主教堂；三是"吊庄"移民从陕西和甘肃搬迁而来信徒比较集中的地方，为了满足信徒望弥撒的需求而建起的天主教堂，如陶乐高仁镇天主教堂、吴忠市利通区黄沙窝天主教堂、银川市兴庆区永固乡强家庙天主教堂等[①]。

宁夏平罗天主教堂

宁夏平罗天主教堂的建筑风格是罗马式风格与传统建筑相融合的类型，教堂平面为矩形，南北长约22.9米，东西宽约18米，建筑面积400多平方米。通过观察教堂的外部造型风格，可以看出，教堂有明显的罗马式建筑特征的一些体现，比如立面采用了三段式构图，教堂顶部采用了穹顶形的采光小钟塔，门窗用简洁的半圆形拱顶等，这些半圆、拱形、曲线等元素的运用，营造出了富有罗马式风格特色的立面。同时在罗马式的立面中融入了一些中国传统建筑元素，例如在教堂的主入口等部位融入了中式的匾额、楹联，

还在半圆的拱形门窗顶处应用了中式的雕刻，如卷草、花纹饰等。教堂内部装饰比较简单，具有中式建筑空间的方正平和与大方，东侧突出拱券形主祭台以凸显其中心地位[②]（图2-3-28）。

石嘴山下营子教堂

始建于1881年，由比利时传教士阁玉清主持建造；1891年，旧堂、住房全被拆除，在原处建起了一座砖木结构的教堂；1900年，被摧毁；1904年，由马文明神父主持，重建教堂，长18米，宽8米，高10米，为哥特式教堂，所在院内另建有神父住房、男女书房、客房等；1966年，教堂被拆；1990年，由刘静山神父主持，在原址上重建新圣堂，长25米，宽12.5米，高21米，为哥特式圣堂，坐落在四周用围墙围城的院落内（图2-3-29），院内另建了神父、修女住房。现有信徒约500余人。

---

① 高彩霞. 19世纪中叶以后的宁夏教堂建筑研究[D]. 陕西：西安建筑科技大学，2006.
② 高彩霞，田棋. 中西建筑文化碰撞下的宁夏天主教教堂建筑[J]. 中外建筑. 2008，（04）.

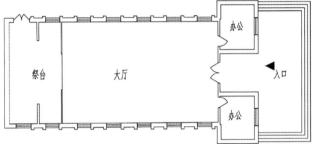

图2-3-29 下营子教堂外观图及测绘平面图（来源：郜英洲 绘制）

银川市天主教堂

始建于1923年，由传教士康国泰主持建造，小教堂为东西走向，是平房，为伊斯兰教建筑与中国传统建筑的结合体。1966年，教堂被拆毁。1987年，在原址上重建教堂，为哥特式双塔形，对称形式。教堂楼总高31米，建筑面积为557平方米，坐落在中国式庭院内，落内除了大教堂外，尚有修女院、主教楼和办公楼，院落占地1960平方米。银川天主堂是宁夏教区的主教座堂，同时也是圣母会修女院所在地（图2-3-30）。

3. 西夏宫殿建筑

西夏王陵

西夏宫殿建筑在13世纪的蒙夏战争中已被彻底摧毁，汉文文献记载一般比较宏观抽象。自唐以来党项拓跋归附中原王朝，公元881年拓跋思恭入居夏州，唐宋期间世袭节度

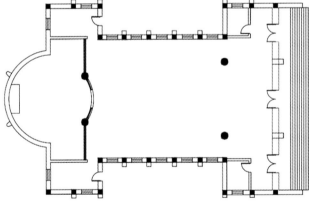

图2-3-30 银川市天主教堂及测绘平面图（来源：郜英洲 绘制）

使，治夏州，其衙署和官邸都是按中原王朝法律规定的程式而建。

按唐律规定，于州城之内筑衙城一重，为节度使之治所，其前为节堂以安置所赐之旌节。因节度兼观察使、本州刺史，故有节度厅、观察厅、刺史厅分别治事。衙城之后为节度使之私第，号为使宅，总称使府或都府、会府。至1003

年李继迁迁居西平府，拓跋部首领世居夏州约120余年，夏州的衙署、官第官式建筑是中原传统建筑，而且已有相当规模。

西夏陵是西夏皇家陵园，位于宁夏回族自治区首府银川市西郊35公里处的贺兰山东麓中段，在方圆20.9平方公里的范围内，随地势分布着九座帝王陵和二百余座王公贵戚的陪葬墓，气势宏大，以壮观瞻，其规模与河南巩县宋陵、北京明十三陵相当，是我国现存规模最大、地面遗迹保存最完整的帝王陵园之一，也是我国现存规模最大的一处西夏文化遗址，因其独特的建筑形制、丰富的文化内涵和人文景观闻名于世，被誉为"神秘的奇迹"、"东方的金字塔"。

西夏诸陵的平面布局沿用唐、宋时代传统的昭穆葬法，由南向北按左昭右穆葬制排列，形成东西两行（图2-3-31），每座帝陵又是一组完整的建筑群，坐北朝南，呈纵

向长方形，占地面积达万平方米以上，其外廊形制有开口式、封闭式、无外廊式三种，每座帝陵分别由网台、碑亭、月城、内城及角台等组成。月城、内城周围有神道环绕，四墙正中辟有神门。内城中有献殿、鱼脊状墓道封土及塔式陵台。独特的建筑形制、丰富的文化内涵、举世无双的独一性，形成了不容置疑的重要历史、文物、考古和旅游观赏价值。

西夏陵的陵制受到了北宋陵制的影响，但也有其独特的礼制特点，目前尚存的规模宏大，但破坏严重的陵园夯土遗存以及大量的建筑遗址、遗迹反映出西夏的陵寝形制在中国陵寝发展史上占有的重要地位。西夏陵园吸收了我国秦汉以来，特别是唐、宋陵园之长，同时受到了佛教建筑的影响，将汉族文化、佛教文化与党项民族文化三者有机地结合在一起，构成了我国陵园建筑中别具一格的建筑形制。西夏陵遗址是研究西夏物质文化、社会文化的重要实物资料，在国内、国际上都具有重要意义。

西夏陵区文物古迹遗存众多，按照陵区地貌和陵墓遗存相对集中的格局，从南向北分为四区。前三区原始地貌和遗址保存较完整，每区陵墓地上夯土台基、版筑残墙尚存（图2-3-32），陵园布局清晰（图2-3-33~图2-3-36）。

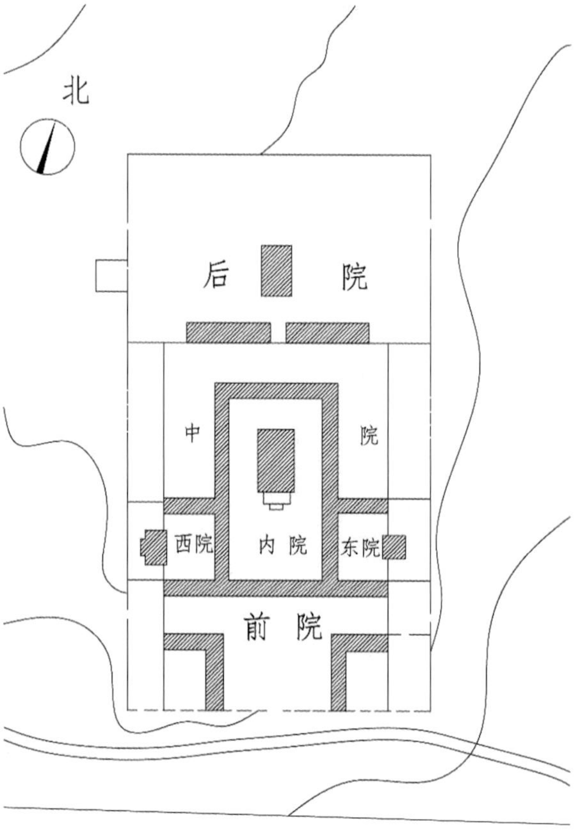

图2-3-31　西夏陵北端遗址平面图（来源：根据资料，郜英洲 改绘）

图2-3-32　西夏陵（来源：李慧、董娜 摄）

图2-3-33　西夏王陵3号陵（来源：李慧、董娜 摄）

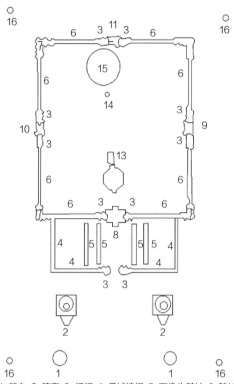

1. 鹊台 2. 碑亭 3. 门阙 4. 月城墙垣 5. 石像生基址 6. 陵城墙垣
7. 陵城角阙 8. 陵城南门门道台基 9. 陵城东门门道台基
10. 陵城西门门道台基 11. 陵城北门门道台基 12. 南殿
13. 墓道 14. 宝顶 15. 陵墓 16. 角台

图2-3-35　3号陵园总平面示意图（来源：根据资料，单佳洁 改绘）

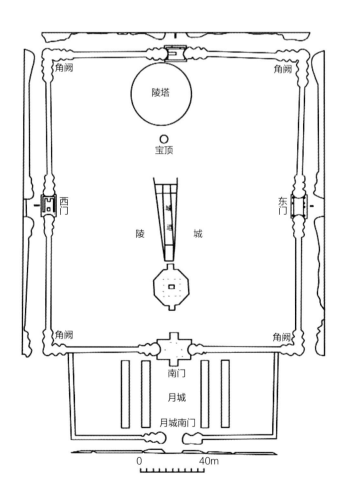

图2-3-34　3号陵园现存地面建筑的平面布局（来源：根据资料，单佳洁 改绘）

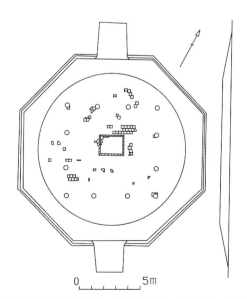

图2-3-36　3号陵献殿基址平、剖面图（来源：根据资料，单佳洁 改绘）

三、功能性建筑

1. 鼓楼

1）建筑简介

银川鼓楼又称"十字鼓楼"、"四鼓楼"，俗称"鼓楼"，始建于清道光元年（1821年），位于银川市解放东街和鼓楼南北街的十字交叉处，总高36米，占地576平方米。古代中国的城市几乎都在中心位置修建钟鼓楼，负责向全城报时。但翻看史料中旧时银川城的格局，鼓楼却不在市中心，而是位于城市的偏东边。于2006年、2008年、2012翻修三次。钟鼓楼的结构严密紧凑，造型俊俏华丽，建筑风格为清代汉族建筑风格，是银川市的标志性建筑之一，为宁夏和银川市的重点文物保护单位。

随着鼓楼报时的功能逐渐退化，人们逐渐不再称呼其为谯楼，而是沿袭鼓楼建设之前就有的四个牌楼的叫法，叫作四牌楼。20世纪30年代到20世纪40年代，银川的鼓楼上四角各有一个小亭，四个亭子内有大皮鼓，定时而擂，老银川人便称呼鼓楼为"四鼓楼"。随着抗日战争的到来，当时的宁夏省主席马鸿逵便下令将朱元璋时期在银川城一座西夏废庙中发现并改造的一口大铜钟运往鼓楼，每逢有日本战机飞近时，守卫的士兵就用一根大木桩撞击铜钟，提示市民们及时躲避。从1937年11月到1939年3月，鼓楼的钟声三次响起，使得银川的老百姓三次躲避，减少了日军轰炸造成的伤亡。这一段时间，也是钟鼓楼真正钟、鼓并存的时代。自此以后，宁夏省城的老百姓就把鼓楼的老称谓改叫为"钟鼓楼"，现在上了年纪的老银川人还依然把鼓楼叫作"钟鼓楼"。抗日战争结束后，鼓楼上的大铜钟完成了自己的使命，后来被搬出鼓楼，由民国宁夏省政府放置于中山公园里，也就是现在中山公园湖心亭内的那口大钟。[①]

1926年国共合作时期，宁夏第一个中国共产党的组织——中共宁夏特别支部，就设在鼓楼上的东北角坊。1949年9月宁夏解放，第一野战军十九兵团司令员杨得志、政委李志民以及宁夏地方知名人士，一同在银川鼓楼上检阅了解放军入城仪式。[②]

2）建筑结构及风格

银川钟鼓楼的台基始建于清道光元年（1821年），主持建造人为宁夏知府赵宜暄，并且手书了洞额石刻题记。在光绪三十四年（1908年），由宁夏地方绅商捐资在台基上又建了三层楼的梁架，后因"款绌停辍"，直到民国6年（1917年），宁夏县知事余鼎铭又接续重建，并于四角增盖了券棚顶角坊。钟鼓楼落成后，曾悬大钟一口。

银川钟鼓楼其建筑结构由台基、楼阁、角坊三部分组成。台基为正方形，边长24米，高8.5米，用砖石砌筑而成。台基的四面辟有宽5米的券顶形门洞，中通十字，与解放东西街、鼓楼南北街相通。在四面洞额上有石刻题字，东曰"迎恩"，南曰"来薰"，西曰"挹爽"，北曰"拱极"。其中东面门洞两侧各辟一券门，南券门额上题"坤阖"，内为一耳室；北券门额上题"乾辟"。通过北券门内的券砌暗道石阶可登至台基之上。在台基中心建有三层十字重檐歇山顶楼阁，每层楼阁四面围以环廊。楼阁顶脊饰以龙首，中置连珠，呈二龙戏珠之势，别具情趣。仰观钟鼓楼，挑檐飞脊，高耸秀丽，造型生动，颇为壮观（图2-3-37）。

2. 玉皇阁

1）建筑简介

玉皇阁的始建年代已无从查考，从明代《弘治宁夏新志》府城图上可知，现玉皇阁的位置为明代府城鼓楼所在地。清乾隆三年（1738年）毁于地震，重修后，清代《宁夏府志》中称为"玉皇阁"。据清乾隆《银川小志》记载："极崇焕轩敞，上供真武帝"。玉皇阁坐落在银川市解放东街与玉皇阁北街交叉口，是银川市规模较大的古建筑之一。玉皇阁建筑由两部分组成，即下部的台体和上部的砖木结构

---

① 银川鼓楼的"前世今生"[N]. 银川晚报，2012-07-04（025）.
② 越檀. 银川鼓楼[J]. 工会信息，2018（08）：3.

图2-3-37　宁夏银川鼓楼（来源：姚瑞 摄）

图2-3-38　宁夏玉皇阁（来源：姚瑞 摄）

建筑群，玉皇阁现存台体下中部辟有南北向券洞，台体四面收分，台体上建有重檐歇山大殿一座，大殿东西两侧为三重檐十字脊钟、鼓楼，大殿东侧有厢房五间，西侧有三间配殿和登台人口大门。

1926年11月，国民联军总政治部在宁夏创办《中山日报》，并把玉皇阁作为其办公地点。1949年后，宁夏人民对玉皇阁进行了多次维修。1963年2月，玉皇阁被自治区人民委员会公布为宁夏回族自治区文物保护单位，其保护范围以台体底部向东14.9米、向西13米、向南1米、向北60米。建设控制地带为保护范围外扩150米。

2）建筑结构及风格

玉皇阁通高22米，占地约1040平方米。在一座长36米、宽28米、高8米的台座下，正中辟有南北向的拱形门洞。在西北侧外部有石制台阶可通往台座之上。在台座中央为两层重檐歇山顶大殿，高达14.1米，殿宽5间，进深2间。在大殿底层向南接出券棚殿5间，正中辟有券棚抱厦，造型玲珑俏美。大殿东西两侧是两层重檐飞脊的亭式钟鼓楼。从底层大殿内侧的木梯登上顶层，是一层宽敞的殿堂，殿外以回廊相通，绕以朱漆栏杆，可凭栏四望。整个建筑群重楼叠阁，飞檐相啄，布局巧妙，结构严谨（图2-3-38）。

（1）台体。台体平面为长方形，沿台体西北角设踏道登临台顶。现存台体下部底边长37米、宽28.1米、高8.5米、占地1039.7平方米，台体内部由灰土夯筑而成，外部清水墙体，青砖砌筑厚0.5~0.7米，台体沿高度方向四面收分，其

收分率为25%。台体下部辟有南北向砖砌拱形券洞，券洞宽4.6米，现高5.2米、长28.1米。券洞西北侧有一道小门，内设32级台阶，沿台体西北和两面缓缓通向台顶，台顶西侧另置小门一道。

（2）大殿位于台体上部中央，坐北朝南，重檐歇山灰瓦顶，平面呈长方形，面阔七间，通面阔19.6米，进深四间，通进深13.5米，通高14米。大殿底层向南接出五间歇山卷棚顶抱厦，抱厦明间向南又接出一玲珑剔透的小抱厦，突出在台体外；大殿底层向北接出殿一卷硬山顶抱厦各三间。大殿梁架一层为进深四间前后双步廊用五柱，二层为进深四间前后单步廊用五柱，中柱式四架梁对四架梁，大殿内西侧置木质楼梯至二层。殿南抱厦为进深一间用六架梁，殿北抱厦梁架为进深一间用七架梁，卷棚梁架为进深一间用六架梁。

（3）钟、鼓楼位于大殿东、西两侧对称布置，三重檐十字脊灰瓦顶，平面呈正方形，面阔三间，通面阔3.86米，进深三间，通面阔3.86米，通高9.48米。钟鼓楼一层梁架为进深三间前后双步廊用四柱，二层梁架为进深三间前后单步廊用三柱，三层梁架为进深一间用两柱至平梁上承十字脊。

（4）东厢房位于大殿东侧，现存东厢房经现场勘测、查找老照片和询问老人得知该五间悬山卷棚房应为20世纪80年代为满足办公室用房，将原三间硬山卷棚建筑改建而成，现存东厢房为硬山卷棚灰瓦顶，平面呈长方形，面阔三间，通面阔7.98米，进深间，通进深3.24米，通高4米。梁架为

进深一间用两柱至六架梁上承四架梁和月梁。

（5）西配殿位于大殿西侧，一殿一卷式，平面呈长方形，面阔三间，通面阔5.8米，前卷棚进深一间2.73米，后殿进深一间4.52米，通高5.5米。前抱厦为进深一间用六架梁上承四架梁和月梁，后殿为进深一间五架梁承三架梁。[①]

玉皇阁是银川市仅存的古代木结构高层楼阁，通过其独特的建筑风格、高超的建筑技巧，充分展现了银川古代能工巧匠的精湛技术。

3）建筑布局及风格

（1）北线长城

北线长城于嘉靖九年（1530年）修筑，西起贺兰山北，经惠农、大武口、平罗东至黄河西岸，古人称之为"山河之交，中通一路"。墙体长20公里，其中惠农的旧北长城有近6公里。北长城的起点掩映于田间坟头处，现仅存的几点土墙，成断续状，向东则踪迹全无。沙地处的北长城仅存地基，流沙掩埋情况较为严重。

与平罗、大武口不同的是，在惠农境内西侧贺兰山的山体间山口不多，并且基本山口没有可以直接贯穿东西，所以在此未发现沿山间垒砌的墙体，只在王泉沟处沿山体外侧的冲积扇台地处发现了一道大致成南北走向的土墙，即王泉沟长城，全长约1054.2米，成直线状分布，墙体保存十分差，基本全部仅留底部残迹。

位于红果子镇的旧北长城（图2-3-39），在平地处以夯土砌筑，高山上则用石块垒砌，全长5836.4米，其中土墙长3717.7米，石墙长2118.7米，是北线长城的主体，保存相对较完整。

因后期破坏较重，北长城段的敌台、烽火台遗迹很少，仅在惠农区发现了5座烽火台，大武口处发现了4座敌台。在红果子镇、旧北长城北侧，发现了壕堑1道，南距墙体约3米左右，随墙体的走向蜿蜒分布，全长4.566公里。

还发现了关堡遗址2座，即镇夷关和黑山营，其中前者为土筑，后者为石砌，保存均不佳，坍塌破坏严重。

图2-3-39　红果子镇的旧北长城（来源：马龙 摄）

（2）西线长城

西长城是指分布于贺兰山山间的长城墙体，即在便于贯穿通行的两山交界处直接以黄土夯筑或用石块垒砌墙体，而在群山高耸处直接利用山险相阻隔（图2-3-40）。建筑于嘉靖十年（1531年），全长百余公里，分布着敌台70余座、烽火台130多座、狼烟台共计200余座，另外还分布着多处采石场、挡马墙、壕堑和山险墙。

由于西线长城分布于贺兰山山间，远离人类生活居住的地方，保存的相对较好，墙体、敌台、烽火台、关堡、拦马墙、山险墙在此都能找见，此段长城囊括了宁夏长城所有雄伟和险峻，堪称奇迹，因此充分体现了长城是一个设施完整的军事防御体系。

西线长城主要是沿各便于穿行的山口内修建长城墙体，而在山体高耸处则是直接利用山险，所以此段墙体基本成断续状（图2-3-41）。此段墙体有两种：一种为夯土墙，于山前冲积扇平地上可见，夯土墙是利用黄沙土夹杂小石块分段版筑而成的，每版长度多在2.2米左右，从墙体断面来看，其夯筑方式是先在中心夯筑一道底宽1.5米的实心，再在实心两面外表筑以附墙，附墙宽度大致在2.5米以上；另一种为石墙，主要分布在贺兰山较高的山体台地和山口之间，按其分布位置、功能等的不同又分为石长城、山险墙、挡马墙等，基本全在内蒙古阿拉善左旗境内。

---

① 吕军辉. 宁夏银川市玉皇阁勘测简报[A]. 土木建筑学术文库（第7卷）[C]. 2007：3.

图2-3-40　贺兰山山间西线长城（来源：李慧、董娜 摄）

图2-3-41　西线长城（来源：宁夏新闻网）

西线敌台的筑造采用了就地取材的方法，在低处多为土筑，高山上则多为石砌。石砌敌台大多位于贺兰山山脊部，是用大块的石块砌边、内侧以黄沙土与小石块混杂填塞堆积。外壁垒砌的较为规整，壁面较平整，整个敌台高耸壮观。贺兰山山前台地上的夯土敌台，是由黄沙土夹杂小石粒夯筑而成的。

长城烽火台分布于山顶和平地高台处，多位于独立的山脊之上，与长城墙体相辅相成，共同构成独特的防御体系。分布于山顶的基本为石块垒砌，平地的则多为黄沙土夹杂小石块夯筑。石块垒砌的原料基本是用山体上丰富的石块资源，就地取材建筑而成，其取材多是在山体外侧，这样既能采凿到可用之

材，又能在山体上人为造成山险地带，一举两得。

山险墙是直接利用山体，墙体的垒砌只是在局部山体相交的山口之间。壕堑主要分布于宽漫的山前冲积扇平地处，在夯土墙体西侧平地上直接掏挖成宽带状深壕，壕内挖出的石子泥块再堆砌在深壕东侧边缘而成高堑，南北两端则与山体上的石砌长城相接。深壕最宽7米，深4米左右。

3. 镇河塔

1）概况

镇河塔，又名东塔，沿黄城市唯一镇河塔，《中华名塔大观》中244座中华名塔之一。始建于西汉惠帝四年（前191年）的古灵州城（今宁夏吴忠市古城），由于水患，经历了"成凡三徙"，于宣德三年（1428年）迁址今灵武市为灵州新城。为防止黄河水患继续侵扰新城，清康熙七年（公元1668年）建造了镇河塔。

2）建筑特色

镇河塔为8角13层空心厚壁楼阁式建筑，塔身通高43.6米，塔底直径13.5米。塔的大门向西而设，塔门上额可这"镇河"两字。塔内底部有一浸水井，在水井上方设有木梯可螺旋式向上攀登，越往上层，腹径越小。

塔内壁涂白灰，一至二层之间绘有人物、花卉、飞鸟等图案，第三层有雍正三年刻制的佛经金刚咒文、募捐者姓名及其施舍钱两数目。塔身逐级收缩，每层有7层悬砖与3层棱角牙砖出檐，各层转角处木铎龙头上悬挂有铜、铁铸风铃。在塔顶八面砖雕琉璃莲花座上，托有绿色琉璃宝葫芦形顶。塔外壁为米黄色，显得玲珑、古朴、壮观。塔内留有望窗7处，即南3个、北2个、东1个、西1个，室内受光均匀，体现出古代匠人对光学的巧妙运用。镇河塔寺院宽广，两侧建有天王殿，塔东依次为观音殿和大雄宝殿。

4. 清水营古城

1）概况

清水营古城位于灵武市区东北方约38公里处的宁东镇清水营村，城堡北侧临靠明长城，东北依清水河而建得名，是

图2-3-42　清水营古城（来源：郜英洲 摄）

明长城内侧沿线的军事防御设施之一，在长城沿线众多的屯兵城堡中，清水营城是一座较大的屯兵城堡（图2-3-42）。

2）建筑特色

城为方形，边长300米，城墙底宽14米，顶宽6米，高9米，四角有方形角台，角台实体凸出城墙墙体，比墙体宽而厚实，角台之上城楼已不复存在，但城楼基础残踪尚存。东城墙有大门，面东而开，城门外套以瓮城，瓮城墙体高大、纵深，其南墙下有门洞面南外开，以古色青砖拱砌。瓮城墙体上尚有城楼建筑痕迹，长22米，宽7米。清水营城内已一片废墟，地面遍布砖瓦、瓷片。但是，四百八十年前的

清水营古城，一度曾是明代总制三边的重要军事据点。辖领烽堠达十四座：双沟墩、苦水墩、柔远墩、镇北墩、宁靖墩、古寺墩、靖边墩、斩贼墩、木井墩、清字墩、定远墩、旧定远墩、庙儿墩、塔儿墩。辖域地界跨今陕西、甘肃、宁夏三省区。至清朝乾隆六年（1741年），朝廷对清水营城又加以重修，至城高三丈、厚二丈五尺、顶宽一丈五尺，驻把总。

5. 宏佛塔

宏佛塔，俗称"王澄塔"，坐落在宁夏贺兰县潘昶乡王澄村（今贺兰县金贵镇红星村四组）一废寺中，残高28.34米（图2-3-43）。

佛塔在贺兰县东北潘胡乡，是一座外形结构比较奇特的密檐式厚壁空心砖塔。塔身和塔刹高度相近，通高约25米，塔身3层，平面八角形。第一层南面辟一高为2.4米的券门，门楣上端两侧砖雕龙、凤图案。塔身每层上下有双重檐，檐下雕两组斗栱。塔身之上为塔刹，塔高28.34米，建在由黄土夯筑的地基上。宏佛塔的一至三层为楼阁式塔身，上为体量巨大的覆钵式砖塔，是传统中国楼阁式建筑与喇嘛塔相结合的复合式空心砖塔，塔身各层上部用砖砌出兰额、斗栱和叠涩砖塔檐，檐上作出平座栏杆，上为十字对折角覆钵塔，由塔基、塔身、塔

图2-3-43　宏佛塔（来源：马龙 摄）

刹组成，底部为圆形束腰式须弥座，座上砌肩覆钵塔，塔身作宝罐状，上存刹座和两层相轮，由亚字形刹座托承十三天。塔心室向上内收迭涩对顶，塔室呈八角形。

四、装饰艺术解析

（一）装饰风格

1. 民居建筑

北部平原绿洲区民居中多用青砖拼砌图案的做法，在平原地区平顶房的房檐上，往往可见用青砖拼砌出各种图案的女儿墙。民居建筑装饰力求整齐、美观、舒适、大方，有的还以砖雕装饰墙面，房屋隔墙和门窗用木雕装饰。在居室内，装饰多采用中国传统的山水风景画、花卉、几何图形、植物画等来美化居室。宁夏民居建筑最有特色的是在墙上悬挂阿拉伯文或波斯文写成的匾额、条幅、中堂字画及富有伊斯兰特征的克尔拜挂毯，也有布置伊斯兰教历和公历对照的挂历，其背景图案多为著名清真寺或天房等图画。

2. 宗教建筑

宗教建筑的佛教建筑多用灰瓦布顶，还大量使用拼砖的技法。

建筑装饰多有造型精美的木雕。常用在汉族传统宗教建筑枋柱间的雀替、瓜柱、栏板、隔扇门窗、梁枋端口及民居堂屋中的隔断、窗心等部位。有透雕、圆雕、深浮雕、浅浮雕、线雕等形式，雕刻内容以梅兰竹菊等植物花草图案居多，也有山水鸟虫等图案。构图玲珑别致，造型优美大气。

中国传统建筑少不了彩绘，在宁夏汉族的宗教建筑中，继承了中国传统建筑的彩绘工艺，在建筑装饰中大量使用彩绘。

3. 功能性建筑

功能性建筑中，多用砖、瓦、琉璃、木板等建筑材料，用拼装、雕刻、镶嵌、贴面等技艺装饰，与建筑物本身共同构成富有地方民族特色的物化形式。

这类建筑也大量使用了彩绘，枋心不仅画花草、风景、琴棋书画等静物，也画吉兽飞禽如龙凤、梅花鹿、仙鹤等动物，但绝没有表现历史故事的人物形象。

（二）建筑材料与结构

传统建筑的装饰材料，是用于建筑辉煌壮丽高屋大厦的，也用作皇宫、寺庙的专用材料，例如，在《西夏法典》中明确规定：除寺庙、天坛、神庙、皇宫之外，任何一座官民宅地不准（装饰）莲花瓣图案，亦禁止用红蓝绿等色琉璃瓦做房盖。宋曾巩于《隆平集》中也注名西夏"居民皆立屋，有官爵者，始得扭之以瓦"的建筑物典型特征。在传统的建筑装饰工艺中，常用的材料有：

（1）土

由于生土资源的经济便利性，不仅广泛用于各类民居功能性建筑结构的主体材料。

土也被大量用于陵园建筑上，其"陵台"一般为土冢。在墓室之上，堆土如山，筑一土台，用砖或石加以包裹，这一形制统称为封土（封丘）。坟丘墓始于春秋晚期，孔子为了便于认识父母合葬墓，于是"封之，崇四尺"就是筑了四尺高的封土堆。战国时代"丘垅必巨"统治者的墓都有了很高的土冢。中原帝陵封土多呈平面方形，台顶有建筑，始皇陵封土似一座平顶小山，西汉帝陵为班斗形封土台，唐王陵多以山丘为封土，称"方上"台。宋时帝陵不仅承袭了唐陵制，而且"陵台"又有了改进，为上下方形、平顶，作砚斗状。由此可见西夏陵园的"陵台"建筑与中原历代帝陵的封土意义是相似的，作法也是相近的，但是西夏陵园"陵台"虽然是受了中原的影响，可是在"陵台"建筑形式上却有自己的独特风格，这一点是综合了佛教建筑文化艺术、本民族习俗，而构成我国陵园建筑史中别具一格的建筑造型（图2-3-44）。

（2）木

以木构架的结构方式大量存在于古代建筑中。此结构方式是由立柱、横梁、顺檩等主要构件建造而成，各个构

图2-3-44　西夏王陵土台基遗址（来源：李慧、董娜 摄）

图2-3-45　西夏皇宫木屋顶（来源：李慧、董娜 摄）

件之间的结点性的框架。"墙倒屋不塌"就形象地表达了这种结构的特点。宁夏传统建筑中木材也是主要建筑材料（图2-3-45）。

（3）砖

砖主要是用于包砌台基，用于夯土台基帮壁栏土、台明

漫地和铺设踏道台阶。从质地上分，分为灰砖和琉璃砖；从形状上分，可分为有条砖、梯形砖、大方砖；从装饰上分，可分为素面砖和花纹砖，其中花纹砖有绳纹、手掌纹、刻划纹及莲花、忍冬、水草等图案。西夏王陵3号陵东碑亭遗址出土的方砖，上有莲花纹，别具特色。早在唐代宫殿就使用花砖铺地。莲花为佛教推崇的西方净土之圣花，西夏王陵出土的方砖中莲花图案种类繁多。这种以莲花、石榴花为装饰图案的琉璃砖应是用于铺设御路的，充分体现了严格的封建等级制度等。在西夏时期所绘的文殊山万佛洞《宫阙图》壁画中，通向大殿的御路台阶是用花砖铺设的。西夏用莲花图案的琉璃砖和青砖铺设御路台阶，为御路台阶装饰的演进提供了不可多得的实物资料（图2-3-46）。

图2-3-46　砖雕（来源：李慧、董娜 摄）

图2-3-47 鎏金铜牛（来源：陈远 摄）

（4）灰陶和琉璃

一般用于脊饰构件，是屋顶两庇交接处正脊、垂脊、俄脊用于遮盖钉铆的装饰构件，一般做成动物形状。西夏王陵出土的有琉璃和灰陶的鸱吻，其形是龙头鱼尾的神兽。龙头上翘起，阔嘴大眼，背饰鱼鳞，腮饰蕉叶纹。蕉叶纹图案也是随佛教东进而传入，而西夏则是较早将这种图案运用于建筑装饰之中。西夏土陵出土的鸱吻，与同一时期河北蓟县独乐寺辽代山门鸱吻、山西大同华严寺金代薄伽教藏殿鸱吻都属于龙头鱼尾、张口吞脊这一类型（图2-3-47）。

（三）主要建筑结构形式

（1）砖木结构

中国古代一般只有达官显贵或乡绅财主才住得起砖木结构的房子（图2-3-48），虽然其在数量上很少，但由于砖木结构建筑易保存以及所处的特殊地位，北部平原地区的西夏建筑具有代表性和可研究性。

在西夏所处的时代，砖木结构的房子是高技术含量且具有代表性的建筑。从《文海》我们得知，这种房屋为木架构形式。此书记载，支撑这种房屋的柱子："屋舍之木柱座是也"。房梁由于承重较大，是房屋中最粗大的木构件。在房梁上面有糠，其注释是"此者室中糠木之谓"，还有架在械条上的椽子，其注释是"此者房中用辐椽，细木之谓也"。

图2-3-48 银川贺兰县宏佛塔（来源：李慧、董娜 摄）

在这几种木构件中，以椽子最细，所用数量也最多。这几种木构件在空间上互相垂直的布置，使砖木结构建筑的木构架可以架构起来了。砖木结构建筑以砖砌筑，屋顶上覆盖瓦片，他们用板瓦在屋顶一行行地排放，在板瓦的行间接缝处再叠放筒瓦，在板瓦的近屋檐处放置滴水，在筒瓦的近房檐处放置瓦当。这样整个屋顶就可以把水遮住，既不会经过屋顶进入屋内，也不会有雨水浸蚀屋檐，其屋檐处装饰的瓦当、琉璃鸱吻很精美并且很具特色。

（2）毡木结构

西夏虽然也有农业，但仅限于宁夏平原及夏宋边界某些地方，其境内的主体还是以放牧为主，并且由于土木结构和砖木结构的建筑并非一般百姓所能居住，因此普通党项人建筑的最大特点是毡木结构，其被称为"舍"，一般房屋也称为帐。

由于西夏人为游牧民族，其生活方式为逐水草而居的畜牧业，因此他们的住所必须每年换地方，即"每年一易"。

这也要求他们的房子必须好盖好拆。根据《番汉合时掌中珠》记载，西夏百姓所居为毡帐。参照其他游牧民族的做法可知，西夏毡帐的结构应该也是以木材为框架，用毡片援盖帐篷顶部和包围帐篷周边，然后再用毛绳捆扎固定而构筑的。《宋史·夏国传》中记载，西夏军队的"牧梁，织毛为幕，而以木架"，显然也是毡木结构的。

（3）土木结构

达官贵人的房屋可以以土木搭建，覆之以瓦。"屋舍庙宇，覆之以瓦，民居用土，止若棚焉。"北部平原地区的百姓大多住在土木结构的房子里，其用木材为栋梁，以草拌泥的土坯垒砌墙壁，再以石灰砂浆涂抹墙壁，最后用茅草或瓦搭盖屋顶。但大多数的百姓是用不起瓦片的。由于所处地区干旱少雨，因此农耕区百姓最常见的居所是土木结构的房屋。

第三章　中部荒漠草原区传统建筑解析

　　宁夏从空间规划上分为南部、中部、北部三个部分。中部地区气候干燥，降雨量少，在气候环境和地形地貌的作用下形成了荒漠化草原的表现形态，历史上，这一地区农牧业相结合，传统建筑的实体留存很少，但独特的自然条件赋予该地区聚落和空间对环境的适应性。中部荒漠草原区作为宁夏南部山区和北部平原区的过渡地带，传统建筑虽没有很典型，却也代表了宁夏传统建筑应对荒漠化气候所表现出的策略，构成了宁夏整体建筑形态分布的一部分。

第一节　中部荒漠草原区自然环境与人文环境

一、区域范围

宁夏中部荒漠草原区位于鄂尔多斯台地南缘与黄土丘陵交错地区，是毛乌素沙地的一部分。这一地区干旱少雨，植被稀疏，风沙灾害频繁，自然条件极端恶劣，生态环境十分脆弱。地面植被表现为干草原和荒漠草原。从行政上看，这一地区包含盐池县、同心县、海原县、红寺堡区和罗山自然保护区（图3-1-1）。

二、自然环境

宁夏中部地区在地貌上跨鄂尔多斯高原和黄土高原，是我国季风区向非季风区、半干旱向干旱区的过渡地带，降水量350~200毫米，具有典型过渡意义的300毫米降水线从东北向西南纵贯中部地区，该区北部风力作用强盛，风沙地貌发育，植被以荒漠草原为主；而南部以水蚀为主，发育黄土地貌，植被为干草原。自然条件的过渡性决定了中部地区位于我国农耕区向牧区过渡的农牧交错带，生产方式与经济类型的多变性。因此，生态环境受自然因素和人为因素的扰动，变化极为敏感（图3-1-2）。

三、人文历史

中部荒漠草原区横贯宁夏东西，跨越三县两区，一直以来都是农耕经济文化与游牧经济文化的交界地带。各地区都有属于自己的独特文化历史。

同心县历史悠久，文化底蕴深厚。早在新石器时代就有人类在此活动，西汉时即设置县府，命名"三水县"，唐、宋、元、明、清历代都有建制，建县达2200多年。同心历来是一

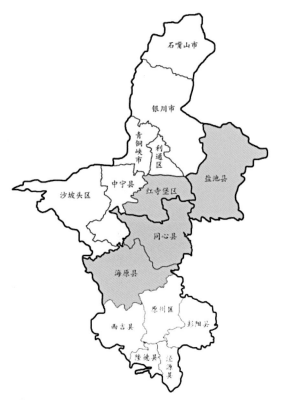

图3-1-1　中部荒漠草原区行政区划（来源：根据《宁夏通志》，单佳洁 改绘）

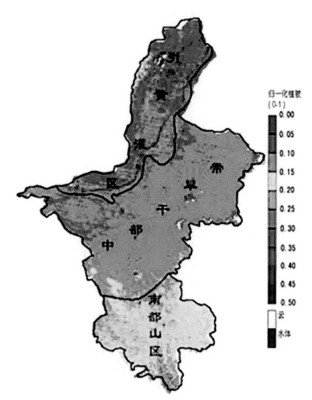

图3-1-2　宁夏自然气候分区图（来源：根据《宁夏通志》，单佳洁 改绘）

个多民族共同居住的大家庭，秦汉之际有匈奴、鲜卑部人，唐代的吐蕃、吐谷浑、突厥人，宋代的党项人，元代的回族、蒙古族也先后定居预旺城、韦州城、同心城等地，清代满族、汉族等民族也长期在境内居住。各民族长期共同生活和互相影响，创造了具有浓郁地方特色的历史文化和民族文化。

2008年，海原县"花儿剪纸"民间艺术获得文化部命名的"中国民间文化艺术之乡"。海原花儿俗称"干花儿"、"山花儿"和"土花儿"。从区域分布上看，海原作为宁夏花儿的主要流传区和发源地，其厚重的历史文化和别具一格的地域风光为花儿注入了独特的人文内涵和鲜明的艺术特色，使海原干花儿成为花儿元素中一束瑰丽的"艺术奇葩"。此外，海原县回族刺绣剪纸，千百年来，作为古老的民族艺术，在回族日常生活中得到了保护和传承。

盐池县作为宁夏的东大门，由于独特的地理位置和悠久的历史，形成了多边文化的格局，既有秦汉时期的长城墩堠，又有近代革命的历史遗迹；既有中原的农耕文化，又有塞外的游牧文化；既有陕北的信天游，又有西北的"花儿"，还有内蒙古的草原文化。

第二节　中部荒漠草原区传统城乡聚落空间特征

一、中部荒漠草原区城乡聚落的总体分布特征

聚落选址的特征一般表现为自然环境条件的适宜性，而自然环境就是指当地的气候条件，包括干旱、气温、日照、风等；自然资源包括水资源、土地资源、植被资源，例如气候适宜、水源充沛、土地肥沃、森林茂盛等。故原始聚落大多分布在气候宜人的河流两岸、湖泊周边，表现了近水、向阳的显著特征。

中部荒漠草原区处于农耕与游牧文化的交界地带，聚落分布具有多样性，但总的来看，聚落呈现出大杂居、小聚居的分布模式，中部地区相对于南部、北部地区，人口密度较低，根据聚落建成区的集聚状况、聚落的空间形态而言，宁夏城乡聚落空间形态可以划分为集聚和分散两大基本类型，其中，集聚型聚落，一般分布在平原、河谷阶地或丘陵山区地势相对平坦的地方。分散型聚落，多因地形分割、空间限制或耕地分散形成。中部地区地形坡度相对平缓，聚落呈现出多集聚、少分散的分布格局。集聚型城乡聚落又可根据其聚集密度分为团块型和井字型。分散型城乡聚落主要呈现出散点的形态。

（一）团块型

团块型城乡聚落的用地布局往往具有明显的向心性，其空间扩展模式是随着时间的推移由中心不断向外围扩散蔓延。这类聚落大多位于河谷川台地带或地势较平坦的地区，平面形态多样，有不规则圆形、梭形或多边形。由于地势较为平坦，城市建设方便，故这类聚落通常规模较大，布局紧凑，聚落边界相对规整，内部分工较明确，聚落沿着交通道路向四方延伸和辐射，无论何种形式的聚集型聚落都往往与人们居住形态上的向心模式和群体模式相联系，即聚落的内聚性特征往往源于聚落社会宗教文化行为的向心模式和群体模式。这种形态成为中部地区绝大多数聚落的特点。

以同心县的韦州镇为例，该镇位于同心县东北部，距县城约90公里，自古便是一座军事重镇，西夏时设"静塞军"，宋代又改"韦州监军司为祥祐军"，明代，朱元璋第16子朱㮵受封宁夏，韦州便成为庆王府所在地，至今韦州城内还有东西两套古城墙的残破遗址。韦州城商业贸易十分发达，正如著名社会学家费孝通形容："上有河州，下有温州，宁夏还有个韦州"。商品经济的繁荣促使韦州镇人口不断增长，镇区也呈现出由中心向外围扩展的发展态势，截至2014年，镇区人口2.1万，约3850户（图3-2-1）。

（二）井字型

"井字式"形态的聚落，其用地空间扩展过程中，沿纵横交错的道路同时扩展。整体呈现出强烈的向心性，而在沟

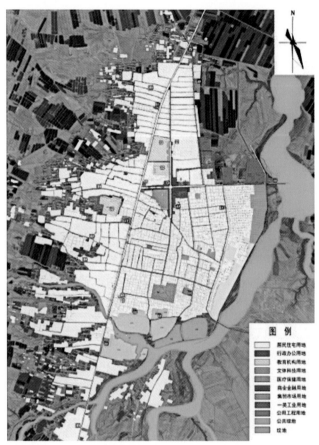

图3-2-1　同心县韦州镇用地布局现状图（来源：根据《同心县韦州镇总体规划（2015-2030）》绘制）

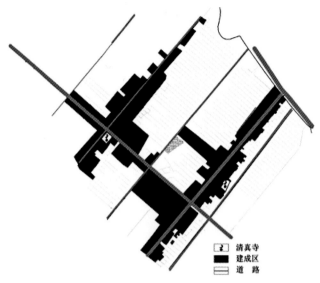

图3-2-2　同心县兴隆乡集镇现状用地布局（来源：根据兴隆乡集镇总体规划（2012-2030）绘制）

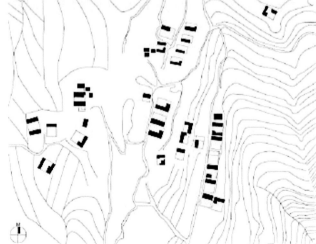

图3-2-3　海原县某散点型聚落（来源：宁夏西海固回族聚落营建及发展策略研究）

壑纵横的黄土丘陵地带的村落则沿沟渠或河道限制向道路外围扩展延伸。

　　同心县兴隆乡集镇，位于同心县城西部，紧邻同心县新区，集镇用地33.9公顷，总人口为1659人。用地主要沿同海公路和与之垂直的两条道路呈带状布局，公共服务设施沿同海公路分布，村民住宅院落沿道路两侧形成"一层皮"的建设，不利于土地的集约利用，紧凑度差（图3-2-2）。

（三）散点型

　　"散点式"聚落建设密度小，布局高度离散，聚落边界模糊，在中部荒漠区分布着大量的散点型聚落，他们根据日常生活功能随机布置，彼此联系不太紧密，呈现出各自为政的布局结构，如图3-2-3为海原县某散点型聚落。

二、应对自然的城乡聚落空间特征

聚落空间结构形态是在特定的自然环境条件下，人们改造自然和利用自然的一切经济活动在空间上的反映，而自然地理环境与社会人文环境是人类经济活动最基本的空间，对于宁夏中部荒漠区而言，这两个基本空间基于地域性的自身历史变迁与现实发展状况及其相互作用，从而对其产生一种综合性欠缺因素的积累和互动，这一积累和互动最终促成了地区传统聚落中人口行为方式的转变、经济发展模式的变革，自然也就影响了传统聚落的功能结构、用地布局、空间形态乃至空间分布。

（一）地形地貌与聚落空间布局特征

1. 地形地貌与聚落的关系

地形地貌是聚落形成的基础，决定了聚落的基本形态。中部荒漠草原区位于不同地貌的分界线上，地形地貌类型较为丰富，最北部同心县、盐池县则是降水稀少、气候干旱的荒漠草原地带温暖干旱区和温凉半干旱区，地表广布黄土和沙地，丘陵梁峁和沙丘面积大，不利于农业生产；海原县是我国黄土高原的一部分，地表崎岖破碎，丘陵沟壑纵横，是典型的黄土高原丘陵区。

地形地貌条件不仅限定了区域的地面径流与水的运动方向，对太阳辐射、水热条件等在局部地段的再分配起着决定性的作用，因此在一定程度上地形地貌条件构成了聚落以及区域发展的最基础条件，深刻影响聚落的空间布局，如平原地区、山地、丘陵，往往表现出不同的聚落布局结构。

以同心、盐池地区为例，该地区位于中部荒漠区的东部，是宁夏回族自治区水土资源组合最差的干旱半干旱区，以牧业生产方式为主、农业为辅，社会经济多年停滞不前，城乡之间经济和社会联系很薄弱。受干旱区地形、地貌及气候影响，区域内土地贫瘠、沙化，水土流失较为严重，耕地生产能力低，土地及环境承载力低下，由于土地广种薄收，一户往往有上百亩旱地，为了便于耕作，由劳作半径限定，当地百姓多数就地（耕地）而居，故聚落零落、分散。户与户之间联系不紧密，信息传递不畅，交通十分困难，导致聚落发展缓慢，基本属于国内乡村聚落体系发展的最低阶段，特征如下：①乡村聚落规模极小，有的甚至只有一两户人家，经济基础十分薄弱，尚未形成一定的集聚规模优势；②聚落分布松散，呈点状发展；③聚落的空间分布表现出明显的牧业经济特征，聚落之间距离远，空间联系弱。

2. 地形地貌影响下的聚落特点

居住形态是由其千沟万壑的塬、梁、峁、沟等地形地貌所演化而来的乡村聚落的地域类型。中部荒漠草原区聚落尊重原来的平原、川地、荒漠等地形。聚落选址大都表现出因地制宜、近水优先的特点。按照所处地形、地貌特征可将该地区聚落分为平川型、坡地型、半川半坡型。[①]

1）平川型

平川型聚落的主要特征是选址于平原、川区，或较大的盆地、塬地中，由于地势平坦便于聚落的扩展，故聚落规模一般比较大。聚落平面形状近似于矩形、多边形或圆形，此类聚落多由早期定居者住房的周边不断拓展形成，道路外部交通便捷，内部则复杂多样、纵横交错，院落或呈平行，或从聚落中心向外发散状排列状，回族聚落的中心往往是位于村西北的清真寺、拱北或道堂，如同心县王团镇北村、南村体现了集居型聚落特征，人口较集中、房屋布局较为紧凑，朝向相对统一。此类聚落在盐池县、同心县境内较为多见（图3-2-4）。

2）坡地型

坡地型聚落往往规模较之平川型聚落要小很多，聚落的主要特征是选址于山坡之上，将较为平坦、取水便利的土地

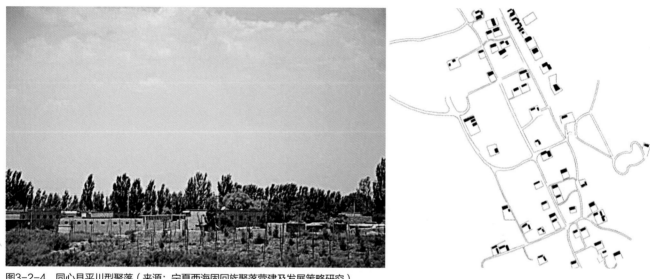

图3-2-4　同心县平川型聚落（来源：宁夏西海固回族聚落营建及发展策略研究）

留给耕地。由于选址的原因，聚落形状与布局往往沿着山坡的走向，一般为山体等高线方向布局和垂直于等高线两种。以山体的坡度而定，聚落形态或呈扇面展开，或呈不规则几何体；聚落内部结构垂直空间变化明显，层级关系多为梯度状排列。

3）半川半坡型

聚落推测早期应选址于川地区域，早期居住的人们修建住房，背山面川，利于出行耕作，又便于躲避土匪侵扰。随着人口的不断增长，聚落规模不断增加，川地空间日渐狭小，为保留耕地，人们只好将住宅沿着坡面建设，有靠崖窑洞式房屋，层层递增逐渐形成现在的半川半坡型居住形态。聚落的外部形态常常沿着川道呈线性，内部结构一般为上下错落多层级（图3-2-5）。

（二）气候影响下的聚落营建

气候影响聚落的营建，只有能够适应地区气候的聚落才能创造出良好的人居环境。气候对于乡村聚落形态、空间及乡土建筑空间、形态的形成有着重要的影响，地区气候的适宜与否直接决定着建筑形态、建筑材料、构造技术、结构选型等乡土建筑建造选择的自由度，同时对于聚落营建的限制也更多。

宁夏中部荒漠草原区平均降水量少，与其他地区差异明显，像海原县北部和同心县、盐池县一带年均降水量仅200毫米左右，地区内风力强，蒸发量大，干燥度在1.5～3.0之间。冬季寒冷漫长，采暖期一般达到6个月以上，太阳高度角小，面对该地区的气候条件，中部聚落在营建过程中表现出不同的表现形式，例如：为了接受更多的太阳辐射，加之地区草原荒漠区地形平坦，多为平原团状聚落，西海固地区北部同心县、盐池县的聚落人口密度较低，聚落居住用地布局松散，房屋密度较低（图3-2-6）。

（三）水资源与聚落选址

我国水资源严重匮乏，且分布不均。宁夏则是全国水资源最匮乏的省区之一。从宁夏整体的水资源情况来看，黄河流域的北部灌区水资源总量最高，南部次之，中部盐池、同心等地最少。水资源的总体状况决定了城镇的整体分布态势以及乡村聚落的分布密度，所以中部地区聚落分布密度较低，但聚落选址的维水性决定了中部荒漠区水资源的分布会影响地区聚落的分布形态。

图3-2-5　海原半川半坡型聚落（来源：宁夏西海固回族聚落营建及发展策略研究）

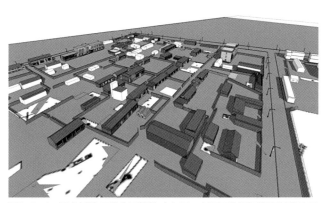

图3-2-6　聚落居住用地布局松散（来源：宁夏西海固回族聚落营建及发展策略研究）

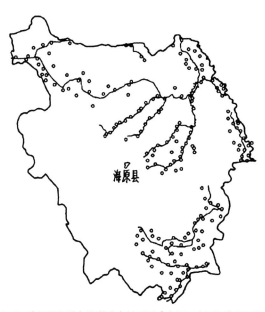

图3-2-7　海原县河流与聚落分布关系图（来源：宁夏西海固回族聚落营建及发展策略研究）

　　从石器时代的原始部落选址的近水、向阳，游牧部落的逐水而居即可判断，水资源对于聚落选址、分布的重要性。聚落的发展与变迁是以河流水系的变化为转移的，以海原县西安乡菜园村为例，因为泉水原始聚落选址于此，而今天的菜园村与原始村落近一山之隔。而如图3-2-7所示，海原县内几乎所有的村庄都会在有泉水或者可以得到泉水灌溉的区域内生产、生活，这是人类生存离不开水的见证，也是聚落选址最重要的决定性因素之一。

三、适应荒漠的堡寨聚落空间特征

（一）堡寨聚落的适应性

　　宁夏地区历史上是一个移民之地，西夏时期，以今海原县城为中心的天都山地区为西夏重要的军事指挥中心，元昊称帝后，更加重视对天都山地区的经营，建立南牟会城，戍守兵丁达数万人。当时军、城、寨、堡、关星罗棋布，作为一个防御区域，堡寨一般都建在形势之地，选择形势要害，堪作守御寨基去处。为了增强堡寨之间的联络能力和综合抵御能力，常常将几个城、堡、寨构成几何形的联防堡寨群。这一时期聚落的主要形态表现为堡寨，堡寨就是为保护屯田经济和便于驻军防守而设。

堡寨起初是为了军事防御而设，但宁夏地区年平均风速一般为2～3米/秒，这种高墙封闭型院落同时也能够适应该地区多风沙的天气。建筑朝向通常会与等高线垂直布局，还会与主导风向相关，宁夏地区主导风向为西北风，所以建筑朝向多数为东、南向。采用的自然生土作为建筑建造的普遍材料，其抗风能力较弱，因此民居建筑大都是单层和低矮的。用厚重和高大的墙体围合了整个庭院，形成了一个封闭的、围护性极强的院落空间。院落多采用向阳的合院布局，其封闭性有效地抵御了风沙，使院落内部更少和外界接触，以风沙减少对内部的影响和破坏力。

（二）中部荒漠草原区堡寨聚落的形态特征

中部荒漠草原区属中温带半干旱气候，年均降水在200～300毫米，面临严重的水质型、资源型缺水，土地沙碛化严重，农业条件恶劣，但丰富的畜牧业、盐业资源使本地自古就是西北地区重要的军马产地和盐业生产集散地，如今依然是本地的重要产业（如花马池、惠安堡、干盐池），历史上盐业、畜牧贸易一直是本地寨堡聚落维持人口规模化聚集的主要因素。

聚落形态特点：①宋明寨堡均有分布，其中宋代寨堡主要分布在同心清水河谷北段、海原中北部黄土丘陵地带，这里曾是宋夏交锋的前沿。明代军堡主要分布在干旱带东段的灵盐台地，尤以宁夏河东长城沿线最为集中；②人类活动较少，气候极为干旱，寨堡保存情况相对较好；③域内在近代接续遭遇回民战争、民族迁徙和海原大地震，"村—堡"空间关系表现为依空城而居、近城关而居的特点（图3-2-8）；④由于畜牧养殖空间的普遍存在和人口

图3-2-8 宁夏同心下马关镇聚落形态（来源：西北军事堡寨聚落形态变迁影响因素解析——以宁夏地区为例）

密度低，寨堡聚落民居坡顶平顶兼有，平面多数呈"一"字形或"L"形，并配以宽阔的前院。寨堡聚落肌理松散，房屋密度小。

第三节 中部荒漠草原区传统建筑群体与单体

一、中部荒漠草原区传统建筑群体解析

中部荒漠草原区位于不同地貌的过渡地带，既有农耕文化，又有游牧文化，还有边塞文化，这一地区建筑一部分位于黄土丘陵区边界地带，一部分位于平缓的台地上，由于自然环境的变迁，这地区的传统建筑载体留存的较少，本书主要选取现存的建筑案例进行解析。

（一）古长城与军事聚落

明长城位于我国北方农牧分界带上，长城及军事聚落所处地带的自然地貌呈现多山川河流、沙漠、高原、谷地等复杂地形。中部地区作为不同区域的过渡地带，这里现在仍然留存着古长城以及依城墙而建的军事聚落。

宁夏长城全长1507公里，可见墙体517.9公里，有敌台589座、烽火台237座、关堡25座，除此之外，在宁夏长城还发现了铺舍、壕堑、"品"字形窖等多处遗址（图3-3-1）。

据调查显示，宁夏明长城河东墙总长度为180公里，仅这一段就分布着敌台508座、烽火台67座、铺舍12座、城址7座。

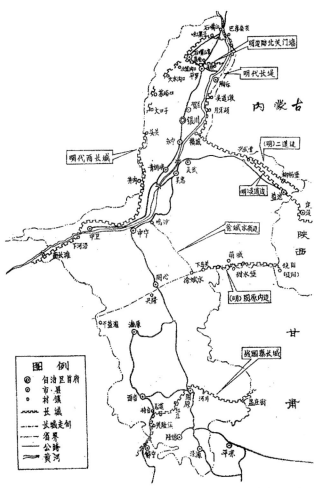

图3-3-1　宁夏长城分布图（来源：西北军事堡寨聚落形态变迁影响因素解析——以宁夏地区为例）

岸边的横城村，于盐池县苟池东北3公里处进入陕西定边县的周台子。这道长城自清水营东，当地人又称为"二道边"。

王琼等人于嘉靖年间修筑的边墙，其西段（即从横城到清水营一段）是沿用了成化年间的边墙。新筑边墙自清水营向东，一直到盐池的东郭庄村，与成化年间的边墙呈平行状态，其间距约5～10公里。这道边墙还被称作"深沟高垒"，因为这道边墙比成化年间所筑墙高壕深，而当地村民称其为"头道边"。

此外，为了防止河套的蒙古人进入银川平原抢掠，嘉靖十五年（1536年）三镇总制刘天和沿黄河东岸"修筑长堤一道，顺河直抵横城大边，以截虏自东过河，以入宁夏之路"。这道长堤是河东边墙向北的延续，由于其比河东边墙低矮，有如河堤，故而被称作"长堤"。"陶乐长堤"现存长度为331米。从旧北长城的终点越河，自内蒙古自治区的巴音陶亥开始，南行过都思兔河进入陶乐境地，自陶乐境内沿黄河南下到达横城大边墙。这段长城的修筑工程比较简单，加上紧临河边，大多已被河水泛损，所留遗迹不多，现在在高仁镇以南尚有遗迹可寻。

新发现的暗道，位于盐池县东郭庄村长城段，第9～14号敌台之间的长城墙体外侧，残存长度1.5公里，此段壕沟宽9米左右、深1.6～0.8米左右。除个别地方保存稍好外，大部分仅剩残迹。

此次在明长城的调查中，发现了大量排列规整有序的"品"字形坑，于灵武水洞沟景区红山堡敖银公路长城缺口以西1300米处的长城外侧。虽已被风沙填平，但地表之上的遗迹却呈现的十分清楚。这些"品"字形绊马坑，均随长城并行，距长城边墙约50米。均挖置在地势比较开阔平坦、便于敌骑驰骋的地段，是为防御敌骑加强防守而设置的。在长城外侧的大部分地段，当初修筑长城大量取土时，就有意挖堑为障了。"品"字形坑在南北共有三排，其前排和后排相互对直，中间一排与前后排相互错位后便形成"品"字形，在10米×10米的范围内就分布有长方形坑14个。

红山堡位于今宁夏回族自治区灵武县东北境横山乡横山堡村，东南距清水营50里。[①]堡东北角距长城700多米，在堡与长城之间有条河流，称沟湾，明代这条河起到长城内侧护城河的作用，沟湾内侧沟壑纵横，称红山堡大峡谷，据说堡内有地道通道峡谷的藏兵洞里。

毛卜剌堡位于今盐池县西北境，高沙窝乡东庄子村西300米处，距县城150里，距兴武营30里。长城在此堡处分为两条，头道边和二道边。堡的北墙就是长城头道边，距长城二道边几十米远。堡周1.7里[①]，四角有角墩，南门一有瓮城。

安定堡是宁夏镇东路城堡，位于今盐池县城西北60里，王乐井乡北境的安定堡村附近。残址东西长1000米，南北宽250米，门面南有瓮城，瓮城门开向东。[②]长城在安定堡西侧转向北侧，又从堡东侧墙旁边经过，最后延续原来的走向东南方向而去。长城最近处距堡30米左右，最远处200米左右。

（二）韦州古城

韦州古城位于今宁夏回族自治区同心县韦州镇老城。韦州古城，在同心县东北85公里。这里青龙山耸其东，大螺山峙其西，两山相对，中间一片平滩地。由此而南；西穿大小罗山的连脉处，进入葫芦河川，即可南通关中，北达塞外。所以，就其地理位置而言，在古代曾是一处军事要冲，为兵家视为要塞。[③]

韦州现有两座古城址，东西坐落，仅一墙之隔。东面一城，为明弘治一十三年（1500年）巡抚王殉所奏筑，"周迴四里三分，池阔二丈，深七尺"[④]。西边一城，"西夏置韦州于此，又为静塞军"[⑤]。宋嘉祐七年（1062年），改"韦州监军司为祥守右军"[⑥]。俗称西城为"老城"，东城为"新

图3-3-2　宁夏吴忠市同心县韦州古城（来源：马龙 摄）

城"。韦州老城在今韦州社镇南端。古城平面城址平面呈长方形，东西长571米、南北宽540米，墙高12～14米、基宽10米。黄土夯筑，夯层厚8～12厘米。城墙四周有"马面"共49堵，间距43米，东西南北辟门。城内建有西夏时期砖塔和元代砖塔各一座，曾发现明代铜佛、佛经、西夏题记砖等文物（图3-3-2）。

二、中部荒漠草原区传统建筑单体解析

（一）传统民居

因地区干旱缺水，冬季寒冷，中部地区聚落在选址上尽量靠近水源，保证生活用水的供需和微气候的舒适，同时，因经济落后、交通闭塞，建筑材料往往就地取材，使用生土加麦草的夯筑形式，既通过材料黏性增加整体强度，也可抵御冬季寒冷的气候与春秋季较大的风沙；墙体尽量夯筑连通成组团结构，类似于蜂窝的形式，可以抗震也可以节省材料和人工。

①　艾冲. 明代陕西四镇长城[M]. 西安：陕西师范大学出版社.
②　银川市城区军事志编纂委员会. 银川市城区军事志[M]. 银川：宁夏人民出版社.
③　韦州古城。
④　《弘治宁夏新志》卷三。
⑤　《读史方舆纪要》卷六十二。
⑥　《宋史·夏国传》。

1. 土坯房

历史时期的宁夏中部荒漠区，草原、黄土丘陵沟壑纵横，乡土建筑运用的主要结构形式有两种：一是以木构架为主要承重结构，以土坯墙、夯土墙或砖墙作为外围护结构或隔墙，木构架则有抬梁式和梁柱平檩式构架（平屋顶梁架），此种结构体系抗震性能较好；另一种是土木混合式的结构体系，是木和生土共同完成房屋的承重和围护结构。承重墙、隔墙均为夯土、土坯砌筑，梁、檩、椽均采用木材，这样以木材抗弯、土墙抗压，形成水平和垂直方向自成体系的土木结构体系中，各种材料的性能均得到了充分的发挥。这两种结构形式作用下的土坯房主要有以下几种表现形式。

（1）平顶屋

屋顶是当地气候的直观反映。宁夏中部地区降雨量少，为了减少造价，降低成本，民居多为平顶房。

（2）单坡覆瓦房

宁夏中部地区的民居，多有土坯砌墙、单坡挂瓦的单坡覆瓦房。在空间布局上，单坡房往往居厢房或下房的位置，少有用作堂屋的单坡。为了起坡，后墙筑的很高，坡顶长度几与后墙高度相同。但在降雨量较少的干旱半干旱地区，如同心县，单坡覆瓦房的坡面与后墙的角度就很大，坡面缓平，几乎与平顶房相同（图3-3-3）。

图3-3-3　同心县某单坡覆瓦房民居（来源：燕宁娜 摄）

2. 堡寨

堡寨通常一村一堡，也有一村数堡或数村一堡，常选址在形势险要的位置，如山头、高岗、沟边、高原、河畔等，便于观察，以达到防御的目的。堡寨及其周边的壕沟形成了完备的生活和防御体系，内部空间一般包括民居院落、公共设施以及祠堂宗教类建筑。这种防御形制聚落形式逐渐演化为民居，同族住屋的外缘建造高大的墙垣，四角设置望楼，南面设堡门，内部则为合院式住宅。当地堡寨建筑特征如下：

（1）规模宏大，多为矩形

宁夏地区堡寨多为矩形，设一个大门，堡的长宽比约1：1.6，墙高4~6米，基阔4米，顶宽2.4~3米。墙上外侧版筑女儿墙，高0.8~1米，厚0.6米，辟有瞭望孔洞。到了清代，宁夏地区回汉族聚居之所仍在堡寨内营建房舍。所谓海城县（今海原县）"五十六大堡"，堡寨内的民居，多为四合院布局，堂屋高基，出廊立柱。

（2）形态封闭，布局合理

堡寨四周用封闭厚重的夯土墙体做围墙，有的在四角建有角楼。堡、寨外墙自下而上明显收分，呈梯形轮廓。夯实的黄土墙与周围黄土地融合在一起，显得稳固、浑厚、敦实、朴素。堡寨内部庭院宽敞明亮，其周围布置房屋、檐廊，大门沿中轴线或偏心布置。小型堡寨多采取单层三合院式布局，而大型堡寨多采用四合院布局，内多跨院，建筑以两层居多。

（3）自给自足的生态系统

堡寨是一个能够自给自足的生态系统，是古代"城"的缩影，主要有居住、农业生产、养殖业、养殖副业等功能。人们在一定时间内在堡寨中可以用自己的劳动满足自己的生存、生活的基本需求，同时不定期地与外界进行物质、信息的交换活动。堡寨民居已成历史遗产，不可能延续，但是堡寨的建筑形态、围墙高角楼却深入人心，演变为后来的高房子（图3-3-4）。

图3-3-4　同心县洪岗子堡寨民居（来源：马冬梅 摄）

图3-3-5　海原靠崖窑民居（来源：蔡永鹏 摄）

3. 窑洞

窑洞的前身是原始社会穴居中的横穴。宁夏中部荒漠草原区位于黄土高原与荒漠的分界线，这里零星分布着适应黄土地貌的窑居建筑。窑洞的形式主要有靠崖窑、箍窑两种。

（1）靠崖窑

靠崖窑洞是指利用在密实黄土层中开挖空间形成的建筑物，有的断面大，有的断面小，小则能掘三孔窑，大则能掘五六孔窑。洞口以土坯砌整齐，在中间开门窗，门窗多为木质，有整齐的木格与花菱格两种装饰。平面与北京四合院的布局差不多，以坐北朝南的窑为主窑，是长辈及祖堂的所在，两边的窑洞是晚辈的卧室，以及厨房和储藏室的所在（图3-3-5）。

（2）箍窑

根据地势较平坦的川、坝、塬、台、平川的地形特征和缺钱少木材的自然经济条件，利用地面空间，用土坯和黄草泥垒窑洞，回民叫作箍窑。"箍窑"也称"锢窑"，其特点是用夯土版筑或土坯砌筑墙体，用土坯券出拱形屋顶，砖砌锢窑较为少见。

箍窑技术性较强：首先要打好高1.4米左右、宽70厘米、长5米左右的窑墩子，类似拱形桥的桥墩，俗称窑腿子。一般并排修两孔箍窑需要三个墩子，修三孔箍窑要四个墩子，以此类推。其次，要打好胡基，打胡基要选好土的湿度和土质，土质为黑黏土和黄土最好。开始打时，要削一块平整结实的旧石磨或石板、水泥板，准备好筛过的草木灰，待模子放在石板上后，要在石板的底部和模子的四周撒一把草木灰，然后再往模子里填土，用脚踩实整成鱼背形，最后用杵子夯实。回民当中有一则打胡基的顺口溜："三锨九杵子，二十四个脚底子。"说明打胡基的艰辛。有了窑墩和胡基就可以箍窑。箍窑有专门掌楦子的师傅。先把拱形窑楦子架在窑墩子上，然后一层土坯一层草芥稀泥。箍完后整个窑的形状呈尖圆拱形，好似牛脊梁形。最后外抹一层黄土和麦草粗泥，晾干后再抹层黄土和麦衣的细泥，使其光滑照人（图3-3-6）。

图3-3-6　同心县王团庄箍窑民居及平、立、剖面图（来源：单佳洁 绘制）

三、公共建筑

（一）云青寺

云青寺原系佛教寺院，共有佛殿、石佛洞及僧尼住房50余间。那些曾在这里念佛修行悟道的似历代寺庙住持与部分僧尼，在他们迁化舍寿之后，大都随地葬于山间、部分坟场、墓穴和砖砌墓塔，至今依然清晰可见。千百年来，云青寺不仅是当地人们从事佛教活动的中心，而且还吸引周边十余县市的大批佛教信徒前来朝山拜佛，焚香诵经。据居民介绍说，每逢农历四月初八的香烟庙会，四方善男信女、香客游人纷至沓来，云集于此。寺庙里朝夕焚香，晨昏祝颂，溽佛事胜景。

云青寺位于整个罗山东麓，远看酷似一尊面东而坐的巨佛，而云青寺正好在巨佛的中心（山腰间），这种佛心怀古寺、古寺藏佛心的绝妙境界，从而使人们不难理解明庆王朱木旃为何要将整个庆王府及祖辈坟墓策择于此地的良苦用心。更令人叫绝的是，在巨佛的两腿正裆处，至今还淙淙流淌着一泉甘甜清澈的泉水。

该寺在"文革""破四旧"中惨遭破坏，改革开放后，在各级政府的关怀下，于1991年初在原址依原来的建筑模式，重修寺庙各大殿主体工程及十间住房，已初具规模。每年农历四月初八庙会，来自甘肃、陕西、内蒙古及区内大批佛教信徒、香客前来朝山拜佛，场面隆重热闹。

云青寺在建筑风格和建筑艺术方面，也是很值得称道的：当人们沿东大沟口北坡盘旋而上，翻过一条山脊，忽有一座美丽的仙山琼阁于苍松翠柏丛中跃入眼帘。寺庙山树环，景致幽雅。设计者依山势高低错落分上中下三层，排左中右五行，喻尽在三界，不出五行之意。造型玲珑，布局别致，钩心斗角，雕梁画栋，给人一种如临仙境的感觉。在寺庙建筑史上堪称因地、因势制宜的典范建筑（图3-3-7）。

（二）同心清真大寺

同心清真大寺位于宁夏同心县，是中国传统建筑和宗教

图3-3-7　云青寺外观（来源：马龙 摄）

相结合的一种高台类建筑。它是宁夏历史悠久规模较大的，也是中国现保存最古老的清真古寺之一。

同心清真大寺于明初在一座元代喇嘛寺院的基址上改建而成。整个寺院分为上下两部分，上部主体建筑邦克楼和礼拜大殿建在高于地面7米的青砖台面上，而寺门、照壁、浴室则修于下部分。另外，寺门前还有一座仿木青砖照壁，照壁高6米，宽9米，对面是三孔通向寺院的券门洞，券门的顶上是轻圆门。进入北院，就是该寺的主体建筑礼拜大殿，大殿旁是南北厢房。

同心清真大寺有东西方向的两条轴线，一主一次，其主要建筑物也布置在这两条轴线上。主轴线上有礼拜大殿、两侧是南北厢房，南北厢房虽然对称布置，但从装饰和体量上看并不是绝对等同的，其功能也不尽相同，北面厢房是工作人员的办公室，南面则为接待室。次要轴线上自西向东依次布置着照壁、大门、二门、邦克楼以及在营造宗教气氛上起到重要作用的长长台阶。

同心清真大寺的建筑在向中国传统建筑融合的过程中，中国的传统木构架建筑为其空间的延展及灵活分隔提供了实现的可能，因此形成多座建筑联结在一起的形制，从而也造就了其多元的艺术价值（图3-3-8、图3-3-9）。

图3-3-8　同心清真大寺外观（来源：燕宁娜 摄）

（三）明朝庆王陵墓

宁夏同心县韦州镇西3公里处的罗山东麓，坐落着一处明王陵，这是明代开国皇帝朱元璋的第十六子朱栴及其子孙们的陵园，当地人称"明王陵"，"明庆王墓"就埋葬在此（图3-3-10）。

据明王陵图册记载：葬在这里的有明代皇帝亲封的庆靖王、庆康王、庆怀王、庆庄王、庆恭王、庆定王、庆端王、庆宪王等九世亲王和一位端和世子，以及庆藩王分封的真宁王、安化王、宏农王、丰林王等诸王的陵墓和嫔妃们的陪葬

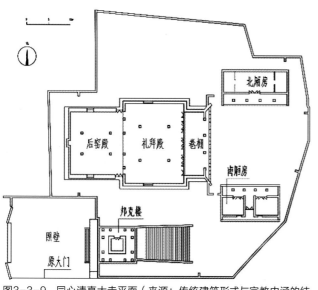

图3-3-9　同心清真大寺平面（来源：传统建筑形式与宗教内涵的结合——析宁夏同心清真大寺建筑）

图3-3-10　明朝庆王陵墓（来源：《宁夏志》）

墓，其中庆靖王正妃孙氏，是永乐八年（1410年）最早埋葬在这里的，距今已有700多年。

1967年，韦州周新庄村为了用砖，派人将村西南的一座明王陵墓拆毁，当宁夏博物馆闻讯立即派人赶到时，整个墓室内早已空空如也。考古人员进去后发现只剩下"大明庆靖王圹志"一盒。墓志方形有盖，长60厘米，高30厘米。志盖正中阴文楷书竖镌"大明庆靖王墓"六个字，四周刻有云龙花纹，志文18行22个字，简要记述了朱㮵生平及"令德孝恭，乐善循理"等功德。

根据墓志铭考证，明洪武二十六年（1393年）朱元璋将其第十六子朱㮵封为庆王，王府设在今宁夏同心县韦州乡罗山附近。明朝庆靖王朱㮵，一生与罗山结下不解之缘。

庆王朱㮵为何对罗山情有独钟呢？远观罗山东麓地形，酷似一尊面东而坐的巨佛，山上的云清寺，恰似巨佛的中心，正可谓"佛心怀古寺，古寺藏佛心"的绝妙境界，从而使人不难理解庆王朱㮵为何要将庆府小朝以及后来祖辈坟墓择于此地的良苦用心。庆王朱㮵在宁夏居住36年，没有选择贺兰山作为王府葬第，而是选择了韦州的罗山作为王府陵园。正统三年（1438）八月初三，庆王朱㮵去世，遵从他的遗愿，将朱㮵葬于韦州罗山。

现在的明王陵多为庆王及其王妃、子孙王墓。陵区的墓冢多用黄土夯筑成的陵台，四周修筑陵园，庆王朱栴墓除用料的质地和规模略逊于北京十三陵中的明万历帝的定陵外，从构建、方位、布局和十三陵的形制则基本相同。

（四）天都山石窟

西夏石窟寺建筑是在继承前代的基础上发展起来的，自己开凿的洞窟较少，主要重新修饰前代石窟。在甘肃敦煌莫高窟、安西榆林窟、东千佛洞、旱峡石窟、肃北五个庙石窟、酒泉文殊山、永昌圣容寺、武威天梯山和内蒙古鄂托克旗百眼窑等处都有西夏人修造的石窟遗迹。天都山石窟就是在西夏文化影响下的留存于宁夏中部荒漠草原区的石窟群。

天都山石窟，也称西华山石窟，位于宁夏中卫市海原县西安古城7.5公里处。天都山石窟前临悬崖，后靠峭壁，明、清以来多次重修，尤其是寺庙群建筑雕梁画栋，金碧辉煌。天都山石窟皆平面成长方形，平顶直壁，窟室较大，主要洞窟进深9~13米，窟内造像已毁，窟室完好。这里除了石窟外，还有庙祠。天都山石窟开凿于西夏时期，共有石窟6处、大小殿宇13处。游天都山石窟，到处可见残砖瓦砾，甚至是琉璃样式的建筑构件，说明当年这里的建筑格局和规模（图3-3-11）。

图3-3-11　天都山石窟（来源：潘德堂 摄）

四、中部荒漠草原区传统建筑装饰艺术解析

（一）传统材料及建造方式

1. 石雕

雕刻石材的缺乏和雕刻工艺的繁杂使得宁夏回族传统建筑中很少出现石雕作品，但在一些以中国传统建筑形制为主的清真大寺，却保留了一些花岗岩或灰岩石雕。在同心清真大寺的院落中有一座抱鼓石，鼓面雕刻有莲花图案。而中国传统抱鼓石的形式出现在清真寺门前，是波斯古老文化和中国传统文化交汇融合的有力见证。

2. 木雕

木材由于其易加工的特点，木雕成为传统建筑中重要的装饰形态。《营造法式》中有大木、小木、雕木三作。木雕工艺可分为线雕、隐雕、剔雕、透雕和圆雕。宁夏清真寺礼拜大殿多用板门，外檐用成片的隔扇门窗，形成整体效果。同心清真大寺的外檐挂落及礼拜大殿的隔门就同时采用了传统建筑装饰中剔雕与透雕两种木雕手法。装饰纹样则以三交六椀、双交四椀或变体的菱花窗为主，隔心的棂隔密集，花纹多而不同（图3-3-12）。

（二）建筑小品

1. 照壁

照壁是与大门相对的做屏蔽用的墙壁，也称"照墙"、"照壁墙"，一般筑在大门外或大门内。在大门内的照壁，是屏蔽院落用的墙壁，可以使得院落中的建筑及人在院落中的活动被遮挡住，很好地体现了中国建筑的隐蔽性。在大门外的照壁，应为屏蔽大门用的墙壁，但有很多大门外的照壁，是建筑在通过门前的横向道路的另一侧，正对大门。其屏蔽大门的作用没有了，但又作为中心轴线的起点，成为整个建筑群不可分割的有机组成部分。

如同心清真大寺就有一座仿木照壁，用青砖砌筑而成，该照壁分为三段，设有须弥基座，壁身正中雕有"月藏松柏"的松月图，四周用青砖雕刻有植物花卉图案。图案两侧有一幅砖雕对联，内容为："万物偏生沾主泽，群迷普度显圣恩"。其雕刻技艺十分精湛，图案寓意深刻，字体浑厚饱满，刀法苍劲有力，整体构图精巧，给人以美的享受（图3-3-13）。

图3-3-12　中部荒漠区木雕形态表现（来源：张继龙 摄）

图3-3-13　同心清真大寺照壁（来源：马龙 摄）

图3-3-14　同心清真大寺牌坊（来源：马龙 摄）

2. 牌坊

　　牌坊，又名牌楼，门洞式纪念性建筑物，用来宣扬封建礼教，标榜功德，可以界划内外，分割空间，增加空间层次感。最简单的牌坊可以是单间两柱加一道横枋即成，也可以是石制，也可以是木制，枋上加顶就成为牌楼。清真寺的牌坊有设于大门之前或两侧的，也有设在院内的，形式多种多样。它们多为四柱三间的署衙庙宇牌坊，有两层、三层之分。在牌坊的横额枋间有匾额，匾额上写有寺名，柱上有阴刻对联（图3-3-14）。

　　总的来说，宁夏中部荒漠草原区位于南部山区和北部平原区的交界地带，建筑也体现出了一定的过渡性，建筑类型多样，多是适应黄土高原荒漠化自然条件所表现出来的，传统建筑实例留存的较少，呈现散点式的分布。

第四章 南部黄土丘陵区传统建筑解析

宁夏南部黄土丘陵区的主体区域即宁夏南部的固原市，该区域是宁夏、西北乃至国家重要的生态功能区。地域文化属于关中文化的边缘地带，自古为兵家攻伐之地，早在战国时期便设有"乌氏县"，且留有丰富的历史遗存，世代居民耕种于此，利用当地的建筑材料、运用建造智慧、进行建筑生产活动，体现出建筑、人、自然三者融合的特点，表达出人与自然和谐相处的美好愿景。本章从宁夏南部黄土丘陵区自然地理、历史沿革等入手，在解析该地区传统村落空间分布及空间结构形态等特征的基础上，剖析该地区传统民居、宫殿、寺庙、佛塔、石窟、陵墓、古长城等传统建筑特征，并总结归纳该地区传统建筑材料、建筑构造及建筑装饰等的特征。

第一节　南部黄土丘陵区概述

一、区域范围

根据《宁夏回族自治区空间规划（2016-2035年）》，南部黄土丘陵区即位于宁夏南部的固原市，其地处东经105°19′～106°57′、北纬35°14′～36°31′，北与宁夏中卫市海原县和吴忠市的同心县相连，南与甘肃省平凉市相接，西与甘肃省白银市接壤，东与甘肃省庆阳县毗邻。区域东西宽约200公里，南北长约250公里，总面积为10541.4平方公里，区域包括原州区、西吉县、隆德县、泾源县、彭阳县和六盘山自然保护区（图4-1-1）。

二、自然地理

南部黄土丘陵区地处六盘山和黄土高原丘陵沟壑区，地形呈南高北低之势，海拔1400～2900米。南北走向的六盘山纵贯区域中部，六盘山东部及东北部有瓦亭梁山、云雾山等，境内峰岭耸峙、沟壑纵横、梁峁交错，西部及西北部有西峰岭、月亮山，地形多为峡谷槽形川台地。区域地形受山脉、河流的切割、冲击，形成了川、盆、台、塬、梁、峁、沟、壑地貌，故可开发利用土地资源较少。

同时，该区域是泾河、清水河、葫芦河三河的发源地，在国家"两屏三带"生态安全战略格局中，是黄土高原—川滇生态屏障的重要组成部分，也是西北地区重要的水源涵养区，生态功能显著，属于国家级重点生态功能区，被列为限制开发区域（图4-1-2）。

南部黄土丘陵区属中温带大陆性季风气候类型，具有过渡性和多样性气候特征，呈现出南寒北暖、南湿北干、春迟夏短、秋早冬长的特征。区域年均降水量为400～700毫米，由南向北递减。全年平均气温5.2℃～7.3℃。无霜期105～151天。

图4-1-1　南部黄土丘陵区区域范围（来源：根据《宁夏通志》，单佳洁 绘制）

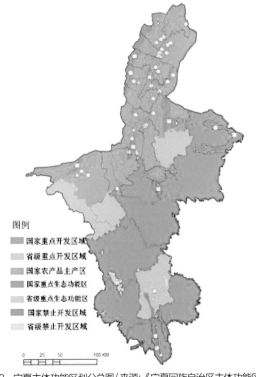

图4-1-2　宁夏主体功能区划分总图（来源：《宁夏回族自治区主体功能区规划》）

三、历史沿革

宁夏南部的固原市历史悠久，被古人称为"左控五原，右带兰会，黄河绕北，崆峒阻南"。该地区开发较早，远在商、周时期，属义渠戎国。秦统一中国后，设朝那县、乌氏，属北地郡。汉初，沿秦旧制。汉武帝元鼎三年（公元前114年）析北地郡置安定郡，郡治高平（今固原市原州区）。历史上著名的汉萧关，其关隘地址位于今固原市原州区东南。东汉仍为安定郡，且奠定了固原的历史地位和政治、军事格局。魏晋时期，属安定郡，后属雍州所辖。西晋、十六国时期，隶属前赵、后赵、前秦、后秦和大夏政权。大夏赫连勃勃龙昇元年（公元407年），赫连勃勃在此建都，为固原历史上第一个游牧民族建立的割据政权。南北朝时期，北魏太延三年（公元437年），设置高平镇，为西北边防军事重镇。北魏孝明帝在高平称帝，为固原历史上第二个游牧民族建立的割据政权。北周设原州总管府，领平高、长城二郡。隋开皇三年（公元583年）废高平郡。大业三年（公元607年），原州改平凉郡，郡治平高。大业六年（公元610年），废原州总管府，置牧监。唐武德元年（公元618年），改平凉郡为原州，属关内道。贞观五年（公元631年）于原州置中都督府。天宝元年（公元742年）改原州为平凉郡，乾元元年（公元758年），平凉郡复改原州。大历元年（公元766年）吐蕃攻占平高，原州治所迁灵台百里城，后迁平凉及临泾。大中三年（公元849年）原州迁回平高，广明元年（公元880年）复迁临泾。五代十国时期仍为吐蕃所据。宋、西夏时期，这里是北宋王朝与西夏争夺的桥头堡与前沿，军事设施壁垒森严。蒙元时期，蒙古族崛起灭西夏，至元九年（1272年），元世祖忽必烈南下萧关、驻屯六盘山，设置安西王府，还在开城建立王府官邸。明代宗景泰二年（1451年），正式定名"固原"。而且明代的固原是延绥、宁夏、甘肃三边总镇的"三边总制府"所在地，与辽东、宣府、大同、蓟州、太原等统称"九边"，军事地位十分显要。清顺治初固原州属陕西省平凉府，不久改固原道，连同三边总制府，固原卫均驻固原城。康熙初年，迁镇、设

平凉道，治固原。雍正初废固原卫，乾隆初固原设平、庆、泾道，同治年间改为平、庆、泾、固、化道，移治平凉。同治十三年（1874年）固原设直隶州，领硝河州判。中华民国初年，行政区域变化较小，仍设置有固原、海源、隆德和泾源4县，1942年，设置西吉县。

中华人民共和国成立后，固原县、隆德县、海原县、泾源县（原化平县）属甘肃平凉专区，西吉县属定西专区。1953年，甘肃省西海固回族自治区成立，自治区首府为固原县，辖西吉、海原、固原3县。1955年，国务院批准，西海固回族自治区改名为固原回族自治州。1958年10月宁夏回族自治区成立，撤销固原回族自治州，成立固原专区，辖西吉、海原、固原、隆德、泾源5县。1970年，固原专区改为固原地区行政公署，行署驻固原县，所辖5县不变。2002年，撤销固原地区，设立固原市（地级市），将固原县改称原州区，辖原州和海原、西吉、隆德、泾源、彭阳一区五县。2004年，自治区成立中卫市（地级市），海原县由固原市划归中卫市管辖，固原市现下辖原州区、西吉县、隆德县、泾源县和彭阳县，共一区四县。

四、社会经济

历史上，宁夏南部黄土丘陵区始终处于中原王朝的边地，军事战略地位重要，同时也是政权更迭、战乱频繁的区域。该地区先历秦汉的初步开发，后经元朝大规模的驻军屯兵，终至明清大量移民的流入，人口规模的快速膨胀远远超出区域生态环境的承载极限，致使区域自然环境遭受重大破坏，也使该地区紧张的人地关系出现了不可逆转的境地。长期以来，该地区以农业经济为主导的第一产业居高不下，1995年西海固三大产业GDP占比中，第一产业为37.43%，高出全国平均水平近17个百分点，第二产业只占26.91%，低于全国平均水平22个百分点。三大产业从业人员占比中，第一产业占80.55%，远高于全国平均水平，而第二产业只占4.94%，也远低于全国平均水平。

进入新世纪后，在国家和地方政府政策倾斜下，这一状

况逐步发生扭转，截止2017年底，固原市全年实现生产总值270.09亿元，三产结构调整为18.9：27.4：53.7，第三产业比重最大。但是必须清楚认识到，该地区并不是经过了工业化后形成的发达的第三产业，而是主要由于农业产值比重下降，工业比重没有相应上升，而公共服务水平的提升、旅游等产业的发展使第三产业的产值得到提升①。所以，整体而言，该地区社会经济发展水平仍很落后，城镇化进程也较缓慢。相对而言，这反而使得该地区幸免于大规模城镇化以及人为的破坏，确保了该地区传统文化得以传承，传统村落和传统建筑得以保留。

第二节　南部黄土丘陵区传统聚落结构形态

"聚落"一词，起源久远，《史记·五帝本纪》中记载"一年所居成聚，二年成邑，三年成都"。其注释中注解道："聚，谓聚落也。"《汉书·沟洫志》中也记载"或久无害，稍筑室宅，遂成聚落"②。而在近现代，聚落泛指一切居民点。根据聚落性质与规模等级的差异，通常将聚落划分为城市型聚落和乡村型聚落两大类。传统聚落则主要指乡村型聚落，以传统村落居多。

一、南部传统聚落空间分布格局

人口与居民点有密切的对应关系，两者的空间分布在某种程度上具有一致性，所以，南部黄土丘陵区传统聚落空间分布格局呈现出显著的道路交通、河流水系的趋向性与突出的低海拔、低坡度的区位取向等特征。

（一）河流、道路趋向性显著

水是人类生存和发展的重要物质之一，居民点选址首先会考虑水源保障，另外，河谷川道地势平坦、交通便利，是生活和生产的理想之地。这在宁夏南部山区尤为明显，传统聚落数量与所处区域河流水系分布密切相关，如泾源县境内的泾河、香水河、盛义河及彭阳县境内的茹河、红河等河谷地带都是传统聚落分布较多的地方。而宁夏南部丘陵区重要的河流——清水河，是宁夏境内黄河水系的二级支流，其发源于固原市原州区开城，流经原州区、海源、同心至中宁泉眼山注入黄河，其河流两岸就聚集有上百个传统聚落。

道路交通是人流、物流、信息流的传输通道，也是经济增长的发动机。宁夏传统聚落的形成、发展和道路交通密切相关，S101、S202、S305和G312自古就是交通要道，如S101、S305是古丝绸之路东段北道的一部分，而G312的前身则是著名的陕甘驿道，过往商队络绎不绝，而这几条交通要道两侧也就成为宁夏南部黄土丘陵区人们最早聚居的地方。中华人民共和国成立后，宁夏现代交通逐步兴起，尤其是近十年来，随着宁夏经济社会发展和"村村通"工程的推进，宁夏所有乡镇和92.8%的行政村通了公路，纵横交错的路网结构将各个传统聚落串联起来。随着公路的修建，农村生活水平的提高，宁夏村民兴起建房高潮，而新建住房往往倾向在公路两侧选址，使聚落趋向道路发展的特征更为明显。

（二）低坡度、低海拔区位取向突出

区域的坡度与高程是自然地形地貌的重要组成部分，而且是影响水资源利用、道路选线、耕作半径的重要控制指标之一。一般认为，坡度0～15°是适宜或较适宜人类生存和农业生产的理想地带，宁夏南部黄土丘陵区所有乡镇和大约70%村落分布在这一地带。而宁夏南部黄土丘陵区，地形地貌复杂，区域内沟壑纵横，梁峁交错，近30%的村落分布在坡度>15°的地带，这些村落的分布与六盘山及其支脉由西北向东南的走向保持一致。以泾源县为例，泾源县位于六盘山南麓，西为六盘山天然次生林区，东为与六盘山余脉相

① 刘自强，周爱兰．宁夏县域经济的类型演变特征及其发展路径[J]．人文地理．2013，（4）：103-108．
② 金其铭著．农村聚落地理[M]．北京：科学出版社，1988．

连的土石山区，这一地貌特征决定了泾源县人地关系最为紧张，其33%的传统聚落分布在坡度>15°的地带。

在众多自然因素中，海拔对居民点分布也具有重要影响。一般来说，越是海拔高的地区，居民点分布得越少[①]，宁夏传统聚落的分布同样遵循这一规律。各县（区）分布在2000米左右海拔的传统聚落大多处于六盘山及其余脉腹地，随着距离山系的逐渐变远，传统聚落分布呈现逐渐增多的特征。

二、南部传统聚落结构形态特征

形态即"事物的形状或表现"[②]。聚落形态是聚落用地的平面形态，是聚落景观与内部组织的直观表现，也是聚落自然条件、社会经济和传统文化的综合反映[③]。宁夏南部黄土丘陵区传统聚落的空间形态是该地居民在特定的自然地理环境中，从事的各种活动与自然环境因素相互作用的外向性表现，也是生态、自然、社会、文化和风俗等因素对聚落规模、景观、内部组织构成影响的综合反映。

根据聚落房屋的集聚状况，可以把宁夏南部黄土丘陵区传统聚落划分为集聚型和分散型两种形态，其中，集聚型聚落，一般分布在平原、河谷阶地或丘陵山区地势相对平坦的地方，此类聚落住宅密度往往较高，聚落空间形态常呈现出团块型；分散型聚落，往往住宅分布分散，住宅密度较低，多因地形分割、空间限制或耕地分散形成，其空间形态主要包括条带型和点簇型。

1. 团块型

团块型传统聚落的用地布局往往具有明显的向心性，其空间扩展模式是随着时间的推移由中心不断向外围扩散蔓延。这类聚落大多位于河谷川台地带或地势较平坦的地区，平面形态多为不规则圆形或梭形、多边形，其南北轴和东西轴基本相等。由于地势较为平坦，建设方便，故这类聚落通

图4-2-1 固原市原州区王家庄用地布局现状图（来源：王军. 中国民居建筑丛书——西北民居[M]. 北京：中国建筑工业出版社.）

常规模较大，布局紧凑，聚落边界相对规整，聚落沿着主要道路向四方延伸和辐射（图4-2-1）。

2. 条带型

南部黄土丘陵区地形地貌复杂多样，沟、壑、梁、峁、台、塬交错分布。一些传统聚落由于受制于由河流、山脉或道路交通等的影响，呈现出条带型延伸的态势。这一形式主要包括"一"字式、弧线式。

1）"一"字式

这一类型的传统聚落往往区位、经济等基础条件较好，聚落用地沿道路扩展迹象明显，村落布局较紧凑，基础设施也因居落空间形态纵向延展。而此类型的传统聚落则往往都有国道或省道等较高等级的道路穿越。此种类型究其形成过程，主要是由近十年来农村兴起的建房高潮所引起的新建农宅大多向交通便捷处选址，导致村落呈"一"字式形态发展。

"一"字式形态的传统村落在南部山区较多，最具代表性的当属泾源县香水镇卡子村，该村沿S101纵向延伸的特征十分明显，S101既是村庄唯一的对外交通道路，也是村庄建设的发展轴，村落农宅呈组团式分布，排列较为规整，村部、卫生室、

① 杨恒喜，沈树梅，史正涛. 基于GIS的独龙族居民点的空间分布[J]. 林业调查规划，2010，35（2）：14-18.
② 现代汉语词典[M]. 北京：商务印书馆. 2005：1526.
③ 郭晓东，马利邦，张启媛. 陇中黄土丘陵区乡村聚落空间分布特征及其基本类型分析——以甘肃省秦安县为例[J]. 地理科学，2013（1）：45-51.

小学等公共设施位于村庄中部，且紧邻省道布置（图4-2-2）。

2）弧线式（马蹄型）

此类型的传统聚落往往是位于丘陵沟壑区的村落，沿麓谷或沟谷扩展延伸，规模较小，空间布局松散，内部构成均质化，聚落边界模糊。如隆德县张程乡李河村，位于黄土丘陵沟壑区的塬台地上，地形坡度较大，村民农宅院落沿乡道两侧分布，布局分散（图4-2-3）。

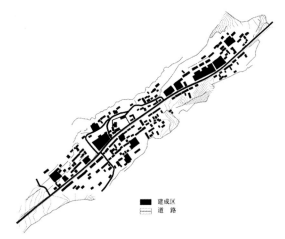

图4-2-2 泾源县香水镇卡子村用地布局现状图（来源：根据卡子村建设整治规划（2011-2015），作者改绘）

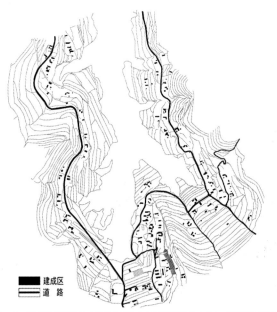

图4-2-3 隆德县张程乡李河村用地布局现状图（来源：根据李河村建设整治规划（2012-2030），作者改绘）

3. 点簇型

点簇型的传统聚落主要表现为住户零散地分布在一定区域内，这种类型又可分为散点式和串珠式。散点式主要分布于土石山区及部分丘陵地区，农宅多选择沿沟、道路等较为平坦之地分布。串珠式是由三五簇各自集中发展、彼此又相连的传统聚落，每一簇由多家农户聚居形成，此种类型主要分布于丘陵地区，农宅间距较大，受河流道路、地形影响，看似分散，实质上呈一定组群。

1）散点式

散点式传统聚落建设密度小，布局高度离散，内部构成均质化，聚落边界模糊，主要在具有密集的枝状沟谷、阶地及其他相伴出现的地貌形态。

西吉县白崖乡油房沟村处于黄土丘陵沟壑区，村庄周边大部分土地为山岭丘壑地，四周皆为山体，2013年，村落人口规模为164户685人，特殊复杂的地形使得村落村民居住分散，户与户之间的距离较远，尤其沿村庄主要道路两侧的新建农宅呈散点式分布特征明显（图4-2-4）。

2）串珠式

串珠式传统聚落往往是一个行政村受地形、道路影响，由几个组团构成，每个组团规模大小不等，其发展趋势是各组团内部结构趋于紧凑，聚落边界模糊。

泾源县泾河源镇冶家村，借助紧邻老龙潭旅游风景区的便利条件，发展旅游经济，成为西海固地区著名的乡村旅游示范村。原村落用地布局最早沿公路展开，2011年，得到福建省帮扶资助，在原村落北部建设冶家闽宁新村，新建农宅78

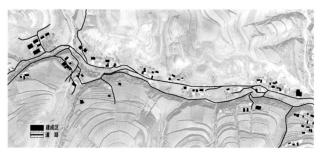

图4-2-4 西吉县白崖乡油房沟村现状图（来源：根据Google地图，作者改绘）

图4-2-5 泾源县泾河源镇冶家村用地布局现状图（来源：根据《泾河源镇冶家村美丽村庄建设规划（2015-2020年）》，作者改绘）

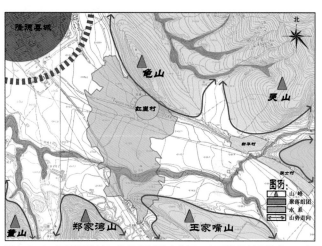

图4-2-6 红崖村选址与格局分析图（来源：中国传统村落档案——红崖村）

户，依托老龙潭、荷花谷等旅游景点开展农家乐旅游服务项目，新建村落和原有村落沿道路形成串珠状（图4-2-5）。

三、南部典型传统聚落实例

1. 隆德县城关镇红崖村

红崖村位于隆德县城东南0.5公里处，东靠龟山，南凭清凉山，西临南河村，北连县城，清凉河从村庄西侧穿流而过（图4-2-6）。红崖村历史悠久，据记载，自宋建德顺军以来，德顺驻军就在此屯田戍边，发生在隆德境内的宋金争夺德顺军之战与成吉思汗拔德顺州、李自成攻占隆德城等都与该村有关。1935年秋，红二十五军长征途经隆德，其先遣部队宿营在红崖村，召开党委扩大会议，研究部署工作，为该村留下鲜明的红色革命文化印记。2012年12月，经住房城乡建设部、文化部、财政部认定，红崖村被列为第一批中国传统村落名录，2014年被国家农业部公布为"中国最美休闲旅游乡村"。

（1）村落形态

红崖村背山面水，山水环绕，村落依山就势，民居错落有致。村落整体呈南北走向，每家院落大门向西。村落占地面积0.25平方公里，现有村民98户，560人。

红崖村又名老巷子，村中南北一条、东西五条巷子，200多米长的老巷子里，分布着几十家鳞次栉比的院落，通

向巷子院落深处次第舒展着石台阶、石村寨门洞、老戏台、老磨坊、老树、古钟、枯井、土蜂窑子、砖雕照壁、红军墙、土羊圈等古老乡村建筑（图4-2-7～图4-2-11）。

（2）民居特征

红崖村民居大多为明清建筑，墙体为黄土夯筑，保留着明清时期普通民居土木结构房屋特点。民居院落多为三合院、四合院，按照地形呈正方形或长方形。院落多开西大门，东边为上房（主房），一般居住长者，也作为家庭（或家族）议事、举行祭祀仪式、尊贵客人来访接待居住之用。南北建有厢房，北边多为家庭其他成员居住，南边用于储备粮食等杂物，厨房一般设在东南（图4-2-12～图4-2-14）。

图4-2-7 红崖村村域环境（来源：中国传统村落档案——红崖村）

图4-2-8 红崖村入口（来源：马冬梅 摄）

图4-2-9 红崖村古井（来源：马冬梅 摄）

图4-2-10 红崖村巷子一（来源：马冬梅 摄）

图4-2-11 红崖村巷子二（来源：马冬梅 摄）

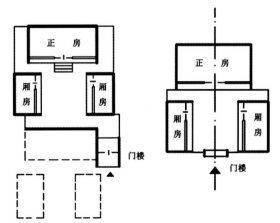

图4-2-12 三合院院落型制（来源：马龙 绘制）

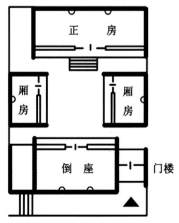

图4-2-13 四合院院落型制（来源：马龙 绘制）

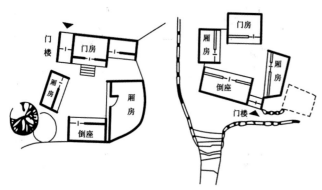

图4-2-14　特殊合院院落型制（来源：马龙 绘制）

图4-2-15　红崖村合脊式民居（来源：中国传统村落档案——红崖村）

早期建筑多为单檐水"厦房"，房屋屋面里高外低，便于雨水倾泻；户与户之间大多采用合脊式建造，这样的营造方式既节省了材料，又增加了房屋的安全性（图4-2-15）。中期房屋结构有所改变，出现"半土"结构的房屋，这类房子在原"厦房"檩、椽的结构上增加了栿，椽、檩、

栿三者榫卯相连，土墙也从原来的全黄土夯筑转变为夯筑加土坯堆砌，房屋结构更加合理，安全性进一步提高。后期房屋出现"人"字形结构房屋，但墙体多为夯筑加土坯堆砌而成，部分房子前墙全为土坯草拌泥堆码，山墙为夯筑墙。房屋内部装饰各家不相同，但有一共同点每家都有暖炕。

房屋门窗都为木制，窗户为双扇加一护窗，护窗为正方形结构，窗格多为某奇数的平方数，窗格彩纸糊就，保暖挡风，每逢过年过节，加以窗花装饰，营造节日气氛。房门双扇，一般为五格，衬板相扣，春节时门扇贴门神、门框贴对联（图4-2-16、图4-2-17）。

图4-2-16　民居大门（来源：马小凤 摄）

图4-2-17　民居沿街窗户（来源：马小凤 摄）

红崖村民居从其宅内形制布局看很讲究坐势、朝案，整体后屋比前屋高，这样保证了房屋采光。院墙大多以黄土夯筑，一般高2米左右，每户形成一个相对单独的空间，增加了院落的私密性。院落大多为双扇门，门头多饰"耕读"二字，体现了浓厚的"耕读传家"的农耕文化思想（图4-2-18、图4-2-19）。

图4-2-18　民居院落大门一（来源：马小凤 摄）

图4-2-19　民居院落大门二（来源：马小凤 摄）

2. 隆德县奠安乡梁堡村

梁堡村位于隆德县西南的奠安乡，距县城40公里，距奠安乡集镇4.5公里。早在新石器时期，先民们即在此繁衍生息。马槽槽、扇扇子、夹耳子等新石器遗址分布于村庄四周。自元代以来，这里又是西通陇佑的唯一孔道，丝绸之路要冲，是当地的贸易集散地。《隆德县志》中记载这里是历史上的"货栈通衢，故称邸店"。这里由于便利的交通条件，在晚清至民国时期，匪患遍起，公路两边的农户利用地形筑起堡墙，将民户掩隐于其中，这就是这一带多古堡的缘由。村庄保存完好的宋代主要防御设施梁堡堡址、清同治年毁坏的二郎真君庙绿色琉璃瓦、础柱石等建筑构件。2012年12月，经传统村落保护和发展专家委员会评议认定，住房城乡建设部、文化部、财政部将梁堡村被列为第一批中国传统村落名录（图4-2-20）。

（1）村落形态

梁堡村位于奠安乡西南部，其北临隆秦公路，西、南与庄浪县岳堡乡接壤，庄浪河自东向西从村庄南边流过。村落选址于发育良好的甘渭河二级台地上，背靠唐山，避风向阳，靠近水源。三个自然村分驻两山一沟一川，村落依山而建，随地就势、高低错落（图4-2-21）。梁堡村现有170户、800人。梁堡村的古堡始建于宋代，为宋代防御性古堡，另据《隆德县志》记载，清朝末年，为了"抵御兵匪骚乱，乡民聚资加筑山堡，全县筑大堡21座"，今天留存的古堡，当属其中之一。

图4-2-20　奠安乡梁堡（来源：中国传统村落档案——梁堡村）

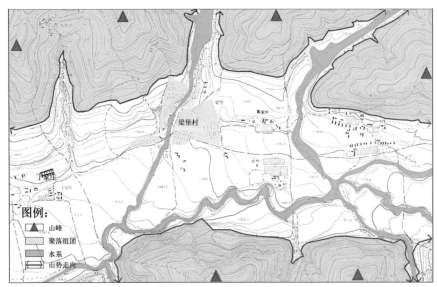

图4-2-21　梁堡村选址与格局分析图（来源：中国传统村落档案——梁堡村）

古堡长170米、宽70米。古堡依山就势，站在山上看，它在平川；站在河谷看，它在半山腰；站在堡内看，它是周边山川的中心。1920年海原大地震震塌了堡墙，由村民对堡子重新修补好（图4-2-22、图4-2-23）。

（2）村落民居

通往城门的道路将靠南北城墙的住户联系起来。古堡内居住着17户人家，多为传统的三合院、四合院，院落通常土墙石门，而房屋则往往青瓦木窗、雕梁画栋。

古城堡中一处保存完整的明代古宅——世德堂，相传在清朝时期，熙皇帝微服私访到过此地，并赐予世德堂牌匾。世德堂是堡子里最古老的建筑，今为刘氏家族居所，整个建筑坐北朝南，人字结构，深门浅窗，窗棂纸糊，梁檩相卯，砖雕吉祥，中堂字画前组合摆放着条桌、方桌、太师椅，还有已经颓废成土墙的屏风（图4-2-24、图4-2-25）。

门厅深2.4米，宽2.2米，抬梁式梁架，圆柱，屋面盖小青瓦，瓦口施勾头滴水，清水脊，脊上刻有莲花。门额镶有"世德堂"牌匾，长1.65米，宽0.7米，写有"岁在乙卯浦月上烷之吉表弟薛梦麟赠"字样。

3. 彭阳县城阳乡长城村

长城村乔区组位于固原市彭阳县东北部的城阳乡，始建

图4-2-22　梁堡堡门（来源：中国传统村落档案——梁堡村）

图4-2-23　梁堡村巷道（来源：中国传统村落档案——梁堡村）

图4-2-24　世德堂（来源：中国传统村落档案——梁堡村）

图4-2-25 世德堂照壁（来源：中国传统村落档案——梁堡村）

于元代，因秦长城经过该地而得名，这里的长城是战国时期秦昭襄王"筑长城以拒胡"的产物。村落除战国秦长城外，还有白马庙和乔渠毛泽东长征宿营地。2018年12月10日，住房城乡建设部公布的第五批中国传统村落名录，彭阳县城阳乡长城村作为长城村乔区唯一入选村落位列其中。

长城村乔区组地处城阳乡北部的长城塬上，距彭阳县城约10公里。地貌属于丘陵沟壑区和残塬沟壑区过渡地带，属温带半干旱气候区。村域面积1.95平方公里，户籍人口368人，常住人口300人（图4-2-26）。

民居形式有传统的土木单坡房屋和地坑窑两种形式（图4-2-27～图4-2-29）。

图4-2-26 长城村乔区组（来源：林卫公 摄）

图4-2-27 毛泽东长征宿营地旧址一
（来源：林卫公 摄）

图4-2-28 毛泽东长征宿营地旧址二
（来源：林卫公 摄）

图4-2-29 烤烟房
（来源：林卫公 摄）

第三节 南部黄土丘陵区传统建筑类型及特征

一、民居

历史上，宁夏为羌戎、匈奴等人游牧之地。汉武帝元狩三年（公元前120年），徙"关东贫民于陇西、北地、西河、上郡"，"充朔方以南新秦中七十余万口"。这是宁夏历史上的第一次移民潮，使中原汉族民众大量徙居宁夏地区，随着大规模的开渠引流、屯田殖谷，宁夏引黄灌区初具规模，中原先进的农业技术从此落户宁夏。特别是在西汉中叶大量屯田城堡的兴建，为大批齐、鲁、秦、晋等地移民提供了依托定居之所，也为宁夏堡寨建筑的发展奠定了基础。中原民居、衙署、寺院道观建筑文化开始依凭大小城堡波及宁夏全境，逐渐取代了长期统治宁夏地区的游牧民族居无定所的庐幕、毡包等建筑。受汉族传统民居文化影响，民居院落组合大多为合院式组合。

宁夏南部黄土丘陵区民居蕴含着鲜明的地域特征和丰富的文化特色。由于自然环境和地理条件的不同，宁夏南部山区和北部川区的民居建筑在建筑形制、使用功能及装饰风格上有着明显的差异。由于降雨量的差异，南部山区的民居，多以土坯砌墙、单坡覆瓦或双坡覆瓦房为主。而在北部川区，则多以夯土或土坯砌墙的平顶房为主，屋顶的倾斜度较小。另外，在南部山区，由于生产与生活功能的高度复合，通常，民居院落面积较大、围合感较强。

1. 民居类型

（1）堡寨

宁夏堡寨，又称堡子、城子、寨子、宅子、庄子、营子，其历史悠久，最早可追溯到西汉时代。自秦汉以来战争频繁，堡寨成为宁夏地区古代军事工程。在以后的各朝各代，有些堡寨发展为城邑，而绝大多数的堡寨则为躲避频繁的战祸、防御如麻的土匪而被保留下来。以至在宁夏形成一种建筑传统而被延续下来。根据民间口述资料，明代以后，

宁夏各地形成了很多堡寨。

以土版筑之屋，俗称"土屋"，即以黄土版筑之屋。据史书记载，西夏时期无论山川，凡城邑内建筑，"廨舍庙宇，覆之以瓦，民居用土，止若棚焉"，土屋建筑为民居主流，开始徙居宁夏的居民，入住"止若棚焉"的土屋民居，亦当多有。明洪武九年（1376年），朝廷命长信侯耿炳文之弟耿忠为指挥，置宁夏卫，并率"谪戍之人及延安、庆阳骑士"修缮城郭。大批陕北、甘肃工匠修缮宁夏卫城郭，将陕北、甘肃先进的民居建筑形式传入宁夏。曲尺形、三合院或四合院布局，立木构架、土坯筑墙、复砌青砖、出廊挑檐、方窗起券等手法，导入民居建筑，与宁夏古老的土屋民居并存，且一直延续到20世纪80年代。"土屋"建筑仍然牢牢地扎根在宁夏回汉民居中，宁夏城乡民居的民族特色和地域特色依然突出。

在20世纪70年代以前，作为宁夏回族自治区首府的银川古城，除了少量钢筋混凝土建筑的楼房外，回汉居民住宅均为我国北方流行的四合院或曲尺式的"土屋"建筑，建筑材料仍以土坯为主，并没有改变"土屋"建筑的结构和形制。直到80年代，这些流行了上千年、存在了数百年的"土屋"建筑才以危房改造的名义拆除殆尽，被现代建筑所取代。

堡寨通常一村一堡，也有一村数堡或数村一堡，常选址在形势险要的位置，如山头、高岗、沟边、高原、河畔等，便于观察，以达到防御的目的。堡寨建筑基本特征如下：

1）体量宏大

堡寨多为矩形，设有一个大门，长宽比约1：1.6，高12~18米。墙体横断面为梯形，基阔4米，顶宽2.4~3米。墙上外侧版筑女儿墙，高0.8~1米，厚0.6米，辟有瞭望孔洞。

2）布局合理

堡寨四周用封闭厚重的夯土墙体做围墙，有的在四角建有角楼。堡、寨外墙自下而上明显收分，呈梯形轮廓。夯实的黄土墙与周围黄土地融合在一起，显得稳固、浑厚、敦实、朴素。堡寨内部庭院宽敞明亮，其周围布置房屋、檐

廊，大门沿中轴线或偏心布置。小型堡寨多采取单层三合院式布局，而大型堡寨多采用四合院布局，内多跨院，建筑以两层居多。堡寨及其周边的壕沟形成了完备的生活和防御体系。

3）自给自足的生态系统

堡寨是一个能够自给自足的生态系统。是古代"城"的缩影，主要有居住、农业生产、养殖业、养殖副业等功能。人们在一定时间内在堡寨中可以用自己的劳动满足自己的生存、生活的基本需求，同时不定期地与外界进行物质、信息的交换活动。堡寨民居已成历史遗产，不可能延续，但是堡寨的建筑形态、围墙高角楼却深入人心，演变为宁夏南部山

区常见的高房子。

20世纪60年代，堡寨建筑渐渐从人们的视线中消失，现在宁夏山川各地保留下来的"老堡子"则不足百座（图4-3-1）。西吉县沙沟乡的满寺堡子由于原住户陆续从堡中迁出，现在只住有几户人家（图4-3-2、图4-3-3）。

（2）坡顶房

屋顶形式是当地气候的直观反映。宁夏南部山区降雨量大，且时空分布不均，主要集中在6~9月，故多采用单坡顶民居。

单坡覆瓦房：宁夏南部山区的民居大多是土坯砌墙、单坡挂瓦的单坡覆瓦房。在三合或四合院落空间布局中，

图4-3-1　南部山区堡寨组图（来源：马小凤 摄）

图4-3-2　西吉县沙沟乡的满寺堡子（来源：马小凤 摄）

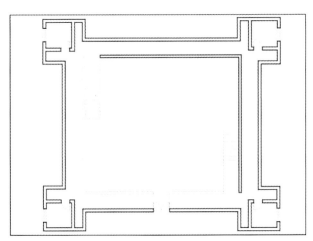

图4-3-3　堡子平面图（来源：单佳洁 绘制）

图4-3-4　原州区单坡覆瓦房民居（来源：马小凤 摄）

单坡顶　　　　　　双坡顶　　　　　　平顶

图4-3-5　宁夏南部山区传统民居主要结构形式（来源：单佳洁 绘制）

往往厢房或下房采用单坡房。为了起坡，后墙筑的很高，坡顶长度与后墙高度甚至相同（图4-3-4）。单坡覆瓦房的门窗大多开在坡下矮墙一面，但如果后山墙临街或面向公路时，门窗则开在起坡的后山墙上，作为临街商铺。

两面坡起脊挂瓦房：中国坡屋顶建筑历史悠久，一般坡顶起凸脊，坡面铺设梁、桁、椽，覆草、抹泥。这种夯土版筑或土坯砌筑墙体、坡顶覆以草泥的两面坡土屋，被宁夏南部山区村民广泛使用，后来逐渐地退出了民居建筑的历史舞台。草泥坡顶被覆瓦坡面所取代，而夯土版筑或土坯砌筑的墙体，仍然延续了下来（表4-3-1、图4-3-5）。

（3）窑洞

窑洞的前身是原始社会穴居中的横穴。宁夏南部山区是宁夏史前文化遗址发现最为丰富的地区，在固原州区、隆德、西吉、海原、彭阳等县区，发现了多处公元前4500～5000年的仰韶文化、马家窑文化、齐家文化遗址。窑洞的形式主要有靠崖窑、箍窑两种。

1）靠崖窑

靠崖窑洞是指利用在密实黄土层中开挖空间形成的建筑物。有的断面大，有的断面小，小则能掘三孔窑，大则能掘五六孔窑。洞口以土坯砌整齐，在中间开门窗，门窗多为木质，有整齐的木格与花菱格两种装饰。平面与北京四合院的布局差不多，以坐北朝南的窑为主窑，是长辈及祖堂的所在，两边的窑洞是晚辈的卧室，以及厨房和储藏室的所在（图4-3-6）。

掘窑洞要有一定的技术，一般都由"窑匠"提镐，小工挖土，最后由窑匠再修饰一遍，凿成人字形的画纹，最后用泥抹墙。窑洞的样式一般为底方顶圆，大小视其土质而定。土质好的窑洞一般深为12米左右，宽3～4米，高3米有余。洞口多用土坯、石头砌成，并镶一门两窗或三窗。

一户若有几孔窑洞，一般中间一孔为主窑或叫客窑、大窑，边上的一孔为火窑，供做饭和居住用（图4-3-7）。火窑一般都是进门后在左侧或右侧有炕并连着锅台，中间有土坯砌的梯形高低墙。炕和锅台同用一个大烟囱，炕角还有一个控制炕的温度的洞，可以插一块板子。梯形高低墙上一般可放一盏灯，给锅台和炕照明。火窑顶垴还有个小窑，叫套窑，安放石磨或贮存土豆、萝卜、粮食等。

窑外上侧喜欢挖一个高2米左右、深4米左右、宽2米左右的窑洞，当地村民俗称"高窑子"或"高楼子"。高窑一

不同屋顶类型特征比较　表 4-3-1

类型	选址	居住形态	优点
平顶房	平原、黄土塬	平屋顶无瓦、无组织排水、出檐较大	就地取材、节能
单坡顶	黄土丘陵地带、坡地	单坡屋顶、有瓦、屋面坡度30°～40°	土木结构、节能
双坡顶	山地、坡地	双坡屋顶、屋脊、房顶有瓦，坡度20°～45°	土木结构、节能

图4-3-6　西吉县靠崖窑民居（来源：马小凤 摄）

图4-3-7　海原靠崖窑民居（来源：马小凤 摄）

般为老人起居用房。有的在断面两侧挖两孔小窑，作仓库和牲畜圈。畜圈一般都有栏，厕所一般都在院外。为了安全，整个院子习惯用土墙围住。

2）下沉式窑洞

下沉式窑洞主要分布于黄土塬梁峁、丘陵地区，窑洞修建就地挖出一个方形地坑，形成闭合的地下四合院，然后再在四壁上开挖窑洞，并利用一个壁孔开挖坡道通向地面，作为出入口，构成了一幅"人在房上走，闻声不见人；进村不见房，建树不见村"的奇异生活景象（图4-3-8、图4-3-9）。

3）箍窑

根据地势较平坦的川、坝、塬、台、平川的地形特征和缺钱少木材的自然经济条件，利用地面空间，用土坯和黄草泥垒窑洞，叫箍窑，其特点是用夯土版筑或土坯砌筑墙体，用土坯券出拱形屋顶，砖砌箍窑较为少见。

箍窑技术性较强：首先要打好高1.4米左右、宽70厘米、长5米左右的窑墩子，类似拱形桥的桥墩，俗称窑腿子。一般并排修两孔箍窑需要三个墩子，修三孔箍窑要四个墩子，以此类推。其次，要打好胡基，打胡基要选好土的湿度和土质，土质为黑黏土和黄土最好。开始打时，要削一块平整结实的旧石磨或石板、水泥板，准备好筛过的草木灰，

图4-3-8　彭阳县红河乡何塬村下沉式窑洞一（来源：马小凤 摄）

图4-3-9　彭阳县红河乡何塬村下沉式窑洞二（来源：马小凤 摄）

待模子放在石板上后，要在石板的底部和模子的四周撒一把草木灰，然后再往模子里填土，用脚踩实成鱼背形，最后用杵子夯实。有一则打胡基的顺口溜："三锨九杵子，二十四个脚底子。"说明打胡基的艰辛。有了窑墩和胡基就可以箍窑。箍窑有专门掌楦子的师傅。先把拱形窑楦子架在窑墩子上，然后一层土坯一层草芥稀泥。箍完后整个窑的形状呈尖圆拱形，好似牛脊梁形。最后外抹一层黄土和麦草粗泥，晾干后再抹层黄土和麦衣的细泥，使其光滑照人。

旧时，山区居民住惯了冬暖夏凉的窑洞，尽管迁出山塬，移居川谷，因习俗使然，也没有放弃窑洞式建筑，仍然在沿袭着这种古老的民居形制，并创造了拱顶土屋建筑——"箍窑"。直到现在，这种窑洞式的"箍窑"建筑，仍可以在南部山区聚居的村落中见到。

（4）高房子

南部山区民居常在院落拐角处的平房顶上，或者两孔箍窑上再加一层坡顶的小房子，俗称"高房子"（图4-3-10、图4-3-11）。

高房子建筑形态是由边塞军事堡寨的角楼演变而来，起初具有强烈的防御特征。战乱时，被人们用来登高瞭望，起防御作用。畜牧业发达时，利用高房子守望家畜防止偷盗。后来多被用来作为储藏空间或供老人起居休息。现在的高房子，则是经济条件较好的人家才能盖得起的，成为显示家庭经济条件的标志，当然，在民居造型上也起到了丰富天际轮廓线的作用，其装饰作用已超过原先的功能。

高房子以耳间的尺度为准，故虽有两层，但显得极为小巧而灵秀。高房子布局自由，有的与正房朝向一致，位于正房的西侧或东侧，有的则与东西厢房朝向一致，位于院落的东南角或者西南角。根据不同的朝向开窗，形式也颇为自由，正立面上开门窗，通常在山墙上也开圆形小窗，窗户的装饰也格外活泼。小高房的稀有形式与小巧尺度也给村落里简陋的硬山合院增加了审美情趣。

高房子屋顶有单坡顶、双坡顶两种类型，丰富了建筑的外轮廓，使原本单一的院落天际线变得高低错落有致（图4-3-12）。

（5）院落布局

血缘家族聚居是中国传统文化的重要特征之一。宁夏的农村如同中国大多数乡土社会，传统农耕文化的特质注定农村地区绝大多数传统聚落是以血缘关系为纽带的宗族社会。在这一宗族社会中，非血缘关系的村民又在婚姻缔结关系的影响下形成了千丝万缕和盘根错节的亲属关系。同一宗族的村民大多比邻而居，各家院墙彼此相连，不同族群院落片区之间又自然留出曲折通幽的巷道作为分隔和联系。

图4-3-10　海原高房子（来源：马冬梅 摄）

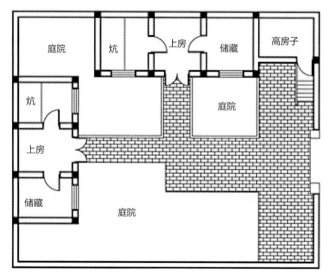

图4-3-11　海原高房子平面图（来源：单佳洁 绘制）

图4-3-12　南部山区高房子民居组图（来源：马冬梅 摄）

民居院落的组合方式主要有：串联式、并联式、混合式，没有严格的轴线对称布局。而在统一规划的生态移民庄点，院落组合排列时常常是几个轴线并列。

宁夏南部山区民居院落往往有夯土版筑的围墙，院落主体建筑通常坐北朝南，主体建筑与辅助建筑组合成不同的空间布局形式，有"一"字形、平行式、曲尺形、三合院、四合院等形式。院落面积、空间布局、涵盖功能以及建筑内部功能空间有所不同，院落面积及院门朝向也有所不一。

1）"一"字形

院落内主体建筑仅有一排，呈"一"字形布局。左右东西墙内侧，有大大低于主房的草房、粮房（又称"仓房子"）建筑，厕所一般建在后墙院外（图4-3-13）。

在民居院落中普遍建有粮房，一般长3米、宽2米、高2米。"仓房子"为平顶或两面坡顶的小土屋，一面出短檐，以土坯建成。房下以土坯立出孔洞，离地面30～40厘米，以便通风隔潮。孔洞上面铺炕面，以为"仓底"，以"仓底"为基础建仓房。为便于进取粮食，"仓房子"不开门，只在朝向院子的面墙上辟出两孔窗洞（图4-3-14）。

2）平行式

平行式布局是院落内主体建筑为平行两排门对门的布

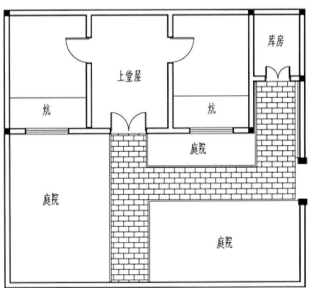

图4-3-13　"一"字形院落布局（来源：单佳洁 绘制）

图4-3-14　隆德县农村"仓房子"（来源：马小凤 摄）

局形式。在传统民居建筑中，受老幼尊卑传统家庭伦理观念的影响，面向南的一排房，往往是老人的起居之所，称为上房，面向北的一排房，一般为子女的住房，称为下房。上房和下房的距离多为8~10米。在一个布局为两排房屋的院落中，在东墙偏北开门，进门入院的走道与上房门前约2米宽的散水地平隔花池相连，走道北边则是庭院田畦绿地，种植果蔬、药材之类（图4-3-15）。

3）曲尺形

曲尺形布局的平房建筑，俗称"虎抱头"。一般是短尺二间，长尺三间。短尺平房朝向东，长尺平房面向南，形成坐西北、面东南的建筑格局。面向南的三间房屋称上房，面向东的两间房屋称侧房。宁夏南部山区冬长春迟，且冬季寒冷，这一院落布局方式有效地抵御了寒冷的西北风，且形成半封闭围合空间，营造出微气候环境。

通常，曲尺形平房建筑布局的院落，北墙与上房的距离在9~12米左右，东墙偏北开门，进门入院的走道可直达侧房，并在上房门前铺装小道，与院内走道相接。在2米宽的散水地平外，往往种植树冠较大的果木或葡萄，以为夏季乘凉之所。隔走道以北开辟庭院田畦种植蔬菜（图4-3-16）。

4）三合院

三合院形式是传统联合家庭中严格伦理内涵决定居住空间划分的典型，通常在身份显赫、家业较大的家庭中体现。面南建筑称为堂屋，东西两侧则称为东西厢房，厢房为对称

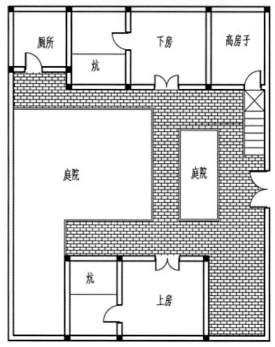

图4-3-15　平行式院落布局（来源：马小凤 摄，单佳洁 绘制）

布局，院门正对堂屋，开设于院南墙侧，院内步道呈"十"字形布局，且堂屋地坪由台阶升起高于厢房，凸显主导地位。联合家庭中，老人居住于堂屋，长兄住西厢房，面东，兄弟住东厢房，面西（图4-3-17）。

5）四合院

四合院布局的土屋建筑，上下房各三间、东西厢房各两间四面围合，南向或东向辟门。四面围合的形制，为上下房、东西厢房的东南、西南、东北、西北四角不同闭合关系（图4-3-18）。

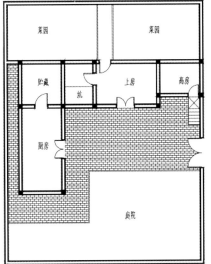

图4-3-16　曲尺形院落布局（来源：马冬梅 摄，单佳洁 绘制）

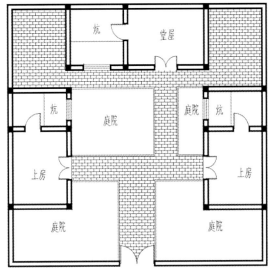

图4-3-17　三合院院落布局（来源：马冬梅 摄，单佳洁 绘制）

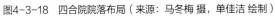

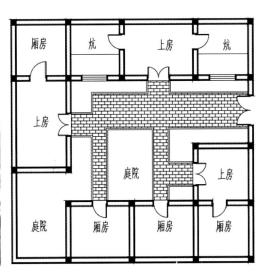

图4-3-18　四合院院落布局（来源：马冬梅 摄，单佳洁 绘制）

二、宫殿

1. 安西王府

历史上的固原处于重要的军事地理位置，是蒙元灭金、夏，并进一步攻取四川、消灭南宋的关键地点，又扼守着大军南下的军事通道，因此被一代天骄成吉思汗以及宪宗蒙哥、世祖忽必烈十分重视。为了巩固西北边防，元九年（1272年）十月忽必烈封其三子忙哥刺为安西王，出镇长安，赐京兆为封地，驻军六盘山。次年，又加封忙哥刺为秦王，别赐金印，并改原州为开城路，在固原城南三十多里选址修建王府，大兴土木，从规格、等级都给予优待。至元十七年（1280年），忙哥刺卒，其子阿难答承袭父封。

安西王府占地规模较大，光花园鱼池即有约5万平方米。清代大学者顾炎武在《肇域志》中解释"安西王城"时

称，"在府城东北二十里。元世祖以子忙阿刺为安西王，开府京兆，镇秦、陇、蜀、凉之地。置城，今俗名斡耳朵，故址尚存"。"置城"即指专为安西王兴建府城，而且有可能依据通行的"城池"标准加以建造。民国时人陈子怡在《西京斡耳垛考》中亦称"斡耳垛在当日既为一宫，且包兵卫在内，实即一宫城也"。1940年前后，西京筹备委员会专门委员陈云路拟《西京规划》中载元安西王府"墙垣、殿基皆存，其周约四里"（图4-3-19、图4-3-20）。

在发掘现场，地表层还有裸露的黄、绿、白三种琉璃建筑碎片，尤以绿釉、黄釉琉璃瓦为数最多，还有黄釉龙纹圆瓦。在中国封建社会里，龙是皇帝的象征，只有皇帝的宫殿才能用黄釉琉璃瓦并饰以龙的图形。这也证实了该地曾经有行宫建筑，也说明安西王府的宫殿府库豪华壮丽。据间接资料，1306年8月，"开城地震，坏王宫及官民庐舍，压死故秦王妃也里宗等五千余人"。

图4-3-19　原州区开城遗址范围图（来源：单佳洁 绘制）

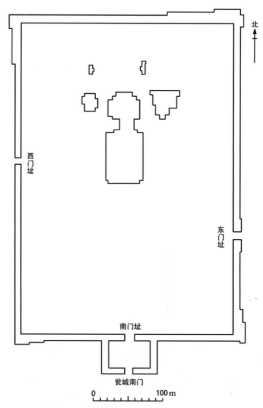

图4-3-20　开城安西王府宫城平面图（来源：单佳洁 绘制）

三、寺庙

1. 单家集陕义堂清真寺

清真寺也称"礼拜寺",是回族同胞进行宗教活动的重要场所。通常,清真寺坐西朝东,由礼拜大殿、宣礼塔、厢房、水堂子等建筑形成一合院。礼拜大殿是清真寺的主体建筑,厢房又可分为讲经堂(教室)、阿訇起居室、满拉宿舍、会客室等,而水堂子则是供回族同胞礼拜前沐浴净身的地方。

单家集陕义堂清真寺位于西吉县东南部的兴隆镇境内,清真寺的建造最早可追溯至清宣统二年(1910年),是由落居单家集的陕西回民所建造。另外,该寺还具有一段光荣的革命历史:红军长征期间,三次途径单家集,1935年10月5日,毛泽东主席夜宿单家集陕义堂清真寺,与当地阿訇促膝长谈,宣传党的民族宗教政策(图4-3-21)。

陕义堂清真寺整体布局是一座不对称式三合院形制,整个寺院纵深较大,尽显古朴典雅、深邃庄重之感。清真寺礼拜大殿坐落在院落最西端,为"大木起脊式"的中国传统建筑形制,大殿由卷棚、殿身、后殿组成,这三部分各有起脊的屋顶,采用勾连搭构造形式连为一体,飞檐挑角,卷棚以彩色明柱支撑和装饰(图4-3-22)。大殿南侧是一栋现代式二层楼房,二楼主要用于阿訇起居、满拉学习等,一楼是水堂,方便上寺礼拜群众洗浴。北厢房则是当年毛主席会见老阿訇马德海的旧址(图4-3-23),穿过北厢房中间的过道直达清真寺北侧的小院,则是当年毛泽东、张闻天等同志住宿旧址(图4-3-24),今天已成为一处闻名遐迩的红色教育与旅游基地。

图4-3-21 清真寺门楼(来源:马冬梅 摄)

图4-3-22 清真寺礼拜大殿(来源:马冬梅 摄)

图4-3-23 1935年毛主席会见阿訇旧址(来源:马冬梅 摄)

图4-3-24 1935年毛主席住宿旧址(来源:马冬梅 摄)

2. 余羊清真寺

余羊寺建于清光绪三十三年（1907），占地面积6667平方米，由礼拜大殿、南北厢房、水房组成。大殿坐西向东，宽19.3米，进深13.4米，深檐廊柱，6柱7间跨度；廊柱顶部有横柱三层相连，上面是简易斗栱，再上面又是横木，椽出檐，屋顶为大斜坡。整个建筑由一座歇山顶和一个卷棚顶勾连搭建而成，殿外装饰精致，檐部斗栱起翘；殿内有两根紫红色明柱支撑（图4-3-25）。后大殿顶部建两层六角形邦克楼，顶部用琉璃瓦和云兽瓦覆盖，沧桑扑面却苍劲而立。《泾源县志》记载，余羊寺大殿为山顶架式木结构建筑，殿内梁檩、椽纹、门窗及窗棂为几何图样，是清代厦殿建筑的典型（图4-3-26）。

图4-3-25　余羊清真寺礼拜大殿正面（来源：马冬梅 摄）

图4-3-26　余羊清真寺礼拜大殿背面（来源：马冬梅 摄）

廊柱与房子的立柱之间，有几道横木相连接，除了安全牢固外，也体现了全木质结构的装饰性。廊柱上面有两道平行的横木（檩），横木（檩）上是斗栱，斗栱上是檐椽，檐椽上是飞宇；廊柱与横木上环绕着装饰性的构件……其上皆绘彩色花卉图案，廊柱与横木及装饰件上皆为彩绘，包括椽子都上了颜色，再绘以黑色水波浪式线条。一门四扇，有五个门；每扇门自上而下由六个部分构成。最上面、中间和最下面，都是用约20厘米的小格子来分割，中间部分由上下两块构成，用不同工艺处理，图案造型也不一样，尤其下面的木雕；每一个构成面都有花雕彩绘。现在，只开中间门，左右四门不开。大殿宽敞的五个门，实际上是大殿的前墙，一通到顶。之所以经历百年风雨而保存完好，就是因为整个木质结构的缘故。

殿的附属建筑六角楼，在礼拜殿的后面，看上去很精致，全是木结构。六角楼起架近乎与大殿屋脊平行，在礼拜殿的正面看不见六角楼，被大殿屋脊所遮掩，在礼拜殿侧面即可看见。

余羊寺的建筑特点是标准的中国传统建筑风格，在图案装饰方面体现着伊斯兰文化特点，廊柱上的装饰、门上的装饰（因五门通顶，没有设置窗户）、前墙上的装饰、大殿后六角楼的建构等最具特点。廊柱上的装饰，主要是花卉，年久已漫漶不清，镶在廊柱上的木质构件仍然完好。门上的装饰可分为两部分，门楣以上的部分，全是木质构成，格子结构，其装饰图案有两类，一是阿拉伯文字的书写，一尺见方，为彩色与墨色相融，清晰可见，书法流畅，边缘绘有兰草一类点缀装饰；二是绘画作品，多为花瓶里插上满而不显拥挤的花卉，花瓶造型也不一样，是绘画而不是雕刻，相对粗糙一些，花瓶圆腹处或者是花卉，或者是文字。其中一个花瓶圆腹上的文字是"大清一桐"，"桐"是"统"的谐音，字迹非常清晰，内容也很有意思。这些全是彩绘，清晰可辨。

门楣以下，是五个四扇的格子门，每个四扇的门上，上半部分是造型不一的格子装成，下半部分皆一圆形布局，内容是一个装满构图的彩绘，主景是一个花瓶，侧面有一个小而低且很古典的凳子，上面放一花盆，花盆里或者莲藕，或者石榴，芭蕉叶、香炉、造型古典的小方凳等物点缀其间。花瓶的造型不同，图案不同，颜色也不同；同一个花瓶，由上至下用四块对角色来表示，黄与绿左右上下错位，变幻立体。此外，在发现的几幅图案里，在类似于装饰性小物体上，刻有龙、帅、虎、军的字样，小物体下面似乎还有一个装饰性的穗子。

左右两边前墙上镶有两块圆形彩色砖雕图案，是由四块方砖拼成的造型，底色为黄色。图案是上了釉的，构图是松、竹、兰，还有一种图案像正盛开的葵花。整体看上去很和谐，尽显其特点，而且质感很强。另一块造型一样，但图案不完全相同，而且有变形的感觉。这些砖雕图案，百余年过去了，色泽依旧光鲜①。

3. 城隍庙

"城隍"是中国古代神话所传守护城池的神，道教尊为"剪恶除凶，护国保邦"之神。中国古代称有水的城堑为"池"，无水的城堑为"隍"。据说由《周礼》腊祭八神之一的水（即隍）庸（即城）演化而来②。

固原的城隍庙坐落在今天原州区政府街东段，是一座坐北朝南的古庙宇。据创修固原城隍庙碑记记载，宋朝咸平四年，曹玮筑镇戎军城，周围九里七分。金宣宗兴定三年毁于地震，起夫二万复筑，就祀有安边、镇夷二门城隍。明朝景泰元年（1450年），官府修建固原城时，所剩余料，官倡民应，捐俸募资，在固原城中修建了规模空前的城隍庙。《宣统固原州志》卷八载："创修固原城隍庙记，前明知府，田赐碑文录记载：正殿五楹，金身六丈，栋梁榱橑，中绳直影，献殿巍峨，棂扉洞达。两厦之间，罗刹森森。刀林剑池。孽镜如照。阎罗庄严，仿佛对簿。后拱寝宫，前列坊枕。铁狮铜貌，斑斓奇致……"。又据《民国固原县志·建置志》载，城隍庙于"同治兵燹后已成荒墟，张国桢、郑希珍等劝募兴修（1861～1874年），始壮厥观。第一级门前，铁铸狮二对蹲左右，右着前腿胯抱小铜貌一对。土人称为铁抱铜者，以为奇迹。其中一对高五尺，万历十八年铸，又有

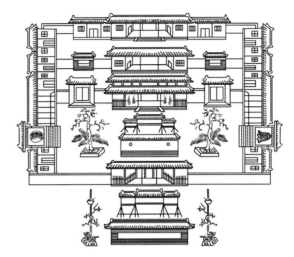

图4-3-27　临摹固原城隍庙图（来源：根据城隍庙资料 绘制）

小铁狮一对，无年月可考。并塑二大佛像，立门前左右，称为头道初。第二级中乐楼，东面钟鼓楼，再进建牌坊一座。第三级献殿三楹，左右以海平二县隍神配之，又左右建十殿阎罗殿。第四级正中为隍神寝宫，东为圣母宫，又名子孙宫，及神厨。西为道房"（图4-3-27）。

所以，固原城隍庙距今已有六百年的历史。根据推测，历史上的固原城隍庙占地十余亩，是一组规模宏大、壮观恢宏的建筑群，由庙门、乐台、献殿、坐殿、寝宫等建筑构成，其中由南向北的三大殿是城隍办公、办事、起居之用。

今天的城隍庙三大殿都经过不同年代的整修加固，其中，献殿（也称正殿、大堂），长15.4米，进深13.3米；四梁五间，单檐庑殿顶，黄绿两色琉璃瓦面；东西两侧突出的墙体码头刻有精美的砖浮雕，上刻水榭风景，下刻飞禽走兽，两侧刻有梅、莲、牡丹等花卉图案；南立面正中是三扇镂空雕花木门，木门两侧各有两扇透雕花格的窗户；庙宇最下面条石作基。殿内八根朱红大柱成排树立在前廊和大厅内（图4-3-28～图4-3-32），中殿五间，长16米，宽8.55米，内有明柱10个；后殿长16米，宽10.7米。

---

① 薛正昌. 宁夏泾源县余羊寺、马家寺的保护与开发——兼论村落遗产保护[J]. 宁夏师范学院学报（社会科学）. 2015，36（4）：45-49.
② 辞海[M]. 上海：上海辞书出版社. 1999.

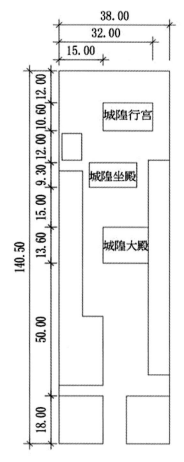

图4-3-28　城隍庙空间布局图

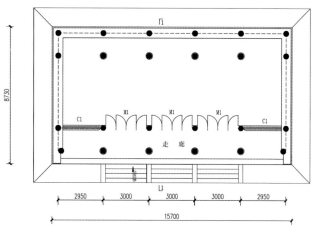

图4-3-30　城隍庙献殿平面图（来源：根据固原市文管所资料绘制）

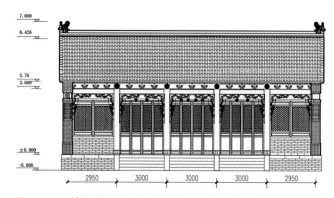

图4-3-31　城隍庙献殿南立面图（来源：根据固原市文管所资料绘制）

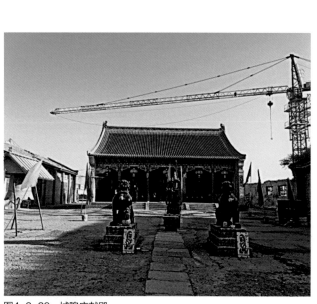

图4-3-29　城隍庙献殿

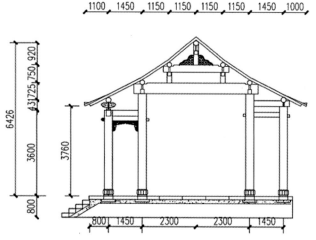

图4-3-32　城隍庙献殿1-1木构架体系剖面图（来源：根据固原市文管所资料绘制）

4．财神楼

固原市原州区的宋家巷是一条有着百年历史的老巷子，该巷形成于明代，兴盛于清代，繁华鼎盛于民国，曾是固原古城的主要商业街，也是远近闻名的商贸中心。而宋家巷中最繁华的莫过于过店街，店铺密布，商贾云集，街道的中部则是香火旺盛的财神楼，穿过财神楼的门洞，街尾则是远近闻名的安安桥。光绪四年（1879年），在此经商的店家，为了财源兴旺，捐资重修了财神楼，供奉财神。

财神楼外观像其他城市的钟鼓楼，城门洞正面上部有砖雕牌匾，上书"五原重阙"四个大字，落款为清朝光绪四年六月，相对应的城门洞背面上部的砖雕牌匾上书有"天衢"两个大字。基座全长22.3米，宽10.36米，高4.1米，楼阁建在城墙上边，为方形歇山顶式土木结构，有一门，门上边作照壁，壁后小房一间，宽1.9米，高2.5米。门洞拱形顶，高3.1米，宽3.3米。主殿方形歇山顶式土木结构，南北长6.4米，东西宽6.75米，高5.75米；东厢房为卷棚顶式，土木结构，长8.35米，宽4.9米，高5.4米。屋顶为简板布瓦，瓦当饰兽头，滴水饰蝙蝠、花草等纹饰，庙墙上有象征吉祥富贵的松鹤牡丹精美砖雕。整体建筑制作比较细致，楼阁修筑宏伟壮观，是固原市唯一保存的歇山顶、卷棚顶式楼阁建筑（图4-3-33～图4-3-40）。

5．东岳山寺庙建筑群

明至清代，位于原州区东1.5公里的东岳山上建有一组寺庙建筑群。寺庙依山势而建，自下而上有九台建筑，第一台为山门；第二台为大雄宝殿、地藏殿、观音观、石佛寺；第三台为鲁班纪念馆、灵宫洞；第四台为城隍庙、关帝庙；第五台为药王洞、菩萨洞；第六台为五龙壁；第七台为玉皇楼；第八台为东岳大帝殿、子孙宫；第九台为铁绳岭。

五龙壁为东岳大殿山门照壁，高6.1米，宽9.6米，厚1.4米。壁正面用160块方砖拼砌而成，浮雕为鱼龙游戏图，五条巨龙腾空飞舞，追逐一珠嬉戏，两条大鱼跃然水面，奋搏天空。整个壁面祥云缭绕，生气勃勃（图4-3-41）。

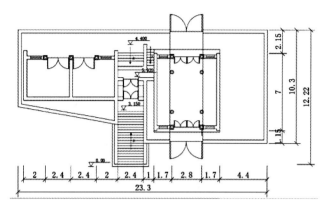

图4-3-33　财神楼平面图（来源：马龙 绘制）

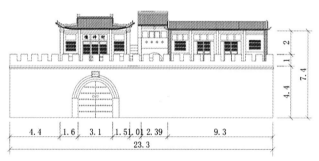

图4-3-34　财神楼南立面图（来源：马龙 绘制）

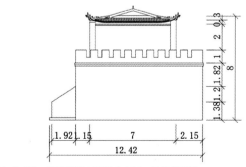

图4-3-35　财神楼西立面图（来源：马龙 绘制）

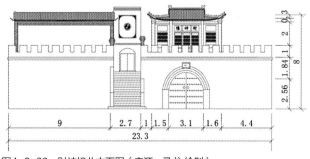

图4-3-36　财神楼北立面图（来源：马龙 绘制）

图4-3-37　财神楼1：50模型（来源：马小凤 摄）

图4-3-38　财神楼南立面（来源：马小凤 摄）

图4-3-39　财神楼门洞、照壁（来源：马小凤 摄）

图4-3-40　财神楼北立面（来源：马小凤 摄）

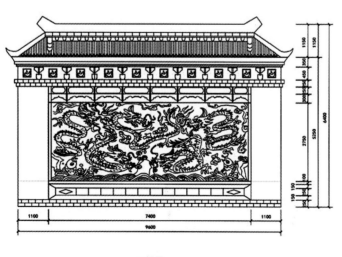

正视图

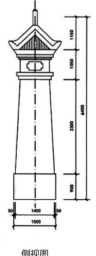

侧视图

石碑正视图

图4-3-41　五龙壁（来源：马龙 绘制）

无量殿地处东岳山绝顶"铁绳岭"。"铁绳岭"的来历还有一个故事：相传1522年蒙古国用兵攻打中原，在东岳山上安营布阵，准备攻取原州作为进攻中原的军事基地。因城内军民防御严密、城墙坚固而未能得逞，便放火烧毁了东岳山上的寺庙。10年以后，原州百姓积极募捐，重新修建。新任总兵刘义在绝顶东岳祠修建了一个墩，起名叫"镇虏墩"，意思是镇住蒙古人的入侵。这个墩自下而上有36级台阶，呈60°斜角，两侧有铁链扶手，人扶着铁链方能上去，故而民间称为"铁绳岭"。1903年，武卫后军统领、甘肃提督董福详回归故里后捐银600两在墩上修建了无量殿，成为东岳山上的瞭望台（图4-3-42~图4-3-44）。

图4-3-43　无量殿一（来源：马小凤 摄）

图4-3-44　无量殿二（来源：马小凤 摄）

四、楼阁

1. 文澜阁

文澜阁位于原州区中山街。文澜阁原名叫魁星阁，始建于明代，为祭祀魁星之场所。迄至清代，高阁之椽瓦木石，为风雨剥落，道光乙巳年（1854年）重修。重修后的魁星楼形状为："上建三层，有阶可循，有梯可升。阁之下有方台，台四周原阔五丈六尺，今更阔八丈余。"光绪末年，此阁毁塌，固原地方乡绅捐资于内城东南角台上建魁星楼，目

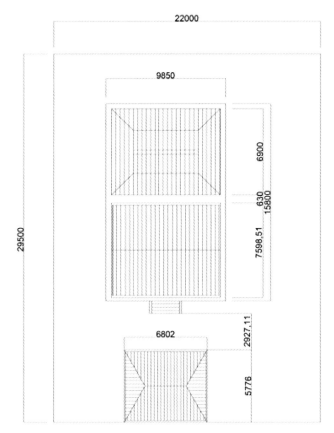

图4-3-42　无量殿平面图（来源：马龙 绘制）

的在于"以招东来紫气，起地方文脉，壮山城景色"。依照明代魁星楼式样重建，成为六角三层阁楼式。民国年间，更名"文澜阁"。书法家于右任曾为之题联"瑞映须弥山，翠接文澜阁"。

今天的文澜阁坐落在一处高123米的锥体砖包土墩上。阁楼为六边形三层重檐式木结构建筑，列柱里外两排，内金柱通至檐，二柱间童柱承托中檐，各柱之间均以梁、枋连接。上檐内部为攒尖式，角梁及顶部由雷公柱支撑。各层外檐均用双层飞椽，方形飞椽前端做刹。全部瓦顶为筒板布瓦。各角砌脊施兽，砖包顶。各翼角翘起，仅上檐用斗栱，每面正身施一朵，为三踩单翘结构，斗栱及攒尖木结构，制作比较细致，有南方建筑风格，是固原地区保存较完整的清代古建筑之一（图4-3-45~4-3-48）。

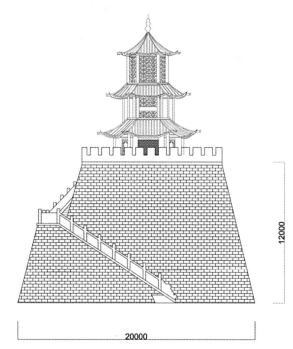

图4-3-46 文澜阁西立面图（来源：马龙 绘制）

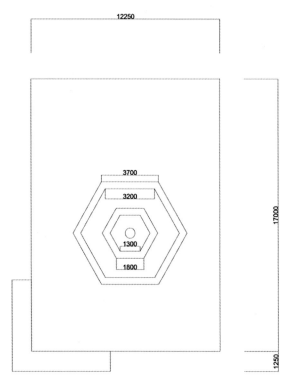

图4-3-45 文澜阁平面图（来源：马龙 绘制）

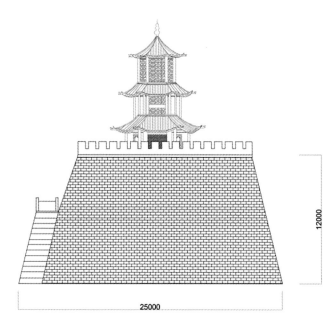

图4-3-47 文澜阁北立面图（来源：马龙 绘制）

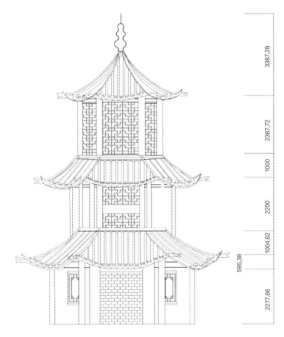

图4-3-48　文澜阁立面图（来源：马龙 绘制）

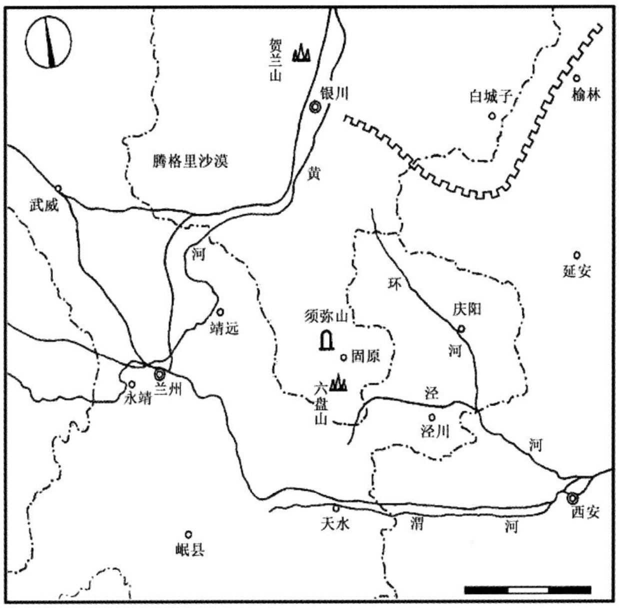

图4-3-49　须弥山石窟地理位置示意图（来源：须弥山石窟文物管理所编．须弥山石窟志[M]．北京：阳光出版社，2015．）

五、石窟

1. 须弥山石窟

佛教自东汉传入我国，由新疆地区经中西交通要道的"咽喉之地"——敦煌，再经河西走廊逐渐向内地传布。随着佛教的传布，丝绸之路沿线地带的佛教石窟造像也迅速发展和兴起。而须弥山石窟所在的固原地区，史称"居八郡之肩背，绾三镇之要膂"，是古代拱卫中原的一个重镇，同时也是丝绸之路东段北道上的要邑，地理位置十分重要（图4-3-49）。须弥山石窟开凿于北魏末年，西魏、北周、隋、唐各代连续营造，距今已有1500多年的历史了。石窟现存各类制的窟龛162座，造像近千躯。

（1）石窟群总体布局

须弥山石窟南临寺口子河，所处之山势较为平缓，崖面宽阔平整，曲径幽静。按地形条件而论，此地是大面积开窟造像的极佳处所。石窟群分布在须弥山自南而北八座山峰的东南崖面上，形成相对独立的八个区域，即大佛楼区、子孙宫区、圆光寺区、相国寺区、桃花洞区、松树洼区、三个窑区、黑石沟区[①]，窟口多东南向。应该说，须弥山石窟在选址与布局上都显示出极为明确的规划意识（图4-3-50）。

（2）石窟平面形式

须弥山石窟修建历经多个朝代，各朝代洞窟平面形式差异也较大，如北魏时期的洞窟形制以中心柱窟为主，但规模不大，中小型者居多，窟的平面为方形，窟门上方开有明窗，覆斗顶，壁面多不开龛，个别的三壁三龛。而北周时期中心柱窟的基本形制均为平面方形，覆斗顶，窟内一般雕仿木佛帐结构，中心柱单层四面各开一龛。窟内三壁各开三龛（表4-3-2）。

---

① 韩有成．从须弥山石窟看原州古典建筑式样——略析须弥山石窟建筑[J]．宁夏师范学院学报（社会科学）．2009，（2）：64-68．

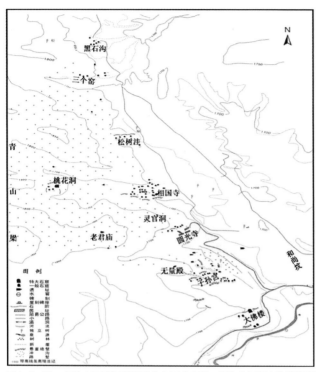

图4-3-50 须弥山石窟洞窟位置分布图（来源：须弥山石窟文物管理所编，须弥山石窟志[M]. 北京：阳光出版社，2015.）

不同时期中心柱式石窟比较   表 4-3-2

	24窟	46窟
建造 朝代	北魏	北周
平面 形式	平面为方形，窟门上方开有明窗，覆斗顶	平面方形，覆斗顶，窟内一般雕仿木佛帐结构
立面 图或 内景	中心柱四面分上中下三层分别开一龛，壁面多不开龛	中心柱单层四面各开一龛，除此之外，窟内三壁各开三龛

（3）石窟檐口形式

石窟的窟檐，指洞口之外、依附于洞窟外壁的屋檐形构造部分，包括木构与石构两种。在我国早期佛教石窟中，一般不设窟檐，或只有洞口自然凹入崖壁，不加其他处理所形成的前室或前廊。出现中国建筑形式的窟檐无疑是外来的石窟形式本土化与建筑化的标志之一。从须弥山一些洞窟外立面遗存的梁、椽等洞眼看，应是木构窟檐的遗迹，多为一间，在一些较大的窟室外面曾建有三间，甚至五间的窟檐，但其木构框架的形式不得而知，但是，这些仿木构石雕窟檐应该是在洞窟开凿完成后同期或后期加建的。

（4）窟内空间形式

须弥山石窟内部空间形式差异较大，尤以北周洞窟独特鲜明。北周洞窟以覆斗顶、中心柱、仿木结构及帐内构件的形式将窟内表现为帐内空间。北周洞窟中的仿木结构，由斜枋、梁架、角柱、栌斗等构成。窟壁四角雕立柱，其上承四壁上部的横梁。中心柱柱身四角雕立柱，其下有莲花柱础，上有栌斗承接中心柱顶部的梁架及窟顶的斜枋。佛龛形式，以佛帐式为主。龛楣表现为佛帐的立面，在龛楣上方浮雕有帐褶、莲瓣、宝珠、璎珞等，流苏分别悬垂在龛的两侧，流苏上端一般衔在龙、凤、象的口中。造像置于佛帐龛内的须弥座或方座上。窟顶为浅浮雕的供养飞天、莲花、博山炉、云纹、忍冬、化生、禽鸟等图案。在方形无中心柱的洞窟内，由覆斗顶、仿木构结构及帐内构件的形式表现窟内空间结构。

另外，值得一提的是，远近闻名的须弥山大佛，大佛像所在的窟龛形制是一个平面圆角方形，穹隆顶、敞口龛式，宽15.5米，进深16.5米，高21.5米。关于大佛的开凿年代，史书无明确记载，而须弥山石窟这尊高达20.6米的弥勒大佛像，是我国石窟造像中较为高大的佛像之一，也是须弥山石窟中最大的造像，是须弥山石窟的象征。大佛头部螺髻，面相丰圆，浓眉大眼，嘴角含笑，神态端庄而慈祥，身着敷搭双肩的袈裟，衣纹通直流畅，内着僧祇支，双手已风化，倚坐于高方台座上，足踏莲座。这尊巨大的佛像虽然是砂岩雕刻，但雕凿的刀法给人以泥塑般的柔和，可与龙门奉先寺卢舍那大佛相媲美。

图4-3-51　须弥山大佛（来源：马小凤 摄）

六、佛塔

1. 璎珞宝塔

璎珞宝塔位于彭阳县城东北60公里的冯庄乡小湾村宋家台，是固原境内唯一保存的明代塔式建筑，为七层八角楼阁式空心砖塔。此塔看上去好似用珠玉装饰而成，显得十分华丽，故以"璎珞"相称。

宝塔前临深涧，背靠山坡，与东面呈一字形、等距离排列的七个宛若馒头状、钟灵奇秀的小山隔河相望，相互映衬。山涧溪水涓涓，由西向东流过。璎珞塔身通高约20米，塔身第一层略高。每面边长1.6米，东面劈一券门，高1米，以条石砌成。每层叠塞砖牙檐下，每面正中及塔棱的转角处，均饰有砖雕的一斗三升的斗拱。第三层上面置有上仰莲瓣形刹座，塔顶为八面覆斗式十三璇相轮，在相轮之上置圆形刹顶。整个塔体为仿木结构，八角十窗，既显得简洁朴素大方，又小巧玲珑剔透。塔室采用原空心式木楼层结构，原

有的木梯可供登攀，叫作临极顶。

第二层背壁正中嵌有一长0.9米、宽0.45米的长方形石匾，中间双阴线刻横书"璎珞宝塔"四个大字，右竖刻"发心功德主张侃高氏"，左刻"嘉靖三十年二月初一立"。依嘉靖年号看，此塔建于公元1554年，距今已有440多年历史。

塔东与有名的七个宛若馒头的小山隔河相望，七个山就是因七个奇特的小山而得名。这些山皆状若馒头，自然天成，钟灵奇秀，自西向东，等距离依次排列，让人感到大自然的造化真可谓鬼斧神工，实为与璎珞宝塔相媲美的又一奇特自然景观。奇山宝塔，相互映衬，夏日阳光下，远眺处在苍翠山峦中的宝塔熠熠生辉，七座奇山，葱茏翠郁（图4-3-52）。

2. 八角塔

八角塔又名"宁远塔"，位于固原市原州区中山街西湖公园内，建在固原古城墙内城墙遗址上。1944年由国民党陆军中将高桂兹驻防固原时修建，2013年固原市建设部门对塔进行了修葺，2018年被列为自治区历史建筑。

该塔坐落在4米高的八边形砖砌基座上，塔基南侧有一台阶可拾级而上。塔平面呈八边形，边长1.15米，底径2.77米，高7.3米。身为实心砖砌密檐塔，共九层密檐，底边用石条砌一层，上用青砖平砌，白灰勾缝。第一层高2.4米，每面正中（距地面1.2米）砌一方框，宽0.4米，高0.8米，应为题写铭文处，其上每层高度逐层递减，逐渐内收，塔顶饰一宝刹。整个建筑小巧玲珑、精致灵秀（图4-3-53～图4-3-56）。

图4-3-52　璎珞宝塔（来源：马小凤 摄）

图4-3-53　八角塔（来源：马小凤 摄）

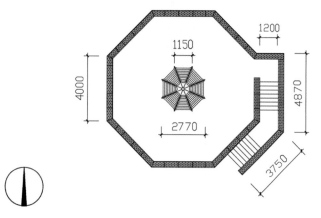

图4-3-54　八角塔平面图（来源：马龙 绘制）

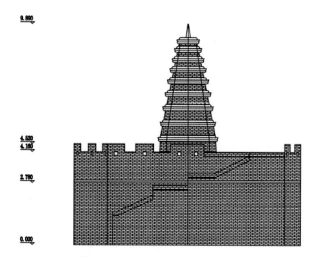

图4-3-55　八角塔南立面图（来源：马龙 绘制）

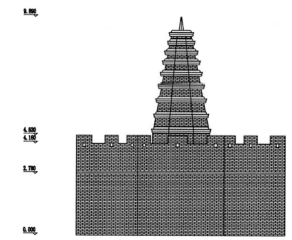

图4-3-56　八角塔北立面图（来源：马龙 绘制）

七、陵墓

1. 隋史射勿墓

原州区（固原）是北朝隋唐时期西域通往都城长安、洛阳的其中一个便捷之道，今天，原州区南郊隋唐史氏家族墓地的发现，证明了这里是粟特胡人在丝路沿线的重要聚居地。史射勿墓为固原隋唐史氏家族墓地6座墓葬中目前所见的唯一一座隋墓。

（1）建筑结构及布局

隋史射勿墓，采用长斜坡墓道带，天井方形单室墓，由封土、墓道、2个天井、2个过洞、2个壁龛、甬道和墓室组成，方向160°，全长29米。斜坡墓道水平长约13米，2个过洞长1.25～1.4米，宽1.4～1.5米；2个天井长3.3米，下宽1.5～1.55米，第二天井距北端1米处的东西两壁各有一小龛，以土坯封堵，里面无遗物。甬道长1.2米，宽1.1米，券顶高1.8米。甬道口用土坯封口，残高0.5米。墓室略呈方形，长3.25米，前宽3.35米，后宽3.6米。顶部及四壁塌毁，推测为穹窿顶。墓室紧靠北壁有生土棺床，前长2.75米，后长3.05米，宽1.4米，高0.5米。棺床壁涂白色，并绘有红色波状线。棺床上有棺木留下的朽木残迹。靠近西壁处发现零星人骨。墓志放置在棺床南侧偏东处，随葬品因墓葬多次被盗，数量不多，有白瓷体、四系青瓷罐、金带扣、金婷、波斯银币、铜镜和水晶珠饰、带艺金铜泡钉的条形骨片等20余件，散见于墓室各处。墓志显示，射勿祖辈自北魏中期入居中国，射勿历任正议大夫、右领军、骠骑将军，卒于隋大业五年（公元609年），葬在平高县咸阳乡贤良里（图4-3-57）。

（2）建筑装饰特色

墓道、过洞、天井和墓室原先均绘有壁画。墓道前部所绘壁画大部分已残缺，残存零星线条。第一过洞洞口上方有一幅建筑图。墓道及过洞天井东、西两壁各绘持刀武士3人、持赞武士1人、持赞侍从1人，每侧共计5人。第二过洞洞口上方绘一幅花井图。墓室仅存西壁的一幅侍女图，共5人，侧身站立，头梳高髻，身穿齐胸白底红条曳地长裙。壁画均绘在没有地仗层的壁面上，仅是将墙壁护平，涂一层很薄的白灰浆后在上面作画。这种做法与安伽等北周墓葬绘制壁画的情况相似，也是固原地区唐墓绘制壁画的常见方法。

2. 隋唐史索岩夫妇合葬墓

在原州区西南的白马山与城区之间有一片开阔平坦的塬地，分布着很多汉朝、北朝、隋唐时期的古墓。隋唐史氏家族墓地6座墓因出有墓志，证明了两支史姓家族出身粟特史国，自北魏历代居住原州。隋唐史索岩夫妇合葬墓就是其中一个比较有代表性的唐代陵墓建筑。

（1）建筑结构及布局

史索岩夫妇合葬墓，由封土、长斜坡墓道、5个过洞、5个天井、甬道和墓室构成，方向175°，全长41.75米。斜坡状墓道水平长16.3米，坡度18°。第五过洞用砖封口，封口高1.75米、宽1.5米，封口下留有一石口额。第五过洞与第五天井东壁各有一小龛，以条砖错缝铺底，小龛内无物。雨道长2.6米、宽1.1米，券顶塌毁。用土坯封门，残高约1.5米。另一端有石口。墓室平面呈正方形，长3.6米、宽3.1～3.6米，已塌毁，残高0.5米。

（2）建筑装饰特色

墓室四壁原先用土坯丁顺彻，其上用泥抹平，刷白灰浆，然后绘制壁画，现已不存。墓室地面铺砖。墓室西侧有

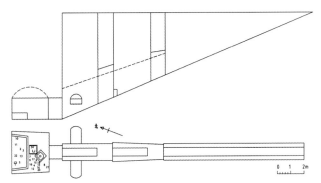

1. 镏金饰件 2. 鸟形骨器 3. 金戒指 4. 金带扣 5. 条形铜饰 6～9. 铜镜 10～12. 环形金饰 13. 萨珊银币 14～16. 方形金铸 17、18. 半圆形方铸 19. 珠饰 20. 白瓷体 21. 青瓷四系罐 22. 镏金桃形饰 23、24. 墓志

图4-3-57 墓葬平、剖面图（来源：宁夏文物考古研究所. 宁夏固原博物馆资料）

一长方形砖棺床，呈须弥座，有两壶口。棺床上残存棺木残迹。为头北足南放置。该墓原有壁画，仅存第五过洞上方的一幅朱雀图保存较为完整。

墓葬被盗，现存随葬品有白瓷豆、白瓷四系罐、海贝、缘釉辟雍瓷砚、陶靴、条形骨片、东罗马金币仿制品、石幢等。墓口与雨道处分别发现史索岩与夫人安娘墓志。

3. 西吉县宋墓

宁夏西吉县在1985年、1995年先后发现了两座宋墓。以下按发现时间的先后把两座墓分别编为XJM1和XJM2（简称M1、M2）。以下以M1为宁夏传统汉族宋墓的代表做重点分析。

M1是1985年5月29日一场暴雨过后，山洪冲塌断崖暴露出来的。文物部门闻信后及时赶到现场对墓葬周围进行了调查钻探。M1位于西吉县东南约30公里左右的西滩乡黑虎沟村北，墓葬在四面环山的沟崖边，地形北高南低。6月2日宁夏固原博物馆与西吉县文物管理所联合对该墓进行了抢救性清理。

（1）建筑结构及风格

墓为砖券顶单室墓，由斜坡台阶式墓道、甬道、墓室组成。墓室平面呈长方形，墓室内长2.42米、宽1.4米、高1.82米。甬道长2.8米、宽1.08～0.96米，高度不明。墓道残长2.3米、宽0.6米。斜坡台阶式墓道距地表深8米。坡度为

43°，方向106°。墓门用长0.3米、宽0.15米、厚0.06米的条砌成，在紧靠墓门离地0.55米高的地方做出边长0.3米的正方形龛，龛内对称镶嵌守门武士砖雕。墓门其余部分已毁坏，但发现在拆毁的砖里有人字形的砖雕，可能为仿木斗栱形的做法。墓室铺地砖，用0.3米×0.3米的正方形灰砖对缝平铺。

墓室东西两壁用长条形砖从底向上错缝平砌三层后，向墓室方向错出0.6米，在错出的地方竖嵌0.3米×0.3米的图案或花卉砖。后用长条砖在花卉砖上平砌一层，恰好将竖嵌的花卉砖压实，再在方砖上用长条砖向墓墙里方向错出0.06米，在错出的地方嵌人物故事砖雕及窗棂图案砖雕。在竖嵌人物故事砖雕上向外错出0.06米，用条砖错缝半砌，在错出的地方横嵌长0.3米、宽0.16米、厚0.06米的十字花瓣图案砖（俗称贯钱纹）。在图案砖的上面用长条砖平砌两层后，用正方形砖向墓室内错出0.03米平砌一层，做出鸟栏的样式，其上用条砖错缝平砌三层后，开始起券，做出拱形的顶部。东西两壁的图案花卉与人物故事砖雕内容和布局基本对称。墓室北壁从下至上的花卉砖雕、侍从及门窗图案砖雕、贯钱纹砖雕砌法同东西壁，但正中掏进一正方形龛，上部以大方砖对缝平砌。整个墓室的建造非常坚固。墓室内有木棺一具，棺木已腐朽，在清理时发现大量铁棺钉及朽棺木。人骨架散乱在墓室内，葬式不明，但经人骨鉴定，墓主人应为50岁左右的男性。随葬品有铜洗、青白瓷执壶、小瓷碗、黑釉瓷瓶。

出土器物有铜洗、青白瓷壶、小瓷碗、黑釉瓷瓶。当考古人员到现场时，随葬器物已被村民移到墓室外，原位置不祥。但据当事人回忆，铜洗放在后壁龛内，青白瓷执壶及小瓷碗放在铜洗上面，黑釉瓷瓶放在墓主人头骨的左侧。

（2）建筑装饰特色

花卉砖雕，东西北三壁皆有，内容有莲花、牡丹、玉兰花等，或交枝，或折枝，或呈束把状，均雕出如意形边框。

莲花纹砖雕：方砖边框内雕一束莲花，下边雕莲叶，其上有对称两枝花蕾和盛开的莲花以及新抽出的小尖叶。

牡丹花纹砖雕：方砖边框内雕一枝盛开的折枝牡丹。

玉兰花砖雕分两种：一种在方砖的周围雕一边框，上为对称的连弧状，两边呈直线形，边框内雕出两交枝带叶片的花朵，方框下边由外向内雕出两朵对称的花叶；另一种方砖图案边框花朵与上一种相同，雕出的两枝花朵，花叶茂盛。

仿门窗图案砖雕共两种：A.四周用直线雕出门框，中间用一条阴刻线雕出紧闭的两扇门的门缝；B.上部用两条连接的弧线雕出门顶，下雕出尖叶状，中间为洞开的门。

窗棂图案砖雕共两种：A.将砖分为上下相等的两格，下雕凸起的直棂窗，上雕对称的正方形窗框；B.将砖分为上下相等的两格，上边雕出仿榆钱纹窗花的样式，下边雕出相对应的正方形窗格。

男女侍从砖雕主要分布于墓室东西两壁中部，内容基本对称，北壁中部两侧亦各嵌一幅。

启门侍女：门为半开状，门的中间为一侍女，梳高髻，面带笑容，上穿长袖衫，下着裙，探头侧身在两扇门之间，右手扶门做开门状。

双人梳妆侍女砖雕：在方砖边框内雕站立的两位侍女，梳高髻，上身着衫，下身穿长裙，露出双足尖。左边一人双手捧梳妆盒，置于胸前。身体向左稍曲，右边的人双手抱一长柄铜镜，镜面向怀内。

双人男侍砖雕：在方砖框内雕一左一右两位侍人，左侧人头包巾，穿长袍，腰带系双结下垂，双手捧一鼓腹瓶侧身向前；右面的人头戴结缨小帽，穿长衫，系腰带，腰带打双结下垂，足登靴，右手擎一鸟笼，左手曲于胸前，伸出两指似在比划什么，面向前方。

男侍砖雕：在长条砖边框内雕一男侍形像，头戴大缨帽，着高领长袍，腰系带结，脚穿靴，右手擎一圆形笼状物，左手置腹前，翘起大拇指，身向前弓，状似夸耀的样子。

侍女砖雕：长条砖边框内雕一站立的侍女，梳一球形发髻于头顶，上身穿长衫，下身着裙，系腰带，带两端向下飘垂，双手捧一方形盘，盘上放一喇叭口的罐或瓶类器。

八、古长城

宁夏境内的长城，从战国开始，经过秦、汉、隋、明数朝的不断修筑，总长度达1507公里，可见墙体517.9公里，保存高度1～3米，每隔200～300米筑一凸出墙外的墩台，长城附近和其经过的重要隘口、山顶都有烽燧遗址，共有敌台589座、烽火台237座、关堡25座，还发现了铺舍、壕堑、品字形窖等遗址。

宁夏固原长城始筑于西周周宣王时期，《诗经·小雅·出车》载："王命南仲，往城于方""天子命我，城彼朔方。赫赫南仲，狁犹于襄。""王命南仲，往城于方"意思是"周宣王派南仲去于方建筑长城"。"天子命我，城彼朔方。赫赫南仲，狁犹于襄。"意思是"威名赫赫的南仲到朔方筑长城，是为了扫除盘踞在那里的狁犹（属西戎）"。据朱熹集注《诗集传》考证，"于方"、"朔方"是指位于今西安市西边的周朝都城镐京北面的灵、夏、固原一带[①]。

所以，固原境内的长城已有2800多年的历史，后又经战国时期秦长城遗址修建，在今西吉、固原、彭阳县境秦昭襄王时筑以防御匈奴族，今遗迹尚存。固原境内的古长城皆就地取材，由黄土夯筑而成（图4-3-58、图4-3-59）。

图4-3-58　彭阳境内的战国秦长城（来源：马冬梅 摄）

图4-3-59　原州区境内的战国秦长城（来源：马冬梅 摄）

第四节　南部黄土丘陵区传统建筑特征解析

一、传统材料及建造方式

1. 拼砖

民居中往往会用青砖在女儿墙或房檐上拼砌出各种图案，这种做法被称为拼砖。而在宗教建筑上，除了惯用的磨砖对缝作法外，也常用青砖拼砌斗栱、门楣上檐的叠涩牙子、廊柱间的花墙、照壁墙的须弥座，这些无不体现了宁夏南部传统建筑独特的拼砖技艺。

2. 拼瓦

在起脊的瓦房上，用大小平瓦、套瓦拼砌镂空图案的做法。利用青瓦的弧度，以及对立起来进行拼砌组合形成的透光效果，在屋脊中央构建成山形、楼阁形、南瓜形、连珠形等多种造型进行装饰。拼瓦两侧，又各置一只昂首挺立的白色脊鸽，这样就构成了一组形象完整的拼瓦作品，使得传统民居坡屋顶无趣的平实线条显得错落有致，与坡面覆瓦相映

①　周兴华，周晓宇. 从宁夏寻找长城源流[M]. 银川：宁夏人民出版社，2008.

成趣，从而成为地方传统建筑标志性的外在建筑符号。

3. 琉璃瓦面

琉璃砖贴面是中亚及阿拉伯等国擅用的一种装饰手法，阿拉伯人从4世纪开始将其运用在建筑上。初期仅限于屋脊、檐口上，经宋元明清各代，逐渐成为我国重要的建筑构件。琉璃瓦极大地丰富了建筑的艺术感染力。作为古丝绸之路的重要节点，固原市许多宗教建筑多用绿色琉璃瓦，使其显得格外雄伟华丽。

4. 砖雕

建筑砖雕装饰是中国传统建造工艺，无论是在楼阁、寺庙的装饰面上，还是在清真寺的照壁、门楼、面墙上，都有雕工细作的精美砖雕图案。清真寺等回族宗教建筑中一般都雕刻大量植物花卉或几何图案。伊斯兰教反对偶像崇拜，故在砖雕中从不出现人物，然而，受中国传统文化的影响，一些象征富贵、福禄、长寿的动物图案被运用其中，如仙鹤、蝙蝠等。而汉族寺庙中则常常运用阴阳鱼、莲花、竹子、兽头、吉祥物等典型的儒家装饰主题，龙凤造型也往往伴有汉字篆体"福、禄、寿、喜"篆字图案。宁夏砖雕构图新颖生动，刻工精细，技法多样，层次分明。采取中国传统国画的散点透视方法，运用线刻、高浮雕、浅浮雕、透雕等多种雕刻技法，表现多层次的近、中、远景，有着强烈的立体感。砖雕的传统纹饰有：①几何纹饰：锦地、卐字、如意、二方连续、四方连续等。②莲纹：缠枝莲、荷莲、西番莲、折枝莲。③牡丹纹：缠枝牡丹、折枝牡丹。④文字纹一般为寿字纹。⑤龙纹：团龙、云龙、海水龙、独龙、穿花龙、二龙戏珠等。

5. 木雕

木构建筑因取材方便、技术成熟，故在中国古建筑营建中运用广泛，也因此，木雕便成了建筑装饰中最为精巧的一种。木雕在建筑结构上多用于插梁、描檩、画嵌、梁坊、垫板、花墩（头）、博风头、檐柱、挂落、挑角、圈口、斗拱、隔扇、横坡、门簪、头以及木窗的菱花、隔心、裙板、条环等。室内装饰的木雕构件，多用于壁纱橱、花罩、床龛、屏风、帷幔、隔板、护墙板、博古架、挂镜线、天花板、吸顶灯座等。这些木雕构件都是具有一定功能的结构部分，经巧妙的雕刻处理，克服了建筑物的笨重感，增添了玲珑富贵的气氛。木雕分为透雕、圆雕、深浮雕、浅浮雕、线雕等形式。

雕刻内容和选材上，可分为抽象和写实两类：抽象图案多为旋子、云子、别子、回纹、猫眼、荷包、香草加花心、轱辘草、云母草、缠枝莲、锦地、虎爪等；实物图案有龙、凤、狮、虎、鞍马、金钟、玉兔及各种花卉、博古等。在木雕图案的应用上，又反映出各民族自己的文化特色。回族民宅和清真寺等建筑，雕刻图案多以云子、别子、锦地为主，汉族住宅、宗教建筑多取狮子、象、西番莲、虎爪、龙、凤、香草、云纹、回纹等图案。

6. 石雕

由于雕刻石材的缺乏和雕刻工艺的繁杂，宁南山区传统建筑中石雕技艺运用较少。但在一些以中国传统建筑形制为主的清真大寺，却保留了一些花岗石或灰岩石雕。一般而言，石雕技艺用在清真寺门前的抱鼓石上。

7. 彩绘

宁南山区传统建筑继承、吸收了中国传统建筑的彩绘工艺，回族宗教建筑在用色、纹样上融入符合回族审美标准和彩绘技法，并经过创新发展，形成了具有了本民族的彩绘特色。在建筑物的木结构上，采用了蓝绿相间为主的色调，柱子不一定皆涂朱红色，有墨绿柱、黑灰柱、深蓝柱，甚至还有鱼白柱，也多使用明清"营造法式"中以旋子彩画为主的"京式"宫廷画纹样，特别是基本构图和枋心、藻头、箍头等部位的分划及彩绘，不仅画花草、风景、琴棋书画等静物，在一些宗教建筑中，也画吉兽飞禽如龙凤、梅花鹿、仙鹤等动物，而汉族砖木混构的建筑装修装饰中，大多采用汉式彩画技法，其内容也大多以龙、凤等为主。

二、装饰特征

　　宁南山区传统建筑装饰特征突出。通常，具有重视建筑正立面高大造型和精心装饰的传统，采用石、木、砖，雕刻技艺、几何与花卉纹样等综合装饰装修手段，精心装饰建筑正立面，给人带来视觉冲击。首先，通过中轴线在主体建筑物正立面门脸的砖、石、木雕，精心装修与彩绘装饰彰显出来，通过建筑群体各单体建筑立体屋面、檐脊重点部位的装饰与装修，从高低错落的不同方位体现出来。其次，是通过建筑环境重点部位的正立面装修与装饰和装饰精细的建筑小品，使建筑群体体现了浑然一体的民族特色。

三、装饰色彩

　　建筑色彩是最能直观反映建筑外观形象的一个重要元素，宁南山区回族传统建筑色彩中，绿、白、黑、蓝……应用较多。《中国回教史鉴》著者、中国伊斯兰史学家马以愚曾研究回族崇尚的颜色："色尚白，本色也。爱绿，天授万物之正色也。"绿色象征生命和大自然，体现生机盎然、奋发进取的精神，给予人们安宁、祥和的感觉。回族常用石绿、豆绿、蓝绿等比较稳重的调和色。白色纯洁、高尚、朴素、明朗，多用于建筑的内外粉刷。由于建筑色彩受各方面影响，也有采用暖色的情况，多在局部使用黄褐色系，和蓝绿色的主调搭配。但建筑的屋顶一律使用绿色或灰色，这点很统一，也奠定了建筑群整体色彩的基调。使用正红颜色的情况比较少，除了廊柱等柱子外，多用于局部细节中，此外，民居建筑使用暖色明显多于清真寺等宗教建筑。

　　而汉族的佛塔、楼阁、庙宇也以中国传统建筑青砖灰瓦为主色调。

　　另外，宁南山区位于我国黄土高原西缘，土黄色是该地区生土建筑的材料本色，是大地的色彩，代表着回汉民族赖以生存的土地，有一种纯朴、敦厚的感觉，故土黄色在传统建筑中应用较多，与其他色搭配结合，打破单调感，并能产

生很好的视觉效果。

四、建筑小品

1. 照壁

　　照壁是与大门相对的做屏蔽用的墙壁，也称"照墙"、"照壁墙"，一般筑在大门外或大门内。在大门内的照壁，是屏蔽院落用的墙壁，可以使得院落中的建筑及人在院落中的活动被遮挡住，很好地体现了中国建筑的隐蔽性。在大门外的照壁，应为屏蔽大门用的墙壁，但有很多大门外的照壁，是建筑在通过门前的横向道路的另一侧，正对大门。其屏蔽大门的作用没有了，但又作为中心轴线的起点，成为整个建筑群不可分割的有机组成部分。

2. 牌坊

　　牌坊，又名牌楼，门洞式纪念性建筑物，用来宣扬封建礼教，标榜功德。可以界划内外，分割空间，增加空间层次感。最简单的牌坊可以是单间两柱加一道横枋即成，也可以是石制，也可以是木制，枋上加顶就成为牌楼。清真寺的牌坊有设于大门之前或两侧的，也有设在院内的，形式多种多样。它们多为四柱三间的署衙庙宇牌坊，有两层、三层之分。在牌坊的横额枋间有匾额，匾额上写有寺名，柱上有阴刻对联，多与弘扬伊斯兰教的教义教理有关。

五、建筑文化与特色总结

1. 内涵多元包容

　　历史上的宁夏南部山区是我国中原地区和边境地区的兵家必争之地，同时也是古丝绸之路必经之地，还是多民族生成和融合的地方。在这里，农耕文化、牧业文化、长城文化、石窟文化、回族文化等多种文化交汇通融，这一特点也深深印刻在建筑、聚落这一物质空间载体上，建筑材料、建筑构造、建筑装饰、聚落空间等无不显现出该地区兼容并蓄、内涵丰富的文化特色。

2. 纹饰意向突出

宁南山区传统建筑纹饰意向突出。回族反对具象崇拜，故回族的建筑纹饰大多是花草树木等的抽象体，有的则是从基本的几何形状如三角形、四角形和五角形衍生而来。这些几何形状转换循环，组成各种森罗万象、奇妙万千的图案。使每一个回族村民从中感知循环往复的世界，思索生命的回旋与更迭，领悟美的愉悦和陶染。而传统建筑装饰中常常出现的牡丹、蝙蝠等动植物图案，也都蕴含"富贵、福禄"等的传统文化。

3. 色调清淡雅致

宁夏南部山区传统建筑因主材多以生土为主，或土坯砖砌筑，或生土草泥墙夯实，建筑色调朴素淡雅，常辅以同色系砖雕、石雕、木雕、内容丰富多彩，柱子、枋心、藻头等部位会进行彩绘，也多以蓝绿色为主，起到装饰点缀的效果。

第五章 宁夏传统建筑主要特征

　　中国建筑博大精深，蕴含着丰富的文化理念和营造方法，宁夏位于中国的西北部地区，这里气候干燥、降雨量少，且黄土资源丰富。从空间规划的角度，宁夏分为南部黄土丘陵区、北部平原绿洲区、中部荒漠草原区，这三大板块依据不同的气候、地貌形态等自然因素及人文因素体现出不同的表现形式，从而营造不同的物象特征，宁夏传统建筑虽然留存的不像中原地区那么丰富，但也体现出了地域化的特征，对中国传统建筑做出一定的贡献。

第一节　宁夏传统建筑思想特征

一、文明肇始与宁夏传统建筑思想的文化渊源

宁夏是中华远古文明的发祥地之一。根据宁夏灵武市水洞沟旧石器时代晚期人类活动的遗迹可知，早在三万年前，宁夏的这片土地上就已经有了人类生存繁衍的踪迹。灵武市水洞沟旧石器时代文化遗址中发掘出来的石器、骨器和用火痕迹表明，远在距今三万年前，宁夏境内就有了人类活动，他们创造了旧石器晚期的"水洞沟文化"。宁夏水洞沟遗址于1923年发现和发掘，是我国最早进行系统性研究的旧石器时代遗址之一。1949年后，在宁夏境内陆续发现了较多的"细石器文化"、"马家窑文化"和"齐家文化"遗址。这些遗址表明，距今六七千年到三四千年前，宁夏南北的"居民"已由母系氏族社会进入父系氏族社会，开始从事畜牧业和农业生产，并与中原地区有了密切的联系。

1960年夏天，宁夏博物馆筹备处在西吉县兴隆镇发现了一处齐家文化遗址。该遗址位于兴隆镇西北约1.5公里。"遗址的西部紧靠渭水支流的葫芦河，西北还有烂泥河和一条不知名小河注入葫芦河，遗址即位于三河汇合处的三角台地上。"[①]

1962年7月，宁夏博物馆董居安、隆德县文化馆解忠信、好水中学教师李锐在隆德县李世选村（胜利队）发现了一处新石器时代文化遗址。"李世选（村）位于隆德县西南黄土丘陵间之小河谷地带，属凤岭公社，该村庄即坐落于新石器时代遗址之上。该村北依马综坡山麓，南临一条东西走向之黄土丘陵，两山之间有一条小河由东向西流去，形成东西狭长的小河谷台地。"[②]

此后数年，在历代考古研究人员的努力下，先后发掘了以隆德沙塘北源一处为代表的"仰韶文化北首岭类型"，它是公元前5000年左右的新石器时代早期文化遗存；以海

原曹洼遗址为代表的"马家窑类型"文化，以海原菜园村的马樱子梁遗址为代表的"马家窑文化石岭下类型"，以海原菜园村林子梁遗址为代表的"马家窑文化店河—菜园类型"等。

以林子梁遗址为例，根据考古资料显示，该遗址中心区的房屋和窖穴分布密集，文化堆积最厚处达4.9米，表明先民过着长期定居的生活。当时定居的先民，其房屋有窑洞式和半地穴式各4座，而后者有圆形袋状、方形筒状各2座，[③]其中一窑洞式房屋由居室、门道、场地三部分构成：门（朝向东北）前为较宽广的场地，接着是敞口而长条形的门道，然后才是建在黄色生土中的居室，居室长4.8米，宽4.1米，面积约17平方米，居室中央有一直径0.64米、深0.16米的圆形锅底状灶坑，以供煮熟食物和冬季取暖之用；用红烧土铺筑的地面和部分墙面，既平整又防潮；房顶呈穹窿形，其高度约为3.2米。居室内还有4个窖穴，用以储存粮食或其他杂物。

根据对古代遗址的发掘和探究，我们发现新石器时代宁夏南部先民普遍使用窑洞式及半地穴式房屋，居址大多位于河流的附近，具体可以说是位于祖历河、清水河、葫芦河、径河及其支流的近旁，而且往往是依山傍水。[④]当时先民生活的时期因正值"仰韶温暖期"，气温普遍比现在高，气候也较适宜，加之他们生活在河流附近的土壤比较肥沃，灌溉也较便利，粗放式农业的发展为人类的发展及改造居住环境的能力奠定了基础。

总的来说，新石器时代宁夏南部的古文化遗址可以分为"仰韶文化北首岭类型"、"仰韶文化"、"马家窑文化石岭下类型"、"马家窑类型"、"马家窑文化店河—菜园类型"、氏族社会晚期的"齐家文化"[⑤]等。在各个原始文化发展的阶段过程中，奠定了宁夏传统建筑思想基础，从聚落选址，到房屋建造的形式等方面，都源于北方黄土地带的穴居文化，而这一阶段前后达2.8万多年之久。

---

① 钟侃，张心智. 宁夏西吉县兴隆镇的齐家文化遗址[J]. 考古，1964，5.
② 董居安. 宁夏隆德李世选村发现新石文化遗物[J]. 考古，1964，9.
③ 宁夏文物考古研究所，中国历史博物馆考古部. 宁夏海原县菜园村遗址、墓地发掘简报[J]. 文物，1988，9.
④ 张维慎. 宁夏农牧业发展与环境变迁研究[D]. 西安：陕西师范大学，2002.
⑤ 宁夏通史·古代卷[M]. 银川：宁夏人民出版社. 1993年9月第1版，第11页.

二、"募民徙塞下屯耕"与宁夏传统建筑思想的文化根源

宁夏先民大多由内地迁移而来,自秦汉到现代,移民不断。数以万计的大批移民就有多次,不仅仅是汉族先民迁徙至此,宁夏的回族、古代其他少数民族如党项、鲜卑等也是在历史发展的进程中不断融入宁夏,形成如今的格局。

(一)秦始皇时期开始建立移民

战国后期,中原地区进行着激烈的兼并统一战争,擅长游牧生活的匈奴人趁机南下,入居河套以南地区(今河套地区黄河以南部分)。秦始皇实施移民政策,这是汉族在宁夏地区定居的初创时期。秦统一全国以后,秦始皇三十三年(公元前214年),蒙恬大将军北逐匈奴,取河南地(河南地区黄河以南,包括今银川平原),筑城屯驻,并移民中原之民实之,宁夏先民入居从此开始。此间,秦军在今固原地区对原战国时期的长城进行了修缮,并向北、向西利用黄河天堑,沿河设障,屯兵驻守,建城市、修道路。这些措施一方面加强了对匈奴的防范,另一方面也促进了包括宁夏在内的西北地区民族间的迁徙流动,主要是内地汉族先民与边疆民族的交错杂居。

(二)西汉时期设立移民政策

西汉时期,汉武帝曾两次巡视宁夏,移民70万,朝廷大量"募民徙塞下屯耕"大兴水利,设定郡。此时是移民实施的重要阶段,是历代移民实边的成型时期。西汉年间实行"守边备塞,劝农立本"的政策,"募民徙塞下屯耕"。为加强宁夏的军防,在乌氏县的瓦亭关(今固原)和朝那县的萧关(今固原东南)驻军防守。汉代的移民实边,已成为巩固边防的一项重大国策,这是由于当时匈奴民族对西汉边疆的直接威胁造成的。晁错提出募民,徙塞下的建议,被汉文帝采纳。晁错当时建议所徙之民,主要是罪犯和贫民。移民行动开始于汉文帝时期,到了汉武帝时期,随着军事进攻的节节胜利,移民活动得以大规模展开。

(三)南北朝时期移民规模宏大

南北朝时期是中国历史上因为战乱最为动荡的时期,也是偏远地区与中原多民族相融汇最为频繁的时期。这一时期中原的汉人纷纷外迁,已进入黄河流域的少数民族继续向中原推进,西北边地的少数民族不断内迁。民族大迁徙的过程,展示了以汉族为主体的各个民族的大融合。

进入黄河流域的少数民族,在割据与混战的过程中,汉文化对他们从不同角度产生了重要影响,如匈奴人已与其他民族通婚,孕育出新的分支,文化融合已渗透到族别之中。

北魏徙关东汉民到今银川平原(在今永宁县望宏乡附近),俗称汉城;北周继续向银川平原移民屯垦,武帝建德三年(574年)迁二万户至怀远县(今银川市东郊).增置怀远郡;武帝宣政屯垦,立大弘静镇元年(578年),北周大败南朝陈,迁其人至灵州;与秦汉时期一样,隋唐两朝都在边疆实行屯垦。北魏在入主中原的同时,屯田空间也在不断扩大,移民活动频繁,规模宏大,构成复杂。据统计,从拓跋珪建国到北魏分裂,时间跨度为150年,移民次数近200次,移民人口在500万以上,被迁徙的大多数都是汉族人。宁夏北部薄骨律镇(近宁夏临武),是当时移民安置较多的地区之一。河西的不少降户也迁徙来这里屯田。进一步扩大了宁夏的人口数量。

(四)隋唐代至元代汉族屯垦与少数民族居民移入

到唐代开元以后,由于军事制度发生变化,戍边的士卒长期驻守防地,政府允许携带家属。这样一来,这些长期守边的军队,十六国乱离后,由于社会政治、经济的需要,屯田制又逐渐发展起来。这个时期已经转化成了实际上专门从事屯田的军队,此外还有迁徙的贫民屯垦,流放安置戴罪之人。隋唐时期屯垦地域,大多在西北边疆,宁夏是主要垦区之一。

两宋时期,宁夏几乎全境归于西夏所有,党项人凭借宁夏这得天独厚的绿洲作为根据地,在西北建立一个史称"西

夏"的万里之国。1038年，党项人首领李元昊，以宁夏为中心，建立大夏国，国号大夏因其位于宋王朝西面，故史称西夏。定都兴庆府今银川市，国土"东尽黄河，西界玉门，南接萧关，北抵大漠"，"方二万余里"，形成了和宋、辽、金政权三足鼎立的局面。

元代统一全国后，为使大量因战争而荒芜的土地得到重新开发，设立了包括宁夏在内的许多屯垦区。元代忽必烈令郭守敬、董文用等兴建水利。董文用在宁夏期间，开疏唐徕、汉延、秦家渠等，一屯垦境内的水田，召集流亡耕种者达四五万户。南宋归降于元朝的"新民"，忽必烈也将他们迁徙实边。"至元八年（1271年），随州、鄂州新民1107户被迁往中兴（宁夏）"。这些迁入的移民"计丁给地，立三屯，是耕以自养，官民便之"。十九年，新附军1382户迁入宁夏府路等地屯田，为了有更多的人进入屯垦，西夏中兴等路新民安抚副使袁裕建议："西夏羌，浑杂居，驱良莫辨，宜验已有从良书者，则为良民"。这一建议得到批准后，遂招收放良民904户。不但西夏故土上逃亡的流民大批返回乡里，而且还从各地迁来了大批的"新民"，宁夏北部的劳动力不断增加。

元代是宁夏多民族发展的重要时期。据《元史》记载，至元八年（1271年）九月，元世祖忽必烈曾"签西夏回回军"，进驻西夏故地屯垦牧养。至元十八年（1281年）十月，"命安西王府协济户及南山隘口军，于安西、延安、凤翔、六盘等处屯田。"[1]至元二十三年（1286年）十月，"徙戍甘州新附军千人屯田中兴，千人屯田亦里黑。"[1]中兴即今银川。至元二十八年（1291年）"以甘肃旷土赐昔宝赤合散等，稗耕之。"[1]至元二十九年（1292年）八月，"宁夏府屯田成功，升其官脱儿赤。"[1]成宗元贞二年，"自六盘山至黄河立屯田，置军万人。"[1]当时归属陕西行中书省管辖的宁夏南部山区一带是元代重要屯垦区。这些参加屯垦的军士中，有许多是回族军士，他们在"社"的编制下，通过屯田拥有了土地，变成了名副其实的农民，从而结束了鞍马征战生涯，成为一方热土的主人，对回族及回族聚居区的形成起到了不容忽视的重要作用。[2]

整体来说，这一时期，屯田而居的汉族和各地迁徙的少数民族共同构成了宁夏地区多民族融合的格局。

（五）明代之后持续大规模移民

明朝初年，山西大槐树部分汉族迁徙到宁夏定居，扩大了宁夏汉族的数量。洪武九年（1376年），明廷开始征调大军，恢复和加强对宁夏府（后改为宁夏镇，今银川市老城）的行政管理，并招民来此屯垦，实行以军屯为主、民屯为辅的办法，这是宁夏历史上又一次大规模移民。这一时期，宁夏作为国家的边防重地，对其他民族采取的怀柔政策使得回民等各民族宗教活动得到了保护与提倡，而且在整个明朝三百多年的时间内，宁夏的少数民族基本上处于一个稳定发展的时期。

清朝曾实行"化军为农"和"变兵为民"的制度，原数万名屯军整体转为自耕农，并大兴水利，扩大灌溉面积，招民垦殖。此外古代鲜卑、匈奴、突厥、羌、党项等人，随着历史的演进有一部分逐渐融入汉族。从南北朝时期起，有更多的北方少数民族入居宁夏，迁入的这些少数民族与汉族比邻而居，在此后漫长的历史过程中，都逐渐融合汉化而成为宁夏居民的一部分。

综上，我们看到宁夏居民虽有着悠久的历史，但大量人口的涌入，大规模聚落的形成都是由于迁徙文化的发展。所以宁夏常流行一句话"宁夏有天下人，天下无宁夏人"，这句话不仅道出了宁夏作为一个移民地区而不断发展，同时也表明迁徙文化对于宁夏建筑特色的形成起着至关重要的作用。经过历史长河的不断发展，宁夏由各地迁徙来的居民繁衍生息，依托这得天独厚的条件，创造了属于该民族，属于该地的建筑形式，也形成了现在我们所看到的多元化的建筑内容和表现。

---

① 《元史·世祖本纪》. 北京：中华书局.
② 李卫东. 宁夏回族建筑研究[D]. 天津：天津大学.

三、宁夏传统建筑思想特征

传统建筑蕴含丰富的人文理念，既有"天人合一"的自然观、"因地制宜"的规划和设计思想，还有"取之有度、用之有节"的建筑资源持续利用思想。而宁夏地处西北，民族繁盛，不仅有以上中国传统建筑广泛应用的建筑思想，还有更加地域化、更加独特的表现特征。

（一）多民族融合的多元性和复合性

众所周知，宁夏居民的来源主要是各个朝代时期屯垦驻军、中原地区的汉族迁入及其他少数民族迁入。由秦始皇时期汉族先民的定居开始，再到西汉时期的重要移民阶段，随着时间的推移，让宁夏地区逐渐形成了多民族杂居的居住形制，从而增加了多民族文化的碰撞，使得汉族与其他少数民族的聚落格局也潜移默化发生着改变。

历史上，宁夏的移民类型多种多样，既有来自内地的汉族移民，又有来自四夷的少数民族移民；既有军事移民、政治移民、经济移民，又有文化移民；既有强制移民，又有自由移民；既有从外向内的移民，又有从内向外的移民。因此，宁夏移民的文化特色，自古以来就呈现出五方错杂、风俗不纯、人地和谐、冲激碰撞和融合更新的特点。

历史上移民大潮屡屡席卷宁夏，使大量外籍移民迁入宁夏大地的各个角落，各地毫无例外地出现了"五方错杂"的情况。"五方错杂"，既是大移民运动的产物，同时也是宁夏移民社会的表征。宁夏的移民人口远远超过了本地土著，这是宁夏移民社会根本的标志。由于"五方杂处"的形形色色，因此就必然出现"五方之民，语言不通，嗜欲不同"的情况，随之而来的便是"风俗不纯"。所谓"不纯"就是不单一，不止一种，换句话说，就是多元、复合。"不纯"一词在这里没有贬义，它是宁夏移民特色文化"多元、复合"特征的另一种表达。

儒家文化主导中国2000多年，先后融合了释、道及历史上其他少数民族文化的精髓，因而能经久不衰。儒家文化讲中庸，讲恕道，以和为贵，容易产生包容；宁夏地区是多民族融合的地区，有一种与生俱来的包容特质，我们乐于、善于吸收有益的文明成果，善于创新以此发展为属于自己的、多元复合的建筑文化和思想特征。

（二）人与自然、社会的和谐性和适应性

所谓人地和谐，就是人与土地的和谐，人与水土资源的和谐，人与地理环境的和谐，也就是人与自然的和谐，它在移民的"天·地·人系统"中处于基础地位。冲突就是矛盾，就是斗争，它是更新与融合的前提。在自然经济处于支配地位的社会里，广大农民世代附着于土地，乡土观念很重，不肯轻易离乡背井；而且交通、通信条件又落后，"生离"常常是"死别"的同义语。因此，每一次移民行动，政府与移民的冲突是不可避免的；移民与土著的冲突是不可避免的；移民与移民的冲突也是不可避免的冲突，从表面上看，是族群与族群之间、统治者与被统治之间的矛盾，而实质上却是不同文化的冲突、碰撞和融合。从秦至清，每次大型的移民活动，都会带来一群新的个体，这些个体都带着当地鲜明的文化个性和风俗习惯，他们的到来，都会与当地已经形成的文化进行碰撞和交融，进而互相渗透与吸引，形成一种新的文化。可以说，每次大规模移民的涌入，带来的都是一次文化的嬗变，是一次适应和改变的过程。

纵观历史长河，宁夏地区曾有20多个少数民族定居繁衍，其中有些民族到后来演变成汉族或其他少数民族，而有些民族迁到这里不久后，就再也找不到延续的脉络了。他们经过宁夏地区各种（阶级的、民族的、文化的）斗争和冲突的洗礼，最后都完全融入了中华民族大家庭之中。

（三）信仰文化的差异性

一个多民族融合的地区，其宗教文化的碰撞是必不可少的，宁夏地区常见的有伊斯兰教、佛教、基督教等教派，其中，佛教传入中国约公元1世纪左右，魏晋南北朝时期宁夏就已有标志性佛教建筑——佛塔的修建。而宁夏的教堂建筑最早出现在19世纪70年代，天主教首次在宁夏陶乐县境内的红崖子一带建造了第一座教堂。对这些宗教建筑的考证就是对宁夏

历史的研究，也是对文明历程的追溯。考察不同的宗教建筑，又是对不同民族文化和宗教发展过程和形态的追溯。宁夏不同地区、不同民族在建筑建造过程中既表现其强烈的宗教性，同时，即使是一种类型的宗教建筑，在不同地区的环境影响下也表现出差异性。建筑是人类生存环境的整体反映，宁夏地区传统建筑的格局形成与其不同的文化历史背景有着很深的联系，传统建筑也因文化的差异和碰撞而丰富多彩。

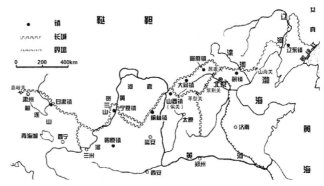

图5-2-1　明长城示意图（来源：曹向明，张定青，于洋.明长城沿线军事城镇的特色与保护方法初探——以山西省偏关古城为例［J］.）

第二节　宁夏传统建筑营造方法特征

一、应对自然与军事防御的群体机理组织

1. 城墙防御，形成系统的军事体系

（1）长城与军事聚落

《长城百科全书》总结长城防御内涵："由绵延伸展的一道或多道城墙，一重或多重关堡，以及各种战斗设施、生活设施、报警、烽燧、道路网路等组成，是一条以城墙为线，以关隘为支撑点，纵深梯次相贯，点线结合的巨型军事工程体系"。简单地说，长城防御体系是一个由城墙、城堡、墩台、烽燧、关隘、释站等多种防御工事所组成的完整的纵深防御体系，内可庇护耕牧军民，外则防御虏寇进攻。

明长城位于我国北方农牧分界带上，是保护明朝北部农耕地区资源不受游牧部落劫掠的人工屏障。明长城军事防御体系具有严密层次性、系统性和整体性，据魏保信的《明代长城考略》，长城沿线共分九镇（图5-2-1），其中宁夏镇、固原镇均位于宁夏域内，这里足见宁夏在边塞防御中的重要作用，对于宁夏的长城，乃至周边聚落的研究对于理清宁夏应对军事防御的群体机理特征有重要意义。

（2）宁夏军事聚落所处地理环境

明长城位于我国北方农牧分界带上，长城及军事聚落所处地带的自然地貌呈现多山川河流、沙漠、高原、谷地等复杂地形。平川之地缺少自然环境作为屏障，军事聚落防

御任务的重要性也逐渐增强。以宁夏镇为例，宁夏地区处于中原内地与西北边疆的交通枢纽，处于农业文化与草原文化的连接地带，农耕民族与草原民族在这里交汇融合，也在这里兵戎相见。宁夏镇所在地区为现宁夏北半部，贺兰山作为西北边界屏障，向南达宁夏平原，以六盘山为界，黄河自西向东流过，自古便兴修水利，灌溉良田。古人对宁夏镇城（现银川市）这样描述："盖尝论之，宁夏为地，贺兰峙其西，萃崖盘亘，黄河在其东，洪流环带，而汉唐诸渠举锸为云，决渠为雨，有灌浸之利，以育五谷，以故视诸边镇称善地焉。"

（3）宁夏军事聚落分布

《明代长城考略》里记载宁夏镇位于现宁夏银川市，东起大盐池，西至兰靖，全长一千六百六十里，共有军堡38个，关口约13个；固原镇位于现宁夏回族自治区固原市，东起陕西省靖边与榆林镇相接，西达皋兰与甘肃镇相接，全长一千里，共有军堡35个，关口约10个。

以宁夏镇为例，镇城（今银川）（图5-2-2）位于宁夏镇辖区东西向偏中、北依贺兰山天然屏障的银川平原中部，五路路城（包括路城与卫城同驻一城）分别位于本路的重要防守地段。如兴武营城位于东段长城的分岔处，平虏城位于北路防线的转弯处，灵州所城位于南下环庆的交通要道上，而邵岗堡作为南路路城位于该路的中间位置，宁夏中卫则位于所辖区域的东西向中间位置，且为黄河冲积平原，耕地面

图5-2-2　宁夏镇军堡分布图（来源：《明长城"九边"重镇军事防御性聚落研究》）

积大，便于囤积更多士兵和粮草，东有胜金关为屏。[1]

（4）宁夏军事聚落与选址

军事聚落的最大特征体现在军事的防御性，军事聚落是长城军事防御体系的重要组成部分，没有一座军堡是脱离长城防御体系而孤立存在的，失去了军堡与长城及其他防御工事的相互依存关系，长城和军堡也就无守可言。军事聚落中的堡城是级别最低城池，也是与长城"唇齿相依"的城池，有的堡城就设在长城边上，距长城几十米到几百米远，站在堡墙上长城清晰可见。宁夏的军事聚落选址的最大特点就是与长城选址相依相存。

2. 结合自然，聚落选址依山傍水

宁夏地区从地貌形态上可以分为北部平原区、中部荒漠草原区和南部丘陵区，不同的地貌形态促使聚落形态的发展以尊重自然为基础，由于自然地理环境天然的制约，长期以来形成的村落依然比较广泛地分布于河流、泉源附近，这一方面是居民生存的基本生活用水的来源，一方面由于气候干

旱，如果没有水源，居民赖以生存的粮食生产，甚至牧业生产都难以得到保障。水井虽然在历史上出现得很早，但在这一带村落位置选择的考虑上依然没有表现出广泛而深切的影响，如乾隆时代的盐茶厅（今属中卫市海原县）地处六盘山山区，不少村落依山傍水而形成。

因为人口与居民点有密切的对应关系，两者的空间分布在某种程度上具有一致性。宁夏的回族聚落空间分布相对于汉族聚落而言，整体呈现出回族人口惯有的"大分散、小集中"特征，且空间分布密度差异性明显，与此同时，回族聚落同样呈现出道路交通、河流水系的趋向性明显以及具有强烈的低海拔、低坡度的区位取向等特征。回族民居的选址特色主要表现在"就地取材"、"亲水"、"防御"、"应对灾害"等方面，伊斯兰教文化的特殊性在回族民居的选址方式中得到了很好的阐述，也反映回族群众在生产、生活过程中总结的人居智慧。回族不信风水，但其选址却与中国传统"背山面水，左右护工"的理想建筑风水模式如出一辙，伊斯兰教文化与中国传统山水文化相互交融促成了回族的人居环境营建模式。

3. 屯堡组群，构成军事防御节点

"堡"，作为我国传统设防聚落中的一种建筑形态，承载了中国传统文化的防卫观念，无论是国家兴建的防御外来敌寇的城池，还是民间土围的防御地方土匪劫掠的村落，均未脱离其防御性聚落的主题。

宁夏地处西北边塞，又有九边重镇之二——宁夏镇和固原镇，居住多以城堡、屯的形式出现。宁夏堡寨建筑历史悠久，最早可追溯到西汉时代。自秦汉以来战争频繁，堡寨成为宁夏地区古代军事工程。在以后的各朝各代，有些堡寨发展为城邑，而绝大多数的堡寨则为躲避频繁的战祸、防御如麻的土匪而被保留下来。以至在宁夏形成一种建筑传统而被延续下来。根据民间口述资料，明代以后，宁夏各地形成了很多回族堡寨。海原李旺堡、高崖的"五百户马家"、"九百户马家"均为明代老户。而"平罗三十八堡，金灵

① 《明长城"九边"重镇军事防御性聚落研究》

六百余寨"则是清代前期宁夏平原地区以堡寨方式聚居的真实生活写照。

城、堡、寨、屯的建造方式起初都具有一定的军事功能，是为了军事防御要求建造，随着历史进程的发展，许多堡寨以民堡的形式延续下去，形成宁夏地区独特的建筑群体分布。

二、空间的自然相生与平面的应需拓展

宁夏居民聚落的选址特点风格因地域特点而异，分山区、黄河平原以及高原三部分。宁夏自各个朝代时期屯垦驻军、中原地区的汉族迁入，随着移民的到来逐渐形成大大小小的村落，这个过程呈现出"由小到大、由纯变杂、由高到低、由南向北"的特点。汉族农业聚落一般是一个移民村，其早期聚落形成过程受到地形地势、朝代更迭、战争侵扰、历史战略位置、人文文化交融与变化、气候特征、水源以及可种植土地的距离等因素的制约，聚落选址都呈现出依山就势、背阴向阳、临近农田、自由发展结合统一规划的基本特点，因而属于有规划但并不全覆盖的，由于历史发展以及黄河文化的影响，既有统一规划，也有自发形成的村落。就聚落的空间形态与地形的关系而言，宁夏的聚落大致可以分为山地与丘陵类聚落、平原类聚落。

（一）山地、丘陵类聚落

山地、丘陵类聚落在选址和营建过程中遵循近山、近水、近（田）地、近交通以及安全避灾的基本原则。

宁夏固原市隆德县城关镇红崖村一组，该村位于宁夏隆德县清凉河流域，北依六盘山，南凭清凉山，清凉河穿流而过。红崖村200多米长的老巷子里，分布着十几个院落。村子位于六盘山脚下，整体空间布局依山就势（图5-2-3）。

（二）平原类聚落

平原类聚落一般地面平坦或起伏较小，重要分布在黄河两岸的地区。宁夏北部的聚落大都位于河套平原内，从考古的

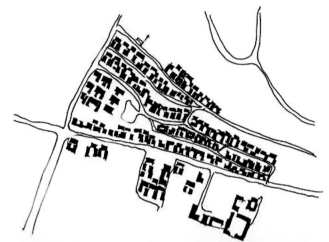

图5-2-3 红崖村街道布局（来源：《宁夏传统村落保护规划》）

遗址看，聚落的选址多在平原北缘之阴山南麓的一、二级阶地上，以及贺兰山山口和沟内形胜较好的台地上。他们背依大山、靠近水源、阳光充足，是自然条件优越的人类居所。

这种以自然地貌为依据形成的聚落很多，以中卫市沙坡头区南长滩为最为典型，南长滩村坐落于黄河黑峡谷一处月

图5-2-4　中卫南长滩村鸟瞰图（来源：《宁夏传统村落保护规划》）

牙般的河湾。黄河黑山峡冲刷淤积形成一处高于河面5至30米的半弧形台地，呈缓坡、阶梯状与东部山脉相连。该地四面靠山，一河环流，形成了弧形半岛，像一块翡翠镶嵌在黑色的石头和黄色的河水之间（图5-2-4）。

三、地景交融的自然与人工一体化营建

宁夏域内有着变化丰富的地形和地貌，但总的来说宁夏地区较中原地区干旱缺水，冬季寒冷，所以宁夏地区聚落选址上尽量靠近水源，保证生活用水的供需和微气候的舒适，同时，因经济落后、交通闭塞，建筑材料往往就地取材，使用生土加麦草的夯筑形式，既通过材料黏性增加整体强度，也可抵御冬季寒冷的气候与春秋季较大的风沙；墙体尽量夯筑连通成组团结构，类似于蜂窝的形式，可以抗震也可以节省材料和人工。

不管是堡寨式民居，还是生土加麦草的夯筑形式，都是由宁夏特有的气候地貌条件和材料所决定的，这种仿佛从土里长出来的建筑是对地域的最大尊重，也是宁夏传统建筑在营建过程中体现出的自然和人工的和谐统一，只有建筑与周围的环境相辅相成，才能真正地做到地景交融。

四、黄土为依山河为脉的就地取材方法

（一）五材并举的传统观念

宁夏建筑材料的选取运用"五材并举"的传统观念，根据房屋的功能、空间的需求选取不同性能的材料，各尽其能、各展所长。不仅使用土、木、石、沙、麦草、芦苇等天然材料也选取土坯、砖、石、金属、石灰等人工材料[①]。由于森林覆盖率较低，林木资源匮乏，决定了生土作为当地建筑材料的主体结合木构建筑形成了富有地域特色的生土木构建筑体系。建筑材料的限定决定了建筑结构的地域化特征，一种是以木构架为主要承重结构，砖石、生土（土坯）等为维护的形式，另一种则是硬山搁檩墙体承重的结构形式。

（二）生土为主的实践方法

宁夏地处西北黄土地区，属于大陆性气候，雨量少且降水季节分配很不均匀，夏秋多，冬春少；大部分地区地表都覆盖着黄土，厚度由南向北逐渐削减，最厚处100米，最薄处1米左右。面对匮乏的建材资源条件，各地在大规模的建造过程中，不论是民居，还是有一定礼制意义的纪念性建筑，均采用生土作为主要的材料。

宁夏传统民居普遍采用以土为主的建筑形式，建造方式灵活。银川平原地区多为土坯合院建筑，南部山区多为窑洞。建筑平面大多中轴对称，侧向或东南开门，院落狭长，结构体系为抬梁木构梁，屋面为泥面平顶，墙体为土墙。

以土作为主要材料而建的独立式窑洞和土坯房无需靠山依崖，其能自身独立，选址一般以居民宅基地为准。选址若为平地，则多选择向阳南面，少有树木遮挡的开阔地带；若为山地，则一般选在南向坡上。根据不同的地形特征和当地的自然经济条件，居民尽可能利用地面空间选择地势平坦、日光好、清洁和用水方便的地方，并且会在一定程度上考

---

① 陈莹. 宁夏西海固地区传统地域建筑研究［D］. 西安：西安建筑科技大学，2009.

虑原材料运输路途的长短。此外，由于生土材料的抗拉强度低，必须防止由地基的不均匀沉陷引起的墙体失稳，因此尽量避免将建筑建在含水饱和的地基上。

自北向南，从北部平原、经中部荒漠至南部丘陵，大量生土材料的广泛应用造就了宁夏传统建筑典型的地域特征。其中最具特色的就是根据地势的变化因地制宜，充分利用自然黄土资源进行房屋的创作实践。其对于生土为主的建筑实践方法主要如下：

选址：历经战乱的苍夷和水涝地震的自然危害，无论是抵御外侵的军事城墙，还是百姓栖居的堡寨窑洞，都从顺应自然的地形地貌角度出发，权衡度量。军事工程多依山就势，占据险要，百姓民居多面南背北，南向开阔。北部平原区建筑选址多避开黄河潮汛流域及潮湿地区，以防河水或湿气对生土材料的破坏；南部丘陵区多靠崖靠山直接开洞造窑，窑洞入口面南摄取充足阳光；而中部荒漠区，选址多于背风区域或北侧高筑城墙、院墙、高房子来抵御随时源自沙漠的沙尘暴袭击。

基础：由于宁夏地区地下水位偏高，南部多盐碱土地，在房屋建造的基础处理上多采取深挖浅埋的方法，深挖地基，换上防湿防潮灰土或沙土，再浅埋基础，做高台，这样的基础做法不仅可防止土壤毛细水、盐碱土侵蚀建筑主体的生土材料，还可以较好地抵御地震力作用，减少对房屋破坏。

形制：自北向南，以民居为代表的建筑形制也顺应地势的起伏变化多样。北部平原区、中部荒漠区地势平坦又降雨量少，多以平顶房、单坡坡顶房为主，而南部丘陵区、部分荒漠区地势起伏大，就以双坡坡顶房、各种窑洞房为主了。而为了抵御风沙和外侵，建筑群落常以堡寨、高院墙合院两种形式为主。

材料：生土材料在宁夏传统建筑墙体的应用大多采取夯土墙，施工方便又经济实用，在广大民居无论是平顶房还是坡顶房或窑洞，使用最为广泛。另外也有土坯墙、草泥墙和烧制砖墙的大量使用。尤其是在历史上较为发达的军事重镇，如固原镇（今固原市）、宁夏镇（今银川市），有不少传统建筑墙体采用烧制砖建成。

五、多类迁徙文化交融的创新建筑技艺

宁夏自古作为一个迁徙之地，有传统的汉族文化，有各个历史时期逐渐融入各民族文化，多元文化交融的背景下，塑造了该地区多元且包容的建筑表现形式。在建筑建造过程中，各民族对于材料的应用，对于建筑的建造技术、装饰特点，既继承了中国传统建筑的风格特点，同时又因地制宜，表现出一定的独特性。

木结构建筑在宁夏地区非常常见，现在留存下来的主要是一些纪念性建筑，常见的有庙宇等。随着历史的发展，这些木构建筑在建造过程中有一些独特的技艺，主要表现在以下几个方面：

1. 挺拔的屋顶

宁夏屋顶举架首尾差异悬殊，递增量大，檐部可以接近水平，脊部却坡度较大，檐部至脊部举架发生了较大的变化，从而造成了檐部和缓而脊部陡峻的形制，以一种陡峭的形象展示于人。

宁夏的传统建筑中，通过不同屋顶相互重叠，多种屋顶勾连相搭，形成了一些特别样式，充分显示了灵活的地方做法（图5-2-5、图5-2-6）。

2. 上翘的翼角

在宁夏地区建筑中飞椽应用的十分广泛，南北向从固原到石嘴山，东西向由盐池至中卫，这些建筑给人的第一眼印象便是仔角梁弧腹上翘的翼角形象，并由此带来向上起翘的动势和轻盈、灵动、舒展等特征（图5-2-7）。这种表现形式与宁夏地区起伏的自然地形交相呼应，具有一定的独特性。

3. 简化的斗栱

斗栱在宁夏地区因为地理气候等的影响，经过长久的发展，宁夏传统建筑檐下斗栱的典型特征是飞椽收杀显著，斗栱简化。斗栱省略了斗、升等构件，将横木栱用雕花或彩绘木板

图5-2-5　中卫高庙关帝楼（来源：马龙 摄）

图5-2-6　平罗玉皇阁（来源：马龙 摄）

图5-2-7　中卫高庙飞椽收杀（来源：马龙 摄）

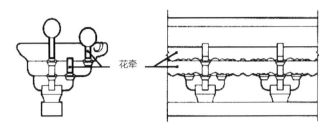

图5-2-8　斗栱简化示意（来源：杨大为. 宁夏传统建筑的营造特征）

（即甘肃临夏地区建筑工艺术语中的花牵）替代，各攒斗木栱由雕花或彩绘木板进行连接，这种做法看似是将木斗栱简化了，但将重点集中到了起装饰作用的花牵上（图5-2-8）。

第三节　宁夏传统建筑物象特征

一、南山北川，大漠为媒

宁夏地处西北，面积不大，但却有着丰富的地貌形态和资源，自北向南依次是贺兰山脉、宁夏平原、鄂尔多斯高原、黄土高原、六盘山地等。其南部是黄土地貌，以流水侵蚀为主，属黄土高原，北部则以干旱剥蚀，风蚀地貌为主，隶属于内蒙古高原。①

南部山区丘陵纵壑，更有六盘山为屏障而形成的山地建筑。

北部属银川平原，又有黄河灌溉，所以北部地区土地肥沃，人口密度大，也是宁夏首府所在地，这里建筑大都是平地而建，形态丰富，有合院建筑留存的孤例——董府；有各形各色的鼓楼；有西夏文化遗存的西夏王陵建筑群；更有不同形态、不同材料、不同地貌形态产生的各类民居建筑。

连接宁夏南北部的是中间的荒漠地带，这里最早都是游牧民族游牧的场所，建筑没有留存多少，主要还是利用当地

① 王军. 西北民居[D]. 北京：中国建筑工业出版社.

的生土砌筑而成。

从整体空间格局上看，南部山区北部平原以中部荒漠化相连接，构成宁夏传统建筑的三大板块，也形成了最显著的建筑分布。

二、迁徙之地，文化交融

宁夏自古作为迁徙之地，有中原文化的遗存，有回族文化的交融，还有西夏文化的传承。在发展历程中，还有边塞文化、丝路文化、农耕文化和移民文化等，不同程度地对建筑文化产生影响，共同铸就了建筑的多元化特征。

横跨三大板块，有着多民族的文化交融，宁夏传统建筑在营建过程中是不断地适应和包容。

1. 汉文化适应环境，传承民族传统

"宁夏有天下人，天下无宁夏人。"这句在宁夏流传很广的俗语，既道出了宁夏自古是个移民地区，又点出了宁夏人因地理环境优越而恋乡保守的文化特点。在农业时代，宁夏之所以成为历朝历代的重点移民地区，是与其独特的自然和政治、军事地理环境密不可分的。

宁夏地区历史时期人口居住形式的主体包括城居和乡居两种基本形式。[①]乡居形式的出现和中原地区在时间上没有明显的差别，但比城居形式出现的时间要早得多，在以后的历史进程中变化也比较频繁。而城居形式的出现明显要比中原地区晚，城市聚落和乡村聚落都表现出对于儒家文化的继承，对自然环境、地形地貌的适应。

2. 儒家思想引领，多民族融合

众所周知宁夏是一个少数民族地区，各地有不同的宗教建筑，以宁夏的寺庙建筑为例，他们以儒家思想作为引领，在保持本民族建筑的本性不改变的原则下，结合当地的具体

气候条件、经济条件、社会条件等创造出了独特的民族建筑，例如，最典型的实例是同心清真大寺，它在利用了原来的藏传佛教喇嘛召的基础上，坚持了本民族建筑的本质原则后改建而成的。

另外，宁夏的寺庙建筑，在总平面空间设计中，将中国传统院落式布局的空间形态为自己所用。宁夏纳家户清真寺的整体布局采用的是传统四合院的形式，南北两侧布置厢房，东面是大门，纵深方向的轴线是东西向的，大殿位于主轴线上，主轴线的两侧的南北厢房基本对称布置。[②]

以各类寺庙为代表的宗教建筑极大地丰富了中华民族建筑文化，是我国重要的历史文化遗产，也为中华民族建筑艺术史打开了新的一页。当然，这里所融合的建筑文化，本身就是你中有我、我中有你、相互融合的产物，是不同文化共同孕育出的新生命。

3. 西夏文化悲情遗存

西夏，是指中国历史上由党项人于公元1038年至1227年间在中国西部建立的一个封建政权。这个贺兰山下的神秘古国，曾先后与宋、辽、金鼎足而立近二百年之久。但在中国的二十四史中，唯独找不到西夏史。西夏灭亡后，其历史和文明都沉淀在历史深处。

公元13世纪，蒙古族在草原上崛起，成吉思汗亲率强兵六征西夏，在付出极其惨重的代价后，最终于1227年攻下西夏，西夏民族和西夏文明从此悲壮地消失。虽然国家灭亡了，政权消失了，但是文明不会消失，西夏仍为我们留下了丰厚的文化遗产。今天，在银川西郊，西夏王陵、拜寺口双塔等遗址仍向人们述说着这段历史。

以西夏时期著名的承天寺塔为例（图5-3-1），该塔位于承天寺，这是西夏著名的佛教寺院之一，现存塔身是清嘉庆二十五年重建的，但仍然保持西夏时期的造型，塔总高64.5米，是砖砌十一层楼阁式塔，平面为正八边形，楼梯设

---

① 刘景纯. 历史时期宁夏居住形式的演变及其与环境的关系[J]. 西夏研究. 2012，（03）：96-99.
② 燕宁娜. 基于传统木构空间的回族建筑现象解析——以宁夏回族传统木构清真寺为例[J]. 华中建筑，2013.

图5-3-1 承天寺塔（来源：李慧、董娜 摄）

于塔的中心，内部是"一"字通道式空间，每层交错变化，奇数层为东西向，偶数层为南北向，顶层"十"字形空间，从它的外形上看简洁明快，没有辽宋古塔复杂华丽的砖雕斗栱和佛像雕饰。[①]

三、因地制宜，房土一体

宁夏地处西北，因为有黄河的孕育，这里还被称为"塞上江南"，与中原其他北方地区相较，发源于黄河流域的中华民族文化对宁夏传统建筑的形成同样有着重要的实践意义。北方地区的建筑源于人类发展历史最早出现的穴居，这是因为广阔而丰厚的黄土层为上古穴居的发展提供了有利条件。这里干燥少雨，丰富的黄土层就造就了距今6000年的半坡遗址地穴、半地穴和地面建筑，4000年前的龙山文化遗址，出现了夯土建造的城墙、台基和墙壁。在丝绸之路

沿线分布着大量极具地域特点的各类夯土建筑遗址，如河西走廊绵亘千里的长城遗址、新疆交河故城遗址、高昌古城遗址等，都是古代先民因地制宜的夯土建筑杰作。土作为最简单的建筑材料，在古代建筑的发展过程中一直扮演着重要的角色。

黄土质地细密，并含有一定石灰质，其土壤结构呈垂直节理，易于壁立，不易塌陷，适用于横穴和竖穴的制作。同样，这种黄土的特性在宁夏土地上被充分沿用，在宁夏的传统建筑中，除一部分官衙建筑和礼制建筑外，几乎所有的民居都是以生土作为最重要的材料，一方面，生土的造价低，可以就地取材，另外一方面，土建筑适应宁夏的气候，能够防寒保暖，还能防风防沙，就居住环境的温度而言，具有一定的调节作用。

夯土建筑不仅取材方便、经济实用，而且整体性强、热工性能优越，有一定的承载能力。不仅在古代是最广泛、最基本的建筑技术，时至今日仍然是世界上广泛使用的建筑技术。有资料表明，至今仍有超过三分之一世界人口居住在夯土房屋里。我国传统民居中的绝大部分都属于夯土建筑范畴，或者说离不开夯土技术的支撑，尤其是我国广大的乡村遍布着夯土房、土坯房的民居住宅是建筑采用的主要形式之一。至于万里长城、客家土楼、藏族碉房、维吾尔的阿以旺民居等都是我国众所熟知的夯土建筑的杰作。

夯土建筑能适应自然气候与地形，充分利用土的热稳定性高，抵御寒暑剧烈变化，创造适宜的室内环境质量，是原生态低能耗、节能建筑的标志。夯土建筑以它的特有性能，可承重兼保温隔热、透气、防火、低能耗、无污染、可再生，目前仍为我国西部地区（陕西、云南、新疆、甘肃、宁夏、青海）乃至北方广大乡村地区广为采用的一种居住建筑形式。

宁夏地区的土坯墙地基，一般先在夯实过的地基槽内用石块或砖砌筑至地面上40厘米以防止雨水侵蚀，在降雨最小的地区直接从基槽做起。地基砌完之后，先铺好一层浆泥，然后趁湿快速往上摆放土坯，摆完一层后再铺一层浆泥，在

① 李雾. 历史文物介绍——承天寺塔[J]. 宁夏社会科学，1983.

土坯与土坯之间是无需使用浆泥的。土坯墙经常是在很短的时间内便完工，土坯墙砌好后要往墙上抹两遍泥，第一遍麦草粗泥，第二遍麦糠细文泥。前者起找平的作用，使墙面大致平整，后者则起保护和美观作用。有的地方还用掺了石灰的三合泥，使墙面更加光滑，有光泽。

土坯墙砌筑，采用挤浆法、刮浆法、铺浆法等交错砌筑，不使用灌浆法，以免土坯软化及加大土坯墙体干缩后的变形。泥浆缝的宽度一般在1.5厘米左右，土坯墙每天砌筑高度一般不超过1~2米。

四、纪念建筑，神异形同

宁夏地区是多种宗教融合的地区，佛教传入中国约公元1世纪左右，魏晋南北朝时期宁夏就已有标志性佛教建筑——佛塔的修建。而宁夏的教堂建筑最早出现在19世纪70年代，天主教首次在宁夏陶乐县境内的红崖子一带建造了第一座教堂。对这些宗教建筑的考证就是对宁夏历史的研究，也是对文明历程的追溯。考察不同的宗教的建筑，又是对不同民族文化和宗教发展过程和形态的追溯。[1]

而在考察的过程中，我们发现，不同宗教的建筑代表着不同的文化，有着不同的代表作品，但他们却有着相似的外形。

1. 总体布局采用集中式的院落布局

中卫高庙（如图5-3-2）建筑群整体坐北朝南，左右中轴对称，为典型的院落式布局形态，由轴线上的若干个大小不一的庭院组成，建筑群体由南到北逐渐高起，主殿卧佛殿总高度29米，在山门处主殿被前方屋顶遮挡，建筑平面布局为前寺后庙，特点是"集中、紧凑、高耸、曲回"，形似凤凰展翅、凌空欲飞之势。[2]

宁夏同心清真大寺（图5-3-3），主轴线上有礼拜大殿，两侧是南北厢房，南北厢房对称布置。宁夏纳家户清真

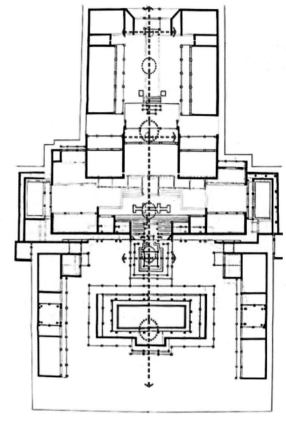

图5-3-2　中卫高庙平面图（来源：宁夏中卫高庙空间形态研究）

寺的整体布局采用传统四合院形式，主体庭院向西为大殿，南北两侧基本对称布置厢房（图5-3-4）。

这几座宗教式的建筑所尊崇着完全不同的文化，建筑功能截然不同，但在总体布局中竟有很多相似之处：空间序列轴向性明显，主体建筑中轴对称，采用内向的合院形制。

2. 建筑群体错落有致，立面丰富

从立面上看，建筑群体虽然功能不同，用途不一，却也都表现出丰富的层次和进退关系。中卫高庙（图5-3-5），屋顶形式丰富，高低错落，关帝楼和文昌阁这两个配殿，中间为歇山屋顶，左右两侧连十字歇山顶，前出卷棚歇山抱

① 纳建宁，龙凯音. 宁夏伊斯兰教建筑与佛教建筑艺术特色比较[J]. 中南民族大学学报. 2014，34（06）：55-57.
② 常昕. 中卫高庙古建筑群构图艺术研究与评价[J]. 山西建筑. 2011，37（34）：28-29.

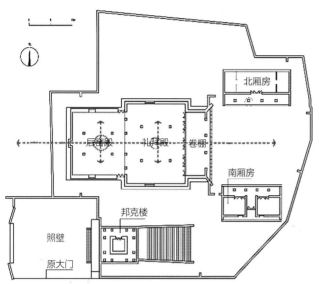

图5-3-3　同心清真大寺平面图（来源：传统建筑形式与宗教内涵的结合——宁夏同心清真大寺建筑）

厦。采用屋顶从纵横两个方向上相互搭接的做法，由四个屋顶相互组合而成，高低错落、形态各异的屋顶组合在一起取得了丰富的视觉效果。北武当庙寿佛寺，位于宁夏石嘴山市贺兰山东麓武当山，是一座佛道合一的古寺院（图5-3-6），寺北依贺兰山而建，为四进院落，布局自然和谐、严整紧凑，殿塔亭阁集于一体，蔚为壮观。银川鼓楼又称"十字鼓楼"、"四鼓楼"，俗称"鼓楼"，始建于清道光元年（1821年）（如图5-3-7），位于银川市解放东街和鼓楼南北街的十字交叉处。钟鼓楼的结构严密紧凑，造型俊俏华丽，建筑风格为清代汉族建筑风格，是银川市的标志性建筑之一，为宁夏和银川市的重点文物保护单位。

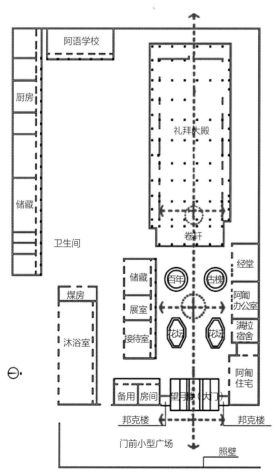

图5-3-4　纳家户清真寺平面图（来源：单佳洁 绘制）

图5-3-5　中卫高庙（来源：李慧、董娜 摄）

图5-3-6　北武当庙寿佛寺庙（来源：李慧、董娜 摄）

图5-3-7　宁夏银川鼓楼（来源：李慧、董娜 摄）

五、帝陵地景，相依相托

　　西夏陵是西夏皇家陵园，位于宁夏回族自治区首府银川市西郊贺兰山东麓中段，在方圆58余平方公里的范围内，随地势分布着1座帝王陵和王公贵戚的陪葬墓，气势宏大，俾壮观瞻。西夏王陵是大夏国留给后人的重要财富，在建造的过程中，它既遵循着唐宋的陵寝制度，又能够很好地与所在的环境相融合（图5-3-8）。

　　第一，西夏帝陵依循中原历代皇陵的命名法则，陵号、庙号、谥号完备。西汉以后，历朝各代皇帝皆有陵名，与庙号、谥号等并行，形成定制。

　　第二，西夏陵园堪舆择地与中原历代帝王陵园一样讲究"上吉之地"。西夏陵园处地势高阔的岗阜之地，西枕贺兰山，东瞰黄河，依山面水，风水学上有"后有走马岗，前有饮水塘""后靠明山当掌权"之说。

　　第三，西夏陵园坐北朝南，与因山为藏的唐、宋陵园同向，即以面南为尊。陵墓朝向按当时的习俗、礼制取尊位，在中原文化发展史上由来已久，主要有坐西朝东和坐北朝南两种形式，封土为陵者如秦、西汉等坐西朝东。陵园布局改为坐北朝南始自东汉，东汉"上陵"典礼在殿堂举行祭拜礼仪是以坐北朝南为尊。

　　第四，西夏陵园建筑平面布局总体对称，与唐宋陵以中轴线左右对称格局基本一致；陵园建筑组群与北宋陵墓多有雷同，单体建筑有鹊台、神墙、神门、陵台、角阙、献殿等。①

六、堡塞为固，军事防御

　　自先秦以来，宁夏境内每个朝代都有大量的军队驻防、御边、屯田，军事与战争文化伴随着宁夏数千年的历史进程。这种军事与战争文化在建筑上最直接的体现就是堡寨建筑。

　　自秦汉至明清，作为历代边远州郡属地，亦为历代各民族角逐的征战场所，故自秦汉以来战争频繁，堡寨成为

---

① 余军. 西夏王陵对唐宋陵寝制度的继承与嬗变——以西夏王陵三号陵园为切入点[J]. 宋史研究论丛. 2015.

图5-3-8　西夏陵（来源：李慧、董娜 摄）

宁夏地区古代军事工程。历代王朝都很重视城池、堡寨的
修筑。堡寨聚落选址一般在不宜耕种的土地上，目的是依
险而居，而其真正作用在于争夺边境地区的人口和土地资
源，并满足军队后勤补给的需要。所以有研究表明，城、
堡寨的功能除了防御、安民外还有屯田、护耕、交通等重
要作用。

　　宁夏堡子（土围子）是带有防御功能的大宅（图5-3-
9）。现存的宁夏的堡子多只剩四周围的夯土墙，里面的
建筑多以灰飞烟灭，顶多只留下几口破窑，其建筑面积在
160～20000平方米之间，规模可大可小。大规模的堡子里
有集市，水井以及各种油面作坊可以提供长时间生活之用。

　　可以说，宁夏的堡寨建筑，始于军事防御，后因其适应
性逐渐变为一种民居形式，具有双重特性。

图5-3-9　中宁县沙梁周家堡子（来源：马龙 摄）

七、纵贯南北，纯朴民居

　　传统的农耕和放牧生活影响了民居的布局形式，各民
族不同的生活习惯也表现在民居的外形特征上。综合宁夏南
部、北部、中部各个地区的民居，宁夏地区的民居根据其平
面形式和外观特征主要有以下几种类型：

1.　"一"字形
　　建筑平面呈"一"字形。此类平面形制简单，且在乡间

常见，构造方式以当地材料为主，对于相对贫困的家庭来说
通常顺山墙架檩条，横檩条上搭椽子，一般开间较小，称为
"滚木房"。

2.　"二"字形
　　由两栋不相连的建筑围合而成。院落内主体建筑的布局
形式为平行两排门对门。

3.　曲尺形
　　建筑平面呈"L"形，俗称"虎抱头"，一般是短尺二
间、长尺三间。短尺平房朝向东，长尺平房面向南，形成坐
西北、面东南的建筑格局。

4. 三合院

三合院是由正房和左右厢房围合的院落式民居。

5. 四合院

四合院是由东、西、南、北四座建筑，以院落为中心，围合组成的合院式建筑而得名。"三合院"或"四合院"一般是富庶的家庭所建，门前有照壁，平面对称布置，上房三间，五檩四椽。倒座与正房对称，均为硬山顶，屋脊有脊兽。"下房"即左右厢房，三到五间不等，单坡顶，屋脊无脊兽。更富者，建有两进院落，中间建过厅，内院住眷属，外院做客房，其中最为典型的是位于吴忠市的董府（图5-3-10），府宅建筑规模宏大，融合我国南北建筑风格，兼有官府民居特色。整个建筑在西北的明清建筑中很有代表性。董府仿北京"宫保府"建造，按尚书衔提督府规格修建，占地34650平方米。

6. 窑洞

刘致平先生在《中国居住建筑简史》中对窑洞描述如下："穴居最早是竖穴，后来逐渐用横穴住人，竖穴作储藏用。"清代在华北及西北黄土地区如河南、山西、陕西、甘肃等地，常使用穴居，即今所谓的窑洞。这些地方土质坚实、干燥，壁立不倒，不易崩塌，同时气候也较干燥，地下水位很低，有利于掏成洞穴。宁夏地区窑洞主要分布在宁夏南部黄土丘陵区，主要分为靠崖式窑洞、下沉式窑洞、箍窑三种。

7. 土堡子、寨子

土堡、寨类建筑多分布于固原市原州区、海原，隆德、西吉等地，是在战乱年代，豪绅富户为了聚众自保而修筑的防御性居住形制，也有的是当年军事戍边的遗留产物。

堡寨四周用封闭厚重的夯土墙体做围墙，有的在四角建有角楼。堡、寨外墙自下而上明显收分，呈梯形轮廓。夯实的黄土墙与周围黄土地融合在一起，显得稳重、浑厚、敦实、朴素。

8. 高房子

宁夏南部山区民居常在院落拐角处的平房顶上，或者两间箍窑上再加一层小房子，俗称"高房子"。高房子建筑形态其实是由边塞军事堡寨的角楼演变而来的，起初具有强烈的防御特征。它一般位于院落一隅临近大门，小巧而秀气，极大地活跃了村镇景观。它产生于战乱年代，人们登高观察用来防卫周围情况，现在多在果木成熟、谷物晾晒季节，用于观察偏院中的果树和晒谷场上的情况（图5-3-11）。

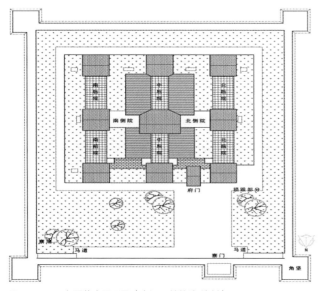

图5-3-10　宁夏董府平面图（来源：单佳洁 绘制）

图5-3-11　宁夏传统民居"高房子"（来源：马龙 摄）

第四节　宁夏传统建筑的历史贡献

一、形成了我国军事边塞建筑体系的主要格局

宁夏有着两个明代西北的四大边防重镇，（分别为宁夏、延绥、甘肃、固原），作为重要的军屯地区，由于屯田制度的发展，兴起了一批堡寨式聚落，也建立了许多堡寨式军事防卫和屯田聚落。在这样的背景下，宁夏传统建筑不断地延续发展，最终形成了以点带面的军事边塞建筑体系格局。

二、产生了传统民居适应西北地貌的基本类型与形式

中国领土辽阔，气候多样，地形各异，加之不同地区人文历史的独特性，从而造就了多种多样的民居类型，宁夏地区地貌类型多样，地处中国地貌三大阶梯中二级阶梯过渡地带，地形南北狭长，地势南高北低。宁夏地表形态复杂多样，有较为高峻的山地和广泛分布的丘陵，也有由于地层断陷又经黄河冲积而成的冲积平原。[①]

宁夏地区为了应对多样的地形，产生了多样的建筑形式，宁南地区房屋修建形式灵活，其平原、川道地区多为土坯合院建筑，而山地丘陵中则广泛分布着各式窑洞和土坯房混合式院落。从建筑的平面布局和表现形式来看，宁夏有"一"字形、"二"字形、曲尺形、三合院、四合院、窑洞、土堡子、寨子、高房子等丰富多彩的民居类型。

三、迁徙文化的包容与交融，礼制建筑本土化的实践经验

宁夏历史上被冠以"迁徙之地"的称号，多民族的繁衍发展，使得宁夏的传统建筑表现各异，但在本土化的过程中也融合了本地的做法，积累了许多实践经验，尤其是在一些礼制性的建筑上表现得非常明显，既能满足本民族的功能需求，同时又兼顾区域内其他环境的影响。寺庙在总平面空间设计中，将中国传统院落式布局的空间形态为其所用，在外部空间处理上一般都是对内空间开敞通透，对外封闭；西夏古塔继承了辽宋古塔的形制，却也在外观上更显简洁朴素。

四、抗旱防汛又御寒降暑的综合实践之地

宁夏地处干旱半干旱地区，黄土高原上一年四季降雨稀少，特别是宁夏中北部地区平均年降雨量只有200～300毫米，当地缺乏较为粗大笔直的木材等建筑材料，所以在屋顶处理上一般百姓住房多建成平顶。这种平房是适应当地比较干旱的气候条件而形成的一种房屋建筑形式，而且由于风沙较大，为了防风、保暖，房屋建得比较低矮。当然，还有堡寨建筑，起初为了军事防御而建，后也因适应宁夏风沙大的气候而得以保存。

除此之外，窑洞形式的居屋也是宁夏，尤其是黄土高原地区农村居民比较普遍的居住形式之一，它也是适应当地环境的代表性居住形式之一。一来由于黄土的特性，能够满足人们挖掘洞室；二来窑洞内冬暖夏凉，适应人们的需要；三来，当地气候干旱少雨，窑洞可以避免长期雨淋所造成的毁坏。

五、对世界防沙治沙、荒漠变绿洲的城乡建设产生了巨大而深远的影响

宁夏的传统建筑是基于特定的气候和地貌产生的，对于宁夏传统建筑的研究和经验的总结能够显示出在相应气候条件下所做出的策略应对，这在建造方式、材料的选用、空间的布局等方面都对类似地域有一定的借鉴意义，由于宁夏历史上受荒漠化影响巨大，这种探索同时对世界防沙治沙、荒漠变绿洲的城乡建设带来了深远的影响。

---

① 王军. 西北民居[M]. 北京：中国建筑工业出版社.

下篇：宁夏现代建筑的传承

第六章 宁夏现代建筑传承设计的原则、策略与方法

　　宁夏现代建筑传承设计的主要目标是传承和发展宁夏优秀的传统建筑文化内涵，本书第一至第六章中详细分析并总结了宁夏优秀传统建筑的主要特征。本章在其基础上分析并提出了宁夏现代建筑传承设计的一般原则、基本策略和主要方法。首先，结合国际建筑发展趋势，提出了宁夏现代建筑的适宜性、创新性、可持续性和保护性传承设计的一般原则；其次，在比较不同历史时期建筑影响因素变化特征的基础上，分析提出了宁夏现代建筑传承设计的基本策略；最后，结合宁夏建筑历史和实际情况，提出基于布局机理、基于自然环境、基于空间原型提取的传承方法。

第一节　宁夏现代建筑发展概况

1986年银川市被公布为第二批中国历史文化名城，1996年的《银川市城市总体规划》（1996-2010）将89版的名城保护规划纳入其中，1998年出台《银川市历史文化名城规划》，2001年开始对唐徕渠段进行全面的改造和整治，在沿街的住宅和商业上都做了亮化工程和体现回族特色的拱券符号；2007年公布了14处"第一批近现代建筑"；海宝塔公园进行了环境整治与园区建设；2008年开展"穿衣戴帽、洗脸修面"特色街区改造工程，对20余条有特色建筑的街道界面、开放空间以及老旧小区进行改造整治；2012年，《银川历史文化名城保护规划》（2012版）出台，银川新区标志性建筑建成，如银川新火车站、宁夏回族自治区博物馆、宁夏图书馆新馆等；2013年制定《银川市历史文化名城特色空间规划及重点地段保护与提升修建性详细规划》，全面开展旧城风貌塑造。在银川城市风貌演变的过程中，银川市的一些表现近现代风貌建筑、开放空间代表的城市特色得到重视和认可，开始有意识地对老旧的城市面貌改造时，使得城市建筑焕然一新，地域文化特色更加凸显；最后对城市特色的认知视野扩展到了市域层面，初步形成了具有回族风情的现代化大都市。

在地域性建筑发展的过程中，银川市的城市特色被提炼出来。西夏区——西夏古都：有着价值突出、地位独特的西夏古都历史文化遗存，如西夏王陵；兴庆区——回族之乡：在回族历史文化的身后影响下表现出丰富博大的回族文化风情；金凤区——塞上湖城：山拥河绕、渠湖相连的塞上江南景观，塞上湖城的积淀深厚、遗存众多的明清边防文化线路。

宁夏现代建筑发展的几个阶段：

1. 自治区成立初期

自治区成立初期，即20世纪60年代，当时宁夏本地的经济还不够发达，外来的汉族大批涌入宁夏。从心理和文化层面来看，这些初期的移民并未把这里当同家乡来看待，因此没有产生独特的建筑风格，同时也没有什么重要的工程建设。宁夏第一代现代建筑师们在探索民族地区新建筑形式的过程中，根据国家提出的"适用、经济、在可能条件下注意美观"的建设方针下，尽可能保持了历史城区的走向和尺度，延续了历史城区的风貌。

"一条马路两座楼，一个警察看两头"，这是对老银川的真实写照，两座楼指的是邮电大楼和百货大楼，始建于1964年的银川老百货大楼，可以说是几代银川人成长中抹不去的记忆。

老大楼于1964年5月开工建设，1969年9月竣工投入使用。初建成时高20多米，营业面积达1800平方米，当时堪称西北地区最大的百货大楼。

老大楼（图6-1-1）位于银川市兴庆区解放西街2号，由本地人常用称呼而得来。它不仅是自治区成立后的标志性建筑，更是人流、时尚、信息的一个汇聚地点。每个城市诞生之日起，都会有自己的第一条街。在银川，解放街（图6-1-2）就是这样的存在。在人们的口耳相传中，它甚至有个更大气的称呼——"宁夏第一街"。现如今的解放街称不上最宽也够不上最长，甚至显得有些落后，然而，它却是最厚重且生动的。

图6-1-1　20世纪70年代银川老大楼（来源：银川日报）

图6-1-2　宁夏第一街（来源：宁夏日报）

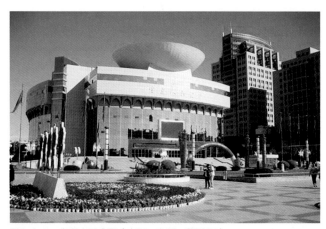

图6-1-3　宁夏人民会堂（来源：李慧、董娜 摄）

2. 探索阶段

进入改革开放初期，宁夏地区新建筑的创作更加突出体现出"回汉和睦、多元包容、外观简约、色调淡雅、符号别致"的本土建筑特色。而在传承民族建筑传统方面，宁夏进入了探索阶段。

宁夏人民会堂采取集中式布局，平面借助材料和色彩体现现代建筑风格特色，当夜幕降临时，投光灯将半球体照亮，宛如一轮明月高悬，汇同广场上的灯光，形成众星捧月之势（图6-1-3）。

银川绿洲饭店位于银川市兴庆区解放西街，建筑面积8152平方米。该楼檐部按开间划分成若干绿色檐板，檐板底边呈尖拱形，檐板之间由黑色凹槽分隔，白色立方体连接，形成一条彩带，二层、九层、十一层檐部的3条彩带，在白色墙面衬托下，显得格外清新典雅。楼顶水箱间用混凝土板装饰，犹如待放的花蕾直指蓝天（图6-1-4）。

图6-1-4　绿洲饭店（来源：李慧、董娜 摄）

3. 多元开放阶段

随着经济发展，建设量增加，建筑形态特征开始呈现丰富多彩的局面。新生代建筑师成为创作一线的主力军，在新建筑传承传统方面已不再仅仅因循语言符号的文脉策略，他们敢于汲取当代各种建筑流派的精华，探索新的地域性表达手段，因而，表现出更为多元化的开放特征。

银川市市民大厅（图6-1-5），位于金凤区阅海湾中央商务区东侧，西临万寿路、南临中阿之轴、东濒规划路、北依沈阳路，占地面积260亩，建筑面积12.6万平方米，是

图6-1-5　银川市市民大厅（来源：马媛媛 摄）

银川市地标性异形建筑。俯瞰大厅全景，水系环绕、楼群屹立，各个楼体造型融入了"长河""明珠""贺兰山"等宁夏文化元素，整体造型犹如一只展翅飞翔的"凤凰"。

第二节　宁夏现代建筑传承设计的一般原则

一、适宜性传承的原则

传统建筑的发展过程，是人们根据自身的经济条件和科技经验水平，充分利用和顺应所在地的自然条件，不断探索并应用最为适宜的技术手段，来满足当时当地的精神和物质需求的过程。现代技术的发展背景下，现代建筑也得到了巨大的发展。现代建筑的发展同样受制于需求要素、自然要素、能力要素。现代建筑快速发展的同时，也出现了一系列的环境问题和资源浪费问题。恶劣的气候环境下，人们疏于对建筑适应性的探讨，仅仅意识到空调降温对于室内舒适度改善带来的高性能与高效率，忽视了其高能耗对于环境造成的巨大破坏。技术的双面性使得我们不要重视技术的单一效益，同时也应该考虑技术带来的综合效益。适宜性技术就是在总结实际经验的基础上，通过技术的适宜选择而提出的新的技术概念。因此，"适宜性技术"的含义是指:针对具体作用对象，能与当时当地的自然、经济和社会良性互动，并以取得最佳综合效益为目标的技术系统。适宜性便体现在基于各个环境条件，对多个构造策略、构造系统、构造做法的筛选与优化上。

二、创新性传承的原则

现代建筑创新是一个集合多样元素重新组合的一个过程，对现代建筑设计方法有着十分深远的影响。随着建筑行业的发展，现代建筑设计方法创新出现了越来越多的多元化发展趋势，不仅仅简单地存在于单一的外观性设计变化。在

建筑设计创新中通过多元化组合与变更传统施工手段更替等手段进行建筑设计创新。在现代建筑设计创新过程中要注重建筑体系的共通性，保证在创新的同时能够与其他建设单元进行有效的对接与融合。现代建筑设计中有许多共性的元素存在，这些共性的元素在其他系统中有着统一的标准，所以建筑设计创新要保证整体性的对接，避免出现在有效的建筑设计单元中出现一个子系统的创新引发其他子系统的建筑标准的修改，这是创新必须要保证的基本创新原则。任何一个建筑设计的创新都要从优化的基本角度出发，现代建筑设计的创新也要遵守这一基本原则。

三、可持续性传承的原则

1987年，挪威前首相布兰伦特夫人在《我们共同的家园》报告中提出可持续发展思想的定义：既满足当代人的需求又不危害后代人满足其需求的能力。在建筑中"可持续性"特别强调人类赖以生存的自然环境不被破坏，自然资源不能够浪费和过度开发，能够持续向未来发展，由此可见可持续发展并不仅仅指节能，它所包含的内容相当广泛，其立足点在于长远的规划和对未来适合人类生存的环境的保持，核心思想是人类的经济建设和社会发展不能超过自然资源与生态环境的承载能力。

如果在可持续发展的原则下来讨论优秀建筑的评价标准，就不再仅仅是从外观和造型的角度上来看美与丑，或者仅从结构和功能的角度来看建筑的合理与否。现阶段必须首先树立可持续发展的意识，换句话说就是处理好眼前的成果和长期发展需要之间的关系；其次要融入对地域特征、自然资源和人文环境的认识和解读，才能综合地从协调、可持续、平衡的方方面面来评价建筑的优劣以及合理性。

四、保护性传承的原则

"保护"从广义来说是物质文化的保护和非物质文化的保护。物质文化保护是指对传统晋商民居的保护，包括传统

民居建筑的保护、建筑周边环境的保护；非物质文化保护是指蕴含在其中人文环境的保护，包括当地民风民俗、市井文化、艺术形态、商业氛围等。保护基本上是保持原有形态不变，将原有形态复原进去。"保护性设计"是指在原有建筑的基础上，对原有建筑进行保护，并加入现代设计的元素将原有建筑周边与其风格不符的建筑加以统一，对建筑周边环境进行统一规划，并非将这个区域变为一个古老的标本，而是将其焕发原有的活力，让现代人去感受历史的气息，在一个快节奏的都市中，形成一个适应放慢脚步欣赏、休憩的场所。"保护性设计"是有选择地对不符合整体统一的地段进行重新设计、修缮，并在符合整体统一的同时加入功能性，将晋商传统民居有选择地进行保护、整治与再利用。通过保护性设计换发原有建筑的生命力，并将传统民居得到可持续的发展。

第三节　宁夏传统建筑影响因素的现代变迁

一、自然环境的变迁

宁夏整体地势南高北低，有六盘山和贺兰山居于南北两端，内有黄河穿境而过，被誉为"塞上江南"。但是宁夏气候干旱少雨，风大沙多，在一定程度上为建筑师的创作增加了难度。当下，建筑师注重审视技术发展与气候之间的关系，早已开始寻求某种探源与回归，并取得了不错的成效。

二、文化理念的变迁

在宁夏的历史长河中，其中的诸多文化：边塞文化、丝路文化、农耕文化和移民文化等，都对建筑文化产生了不同程度的影响，共同铸就了宁夏建筑的多元化特征，其中尤其是对西夏文化产生了重要的影响。西夏文化表现多元，其中多种表现元素都影响了宁夏建筑。因而，宁夏建筑师在表达建

筑文化性的时候，须寻求某种表达地域建筑文化的感性和包容，从其中求得创作的空间。

西夏文化深受中原汉文化的影响，是中原文化、党项文化、西域文化等多元文化融合的产物，具有极强的民族和地域特色。在党项民族特色的标志性建筑的民族地域基础上，西夏文化充分吸收中原及周边建筑文化，而形成了其独特的建筑艺术。西夏建筑特点其一就是沿用唐宋木结构的构造方式。

三、社会生活的变迁

宁夏自古以来便是多民族聚居之地，社会生活的各个方面中民族交融、相互影响的现象十分普遍。宁夏是我国唯一的回族自治区，因此，回族同胞的理想追求、价值观念与生活习俗是组成宁夏现代建筑的重要因素。由于回族没有本民族文字且长期与汉族杂居，加之各民族之间的文化潜移默化地互相影响与渗透，以致回族文化早已融入了一定的汉族文化以及地域文化。在建筑表现上，宁夏的建筑师提取了中国传统建筑和回族建筑的元素和做法，延续其中的精神和智慧，并把它融汇在回族建筑风格之中。因而，建筑师的创作有本可依，在另一方面，则又有了广阔的创作天地。

四、经济形态的变迁

宁夏人口的经济来源以农耕、畜牧为主，商业、手工业为辅，且少数民族经商的比例大于汉族。从自然生态角度看，宁夏经济主要依托于农、牧业，取决于前述宁夏复杂交错的地理地貌、水源气候条件和植被特征。划分农牧两区的地理界线大体就是历经西周、战国、秦汉、明朝不断修建，直到现在还存在的长城。历代长城恰好环绕宁夏北部边界，并与等降水量线近似重叠。北部平原上的宜耕土地范围北与蒙古高原的草地戈壁相接，西与黄土高原、青藏高原相连。这些高原除了一部分黄土地带和一些盆地外都不宜耕种，适于牧业。农、牧业的区别各自发展了相适应的文化，因此中

原和北方各成体系。由于农民安土重迁，处于守势，而牧民逐水草而居，处于攻势；农业民族便需要修建长城来抵御牧畜民族时时地入侵。因此长城不无巧合地与干湿界限相吻合。在中原军事力量强大的时期，贺兰山下的草场牧区也曾一度被划在长城之内。从西周到秦汉，长城从400毫米等降水线一直向北推进，直到黄河边，与200毫米降水线重合。之后随着长城两侧军事力量的变化，长城不断北进南退，并一次次加固修葺。

在这种交锋频繁的背景下，农牧区人民并不仅仅是对峙关系，更多的还是交流与融合。最常见的便是民间和官方均存在的繁荣的贸易往来，古称"马绢互市"、"茶马贸易"。早期回族人口主要有两类来源：一是战俘，多为拥有一技之长的匠人，定居北方后从事手工业；有些战俘被迫征战、屯戍，成为农民；另一类占有很高比例的则是商人，历史上各个时期都有补充，不曾间断，因此回民有着久远的经商传统。从社会学角度看，商贸活动为回族社会的形成提供了人口条件、群体联系、社会经济条件，推动了回族在全国不同居住区域的发展，提高了回族的社会地位，促成了回族对汉语汉文的使用以及民族共同心理素质的形成，从而维系、巩固了回族文化的一体，并不断对回族文化的发展提供物质基础。至今许多民居仍保留前店后宅、下店上宅的格局，或是沿街面开放贩售窗口。

但是明代以后，全国经济发展水平逐渐超越了回族的经济发展，使得其曾有的风光地位日渐式微，也不再能够构成重大的社会影响力。回族的社会影响力、经济实力均开始下滑，直到民国时代都没有挽回。分布在东南沿海的回族人口依然可以借助便利的交通和地域条件保持商业经济，但封闭落后的西北内陆地区的回族社区几乎失去了民族语言和传统。

五、材料技术的变迁

随着建筑技术的发展，建筑在外立面、造型以及内部空间的设计上得到了解放，更多新技术、新材料的运用使得建筑在适用性、耐久性等方面得到了质的飞跃。宁夏20世纪80年代用黏土砌筑的民居已经基本退出历史的舞台，取而代之的是更为耐用的黏土砖、混凝土、钢结构、金属幕墙、玻璃幕墙、陶瓷板等材料，并以此作为建筑的围护结构。

第四节 宁夏现代建筑传承设计的基本策略

一、适应现代地域自然环境条件的传承设计策略

宁夏地区气候类型丰富而又具有典型性，这种特征影响了这些建筑材料的使用和建筑风格的塑造，形成了宁夏特有的建筑特色。在现代建筑的发展过程中，环境对建筑风格的形成产生了更大的影响，人们通过对传统建筑中优良传统的继承，形成了独特的现代本土特色建筑。

（一）适应沙漠气候形成的建筑特征

人类的发展进化就是一个不断使用环境和改造环境的过程，其中一个重要因素就是大自然气候条件的差异，对不同区域的建筑产生了极为重要的影响。可以说建筑史是人类适应自然气候的产物，建筑的万千变化是气候复杂多样的结果之一。

（二）适应日照充足、降水稀少形成的建筑特征

宁夏中北部总体降水量稀少，屋顶形式以平屋顶为主，而南部固原地区降雨较多，采取坡屋顶也具有一定的实用性，在地方建筑的发展过程中，两种屋顶相互融合，互相影响，平屋顶和坡顶的结合在一定程度上丰富了建筑的立面。

由于宁夏地区光照充足，风沙较大，因此区域内的建筑南侧采用大窗形式，可以高效利用太阳光，北侧窗较小，可以达到防止风沙侵袭的效果。在原有日照间距控制情况下，部分小区建筑多为行列式、军营布局，缺少变化（图6-4-1），因此

图6-4-1　宁夏中卫市江元隆府小区（来源：宁夏江元房地产开发有限公司）

图6-4-2　小区鸟瞰图（来源：银川规划设计研究院有限公司等）

采用日照阴影分析和日照间距相结合的方法，引入科学布局方式，结合当地日照条件和塞上湖城的优势，形成了错落有致、自由灵活的地方规划特色（图6-4-2）。

二、适应现代地域精神文化特征的传承设计策略

图6-4-3　宁夏贺兰山体育场（来源：马媛媛 摄）

建筑作为历史文化的载体，是古代政治、经济、社会习俗等各方面综合情况的反映，把文化作为建筑的灵魂融入建筑创作中，才能更好地展现传统文化和地域文化特征。

（一）传承民族文化符号体现建筑特色

贺兰山体育场（图6-4-3）的设计体现了"人文绿色理念"：利用钢桁架为运动者创造出通透宽敞的半室外活动空间，整个建筑布局采用现代建筑设计的语言，运用地方特色装饰元素进一步表达建筑特色，通过这样一种文化的表达，表现出回族深厚的民族文化特征。由此可见，在建筑设计中，融入民族文化中最具有民族性、最富于艺术特征的部分，在进行现代建筑的创作过程中注重传承，是保留民族文化符号的重要手段。

（二）传承山水文化体现建筑特色

宁夏贺兰山地区具有独特的自然景观和地貌特征（图6-4-4），积存了有形的物质文化遗存和无形的精神文化遗存。"驾长车踏破贺兰山阙"表现出宁夏人民不可动摇的坚强意志和决心，唤醒了人们审美意识中对于多元化的追求。以山水文化为主要建筑特色的设计作品，成为现代建筑创作中的点睛之笔。

长城云漠酒庄是2012年a+a主持设计的新长城酒庄，该项目位于宁夏这座号称东方波尔多的以葡萄种植为当地经济文化发展特色的地区。设计概念源于当地景观，用地东侧为葡萄园区、西侧由分割宁夏及戈壁沙漠的贺兰山脉所环绕，

图6-4-4　宁夏地貌（来源：贺平 摄）

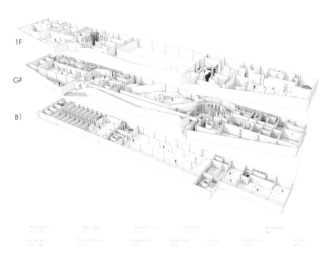

图6-4-5　长城云漠酒庄分析图（来源：吕桂芬 绘制）

建筑立面由彩色混凝土的石膏墙体以及受葡萄园区形状启发生成的矩形平行金属型材装饰而成。建筑立面的设计采用割裂分离的手法，使立面效果和自然地理形态完美契合通过三道巨型开窗连通了室内外空间，就像屋顶的景观平台，游客从这里可以获得360°的景观体验，葡萄园区、贺兰山脉以及宁夏陵墓均尽收眼底。除此之外，云漠酒庄也是一座环保节能建筑，正是得益于建筑内外两层表皮间打造的"缓冲空间"。为使中心功能区域获得最佳保护，双层表皮间的距离由两端到中心逐渐变大，同时在大厅和走廊等交通联系区域也能获得良好的节能效果（图6-4-5）。

三、适应现代地域社会生活背景的传承设计策略

（一）借鉴符号元素体现传统建筑风格特色

在建筑设计中，建筑师将中国传统的文化符号充分融入其中。这些符号元素有着悠久的发展历史与自身的文化底蕴，有着经典几何构图以及富有韵律的节奏感，有着丰满的尺度和协调的比例。运用这些地方文化符号不仅可以美化建筑的外表，更是传承发扬当地传统文化的一种体现。

宁夏国际会议中心位于银川市阅海湾中央商务区，总占地面积约6.4万平方米，内设中心会议厅、剧场式会议厅、阶梯报告厅等功能区域，可为大型国际经贸文化交流、论坛等活动提供接待服务，于2015年9月正式投入使用，该建筑将中国传统建筑符号和现代建筑风格和谐地融合在一起，采用正方和正圆作为母题，喻示"天圆地方、天地和谐"。围绕建筑编织了一个精致且富动感的保护壳，保护壳同时兼具遮阳降温功能。主入口广场作为迎宾广场，设喷泉水景一处、特色三角形水景两处、旗杆阵列两处，以此营造出现代感的外空间（图6-4-6）。

（二）建筑符号元素使用的灵活化

传统的民族文化元素，如丰富的地区民族图饰、西北特有的地形地貌，经常被作为一种特殊的建筑表皮肌理，出现

图6-4-6　宁夏国际会议中心（来源：马斌 摄）

图6-4-7　宁夏展览馆（来源：李慧、董娜 摄）

在宁夏地区的现代建筑创作中，一味地反对现代化并不是建筑本土化的意义，在现代化的浪潮下吸取本土传统建筑的特点，力求在建筑空间塑造、尺度的把握，以及色彩比例和材料运用上，体现出本土建筑的特点才是现代化的体现。

宁夏展览馆（图6-4-7）始建于1958年，是集宁夏经济和社会发展概况、成就陈列展示与区内外政治、经济、科技、文化信息交流、贸易洽谈、产品展销和群众文化娱乐大型活动场所等社会功能于一身的省级综合性展览馆，并作为中国展览馆协会理事馆而蜚声海内外。建筑位于民族南街85号，采用了融入汉族和回族文化符号的立面肌理，建筑外表面在采用瓷砖这种特殊的材料，喻示一种厚重、沉稳而又古老的文化印记，充满了浓郁的地方文化特色。宁夏展览馆的柱面为白色石材，二层展厅采用大面积实墙面贴绿色瓷砖，顶窗采光，上下形成强烈的虚实对比和色彩对比。建筑正立面顶层设计有30.6米宽、7.2米高的以表现回族风情为主要内容的大型浮雕，将雕塑艺术与建筑有机结合在一起，更突出了展览馆建筑的艺术特征。

银川当代美术馆（图6-4-8），是中国西北最大的单体当代美术馆，其基地位于黄河岸边的冲积平原。建筑师通过对地貌学的研究，了解到美术馆所在地在汉代至清代曾经是黄河流经之处。由于河水不断地冲刷，这里形成了较为独特的地质肌理。当代美术馆的外观设计正是基于这种地貌的变

图6-4-8　银川当代美术馆（来源：李慧、董娜 摄）

化，建筑师以流动的褶皱造型意图还原千年塑造的沉积岩形态，整个造型流畅优雅，自成一景。

（三）通过构成要素体现传统建筑风格特色

1. 建筑材质使用的多样化

建筑的材料、结构、建造方式都采用了现代建造的技术手段。相对以前多以生土、砖石为主的宁夏传统建筑，现今的宁夏建筑在外观、耐久性等方面都有了很大的提高。建筑上使用的材料不仅在建筑本身上得到了大量使用，而且也更多地用于构筑物、道路景观等小品的建设。

2. 建筑使用功能属性的指向性

建筑使用功能属性的指向性是指维护、修缮、更新具有

图6-4-9 银川本地建筑（来源：张天然 摄）

历史文化纪念意义的传统民居，保护传统民居的街巷格局、重点院落、重点地段、建（构）筑物，有针对性地采取保护、整治具体措施，对历史文化资源利用，进行旅游基础服务设施建设，改变传统民居只突显居住为主的功能属性（图6-4-9）。

老百姓常说，"只有千年的土，没有千年的砖"。因为砖可以被风化，可土还是土。可见人们总是有一种怀旧的情怀。对此，在海原老巷子的改造项目（图6-4-10、图6-4-11）中，设计师完整地保留了宁夏用土作为建筑材料的民居，并挖掘建筑本身的文化底蕴，在此之上谨慎地植入了景观小品等基础服务设施，将逝去的建筑以全新的面貌展现在当下，不仅保护了本土民居建筑，而且对旅游开发也有积极的借鉴意义。

图6-4-10 海原老巷子改造前（来源：李慧、董娜 摄）

图6-4-11 老巷子改造后（来源：李慧、董娜 摄）

3. 建筑景观设计手法的多元化

运用中外造园设计手法理念，梳理中外园林历史发展脉络、借鉴各自造园手法，将两者融合在一起，描绘出中国现代特有的庭院景观特点。设计师运用中外造园的设计手法，传承发扬中国传统造园艺术的同时借鉴西方庭院的发展经验，描绘出了中国特色的庭院设计。空间将造园手法一直延伸到室内。藏露结合：含蓄、内敛；外实内虚：领域感、私密性；外俭内繁：亲和力、舒适感。景观整体完整、鲜明、和谐、规整，力求几何形体、对称（图6-4-12）。

中卫沙坡头沙漠酒店（图6-4-13）地处腾格里大漠景区，邻近沙漠博物馆，周边环境空旷，旅游方便。该建筑的造型立意来源于绵延流畅的沙丘，建成后的酒店与波涛万顷、云谲波诡的腾格里沙漠相映生辉，将沙漠特有的人文精神和旷世豪情表达得淋漓尽致。看似简单的外挑走廊构造，可以达到延续建筑空间和遮阳的效果，使建筑风格与功能上达到和谐统一（图6-4-13）。

图6-4-12　以园林空间为设计原型（来源：吕桂芬 摄）

图6-4-13　中卫沙坡头沙漠酒店（来源：李慧、董娜 摄）

四、适应现代地域经济形态及发展方式的传承设计策略

　　我们总是通过敏锐的直觉来感受氛围，但不是所有情形都准许我们用足够的时间去唤醒内心的感知，有时，建筑带来的感染力只在那么一刹那，如同好的音乐一般，也许仅仅是几个音符便能引起内心的共鸣。

（一）由建筑本体所引起的氛围

　　通过汇集材质、色彩、纹理结合成感官空间，材质的触感、色彩的冲击、纹理的变化，都能引起内心的情感体验。银川当代美术馆不同于通常的美术馆如教堂般巍峨的形态，打破当代艺术同普通公众的距离，营造出一个欢迎访客进入的建筑。馆内曲面层叠起伏、动线丰富、奔涌向前，营造出一个丰富多变的内部空间，烘托出富有节奏和韵律的艺术氛围。主要建筑由大殿、邦克楼、厢房（水房）、门楼及附属用房四部分组成。大殿主体四层含穹顶，外观呈贝壳形状，加上围在四边的四个邦克楼，整个建筑群庄重而富变化，雄健而不失雅致，具有庄严神圣的宗教气氛（图6-4-14）。

（二）由建筑环境所引起的氛围

　　当进入一座建筑时，我们会对建筑本身和周边的环境留

图6-4-14　银川当代美术馆（来源：马媛媛 摄）

下基本的印象。建筑自身所容纳的情境，也囊括了周边环境对于建筑本身的影响，同时建筑也作为重要元素参与了建筑周边环境氛围的营造，作为整体与周边的环境的融合交互，建筑所传递的理念与信仰与原始环境发生交互融合，所产生的文化氛围潜移默化地植入人心。

　　例如银川国际交流中心酒店（图6-4-15），位于宁夏银川市阅海湾中央商务区，内设中心会议厅、剧场式会议厅、阶梯报告厅等功能区域，可为大型国际经贸文化交流、

图6-4-15　银川国际交流中心酒店（来源：马媛媛 摄）

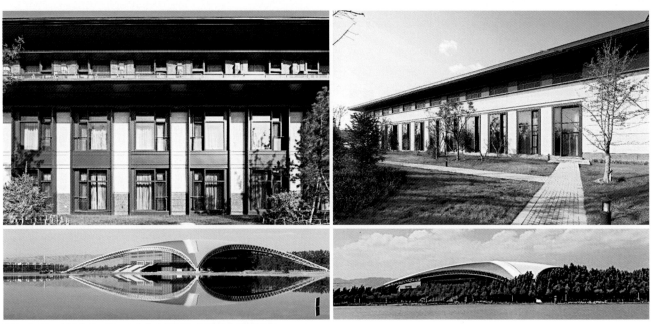

图6-4-16　中卫市"五馆一中心"之体育馆（来源：马媛媛 摄）

论坛等活动提供接待服务。整体设计采用横纵轴结合的围合陪衬手法，借景于周边的大环境来营造空间小环境。整体上强调建筑群体与自然地形的结合，充分利用地形的自然形态，灵活布置建筑群体，使建筑与自然环境有效地融合在一起，营造出建筑与自然和谐共生的氛围，以达到环境与景观资源的最大化利用。

中卫市"五馆一中心"之体育馆（图6-4-16）外形富有流动感，如同其寓意"跨越和伸展"，充满时代感的同时，积极融入周边的环境，依托于水岸，取形于山势，与周边环境呼应和对比，营造出其独特的建筑氛围"和而不同"，使得周边环境完整动人，建筑优美和谐。

五、适应现代地域材料技术水平的传承设计策略

建筑的材料和色彩决定了其给人的最直观的视觉效果，而色彩的应用和材料的选择之间又有着相互的影响，这两者不仅能够体现出建筑的人文特征，同时见证着城市时代风貌特征，它们与众多其他建筑因素相互作用，对建筑的表现形式产生了较大的影响。

图6-4-17　亲水体育馆（来源：马媛媛 摄）

（一）借助建筑材料表达

不同的材料有不同的质感，而不同的质感又给人以不同的体验，材料和材料之间的相互结合也会带来更多不同的体验。每种材料都有其独特的光芒，将它们之间组合起来的时候，又会创造出另一些不同的效果，即使没有组合，对一种材料采取不同的处理方式，也会得到不同的结果。

1. 现有建筑材料表现

银川市亲水体育馆内水珠大厅是钢管桁架膜结构做成的一个室内大空间。外围护采用曲面膜结构和玻璃，两种材料结合形成建筑流畅的外形，塑造出一种简洁、光滑的外表面（图6-4-17）。

2. 未来建筑材料指引

地域气候决定了建筑材料的选择与应用。宁夏地区春秋两季风沙较大，能见度低，城市色彩景观破坏严重，因此在建筑设计时尽量选取在沙尘条件下易保养、易清洗的材料，如石材、玻璃、金属、陶板等建筑材料（图6-4-18～图6-4-21）。

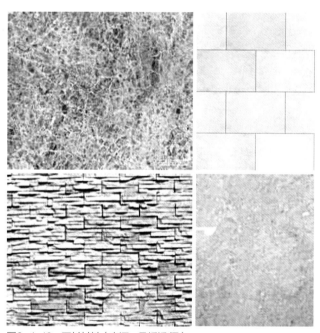

图6-4-18　石材材料（来源：马媛媛 摄）

3. 借助建筑色彩表达

伊利尔·沙里宁曾说过："让我看看你的城市，我能说出这个城市的居民在文化上的追求是什么。"色彩心理研究发现：人们在观察物体时，最初的20秒中色彩感觉占到了80%。建筑色彩是历史、文化等各方面因素综合展现的一个缩影，因为文化的不同，不同民族在色彩运用方面也有着不同的喜好和倾向，这些色彩倾向的形成与自身的生活环境及民族信仰息息相关，就宁夏而言，其结果表现出本地区地质、历史风貌及回族传统文化的深刻内涵，逐渐发展成为建筑设计中表达现代文化特征主要的色彩表达要素。

图6-4-19 玻璃材料（来源：马媛媛 摄）

图6-4-20 金属材料（一）（来源：马媛媛 摄）

图6-4-21 金属材料（二）（来源：马媛媛 摄）

（二）从地区气候特征提取色调

宁夏地处寒冷地区，冬季漫长。自夏季转入秋冬季节，城市景观环境由"青山绿水"变为"黄沙黄土"，因此，在城市建设过程中，应该重视多元化色彩的引入，以此丰富城市景观，避免秋冬季节城市色彩的单一和沉闷。

1. 从自然环境提取色调

"天下黄河富宁夏，黄河文化汇宁夏"，宁夏大地自古以来就得到了黄河的滋润，养育了包括回汉在内各族儿女，形成了深厚而独具魅力的黄河文化；"大漠孤烟直，长河落

日圆"的诗句式宁夏边塞风光的真实写照，独有的沙漠风光更成为宁夏一张特有城市名片；贺兰山巍峨壮丽，树木葱郁，青白如骏马，因北方称骏马为贺兰而得名，因其独特的历史文化及自然风光而成为宁夏文化发展的一部分（图6-4-22、图6-4-23）。

2. 宁夏地区建筑色彩定位

一个城市的色调可以丰富多彩，但绝不能是杂乱无章，而单一色调又会显得城市过于沉闷而缺乏活力。那么，如何针对宁夏地区的建筑色彩进行定位呢？其实每一

图6-4-22　青山绿水的宁夏

图6-4-23　漫天黄沙中的宁夏

图6-4-24　多彩宁夏

座城市色调的定位方式都是相近的，只是内容各有不同。首先应与当地自身城市风貌相协调，凸显与其他地区城市的差异性，根据自然环境因素明确主色调，再由气候条件因素确定辅助色，最后以当地历史文化要素、城市发展定位提取点缀色，进一步强化城市特色。选取沙漠戈壁的色彩装饰建筑立面，与背后的贺兰山相得益彰（图6-4-24、图6-4-25）。

3. 宁夏地区建筑色彩控制

建筑色彩控制主要有量化控制、分层控制。量化控制主要是指根据建筑物表面色彩面积的大小及位置的不同，分为三种类型：建筑外观面积最大的基调色；应用面积小于基调

图6-4-25　长城云漠酒庄（来源：代汇权 摄）

色的辅助色；应用较少，对建筑整体色彩影响不大的装饰色（或点缀色）。分层控制是指根据建筑高度不同将建筑划分为不同层次范围，进而确定色彩基调。

作为一个完整的色彩体系，屋顶色彩是创造建筑整体形象的重要手段。目前宁夏地区的80%以上的建筑屋顶因铺设传统沥青、油毡防水层而呈现黑色，失去了对于建筑第五立面的色彩设计。在未来的建筑设计过程中，应重视第五立面的设计以达到和谐美观的城市俯瞰效果。

色彩在建筑设计运用中也是有一定原则范围的，一些在其他领域大放异彩的色调或许并不适宜于建筑设计，例如，明确主色调及辅助色禁用色相不和谐、色彩过艳、色彩过灰等色谱（图6-4-26、图6-4-27）。

图6-4-26　银川局部俯瞰（来源：宁夏日报）

图6-4-27　和谐美观的第五立面（来源：代汇权 摄）

4. 宁夏城市夜景照明色彩规划

在城市亮化工程中，应区分各个片区功能特性再进行色彩设计。道路照明应区分光彩级、亮化级和控制级；商业区景观照明可较多地运用彩色光；景观区满足功能性照明的同时以景观观赏性为主；商务区选用白色或者暖光作为主色调，以表现明亮、简洁的气氛；居住区宜用较柔和的暖灯光表达居住区温馨、舒适氛围。

六、兼顾形式与意蕴的传承设计策略

将地方民族服饰、文化符号运用在建筑设计中。这些符号元素有着悠久的发展历史，有着自身的文化底蕴，有着经典几何构图，有着富有韵律的节奏感，有着丰满的尺度和协调的比例。建筑本身运用这些地方文化符号不仅可以起到美化建筑的作用，更能宣传悠久的地方文化，简单就是一种美，简单的符号元素运用在建筑设计创作中正是传承发扬传统文化的一种表现。

宁夏国际会议中心（中阿博览会永久会址）是将中国传统建筑和现代建筑的文化精髓和谐地融合在一起，采用正方和正圆作为母题，喻示天圆地方，天地和谐，建筑外围编织了一个精致的、富于动感的保护壳，同时兼具遮阳降温功能，是古代教堂、清真寺等传统设计的现代诠释。主入口广场作为迎宾广场设喷泉水景一处、特色三角形水景两处、旗杆阵列两处。营造出现代、独特的室外空间。

符号元素的建筑中的表现将地方文化符号同中国传统古建筑、现代建筑相结合，在中国传统古建筑、现代建筑形制的基础上加以运用地方文化符号展现地方文化特点。

星月符号以前在宁夏建筑设计中大量地运用在建筑的屋顶、外墙上，宁夏很多清真寺都是在唐朝、宋朝建筑形制的基础上加以星月符号和拱券来让人联想到伊斯兰文化（图6-4-28）。

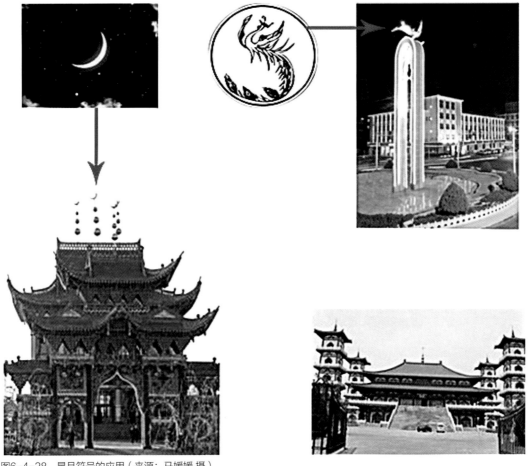

图6-4-28　星月符号的应用（来源：马媛媛 摄）

第五节　宁夏现代建筑传承设计的主要方法

一、基于布局机理的传承的方法

　　城市布局肌理是人们感受和认识一个城市的初始画卷，宁夏独特的地形地貌、气候环境与历史文化丰富了宁夏城市的空间肌理，并在历史长河中留下了厚重的时代烙印，诉说着宁夏的过去与现在，记录着城市的发展文脉，映射着这个区域人们的生活场景，本节从宏观、中观和微观三个不同视角展示传统肌理与结构的发展形态，探究传统空间与建筑肌理的演变过程与现代传承。

（一）宏观空间机理——山川为脉的整体观的传承

　　马克思说："空间是一切生产和人类活动所需要的要素"，宏观空间肌理则反应的是一个空间范围内的城市与乡村、城市与山脉、城市与河流的空间表现，也是外部环境作用于城市的集中体现。

　　宁夏全境南高北低，山川地理呈南北狭长形状，南部与关中相通，北部与北方草原相连，地形地貌与生态环境

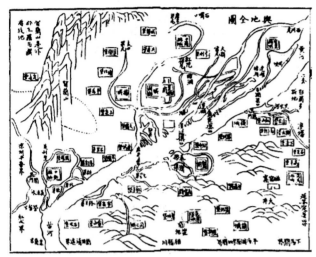

图6-5-1 舆地全图（来源：清嘉庆三年（1798年）《宁夏府志》）

状况迥异。北部是以贺兰山为屏障的宁夏平原，黄河从中卫入宁夏，横贯宁夏中北部平原地区，将游牧文化与农耕文化相融合，孕育了"塞上江南宁夏川"，并造就了"天下黄河富宁夏"的自然格局。南部则是以六盘山为屏障的黄土高原地区，黄河支流泾河、清水河南北穿行，素有"苦瘠甲于天下"之称，特殊的地形地貌，造就了宁夏南部城市特殊的城市肌理（图6-5-1）。

宁夏北部主要城市沿黄河分布，以贺兰山为脉"依水而居"，整体呈现"背山面水"的城市格局；中部地区由于受水蚀风蚀，沟壑较多，又因水土流失严重，气候较为干旱，但沟道呈宽浅形，坡度较缓，故城市布局较为紧凑；南部地区丘陵分布较多，海拔较高，城市较为分散，六盘山自南而入，黄河支流清水河横穿其中，部分城市"依川傍水"，狭长分布。

1. "贺兰为屏，黄河为带"的现代传承

清嘉庆三年（1798年）《宁夏府志》描述："宁夏之境，贺兰环于西北，黄河绕于东南。地方五百里，山川险固，土田肥美，沟渠数十处，皆引河以资灌溉，岁用丰穰。而乌白、花马等池，出盐甚多，度支收粟，其利又足以佐军储。诚

用武之要会，雄边之保障也。"这里描述的"宁夏之境"为宁夏中北部地区，山川形胜呈现"贺兰之固、黄河之险、沙漠之阻"的宏观格局，又有"沃壤之美、水利之便、盐池之用，足以供后需"[1]，可见宁夏北部城市传统格局依托黄河水道，呈轴线分布，而现今宁夏北部地区形胜基本延续了传统格局，但由于当代交通迅速发展，空间格局不再单一地依托黄河水道，现宁夏是东西部地区连接的中转枢纽地区之一，其空间结构受交通因素影响，表现出沿高速公路、铁路发展的轴线分布，城市沿交通向外衍生扩散，但"背山面水"的宏观格局依然延续，并传承了"贺兰为屏，而峡口、狼山分峙列翠，以黄河为带，而唐、汉两渠映带左右"[1]的山川形胜。

2. "六盘分峙，清水纵贯，山谷纠纷"的现代传承

元《开城志》描述固原城："左控五原，右带兰会，黄流绕北，峥峒阻南，称为形胜。……东接榆林，西连甘肃，北负宁夏，延袤盖千有余里。三镇者，其固原之门墙；固原者，三镇之堂奥钦？"[1]。固原为宁夏南部的主要城市，是宁夏五个地级市中唯一的非沿黄城市，乃丝绸之路必经地，明代九边重镇之一，固原城古时周边山谷绵延，州城为群山环绕，山脉在西北方向形成峡谷通往硝河城（今西吉县硝河乡），与州城形成掎角之势[1]。城东、西、北方向有三个海子，有清水河出于西海子，自北而来，绕城东而过，自城南流出[1]。清代总督那彦成《重修固原城碑记》便有"从此往来陇西者，登六盘而北眺，谓坚城在望，形势良不虚称矣"之言[1]。

固原古时由于自然环境恶劣，历代注重植树造林，清宣统元年（1909年）《固原直隶州志》记载："非讲求林政不足以兴地利"，这为固原的人居环境打好了坚实的基础，由于数代人的相继传承，使固原发展成为今天的西北"小江南"；而在城市空间格局营建中，固原始终传承"六盘分峙，清水纵贯，山谷纠纷"的历史格局，为固原在《宁夏空间战略发展规划》中的定位提供了依据（图6-5-2）。

---

① 王树声. 中国城市人居环境历史图典[M]. 北京：科学出版社，2016.

图6-5-2　固原五属总图（来源：清宣统元年（1909年）《固原直隶州志》）

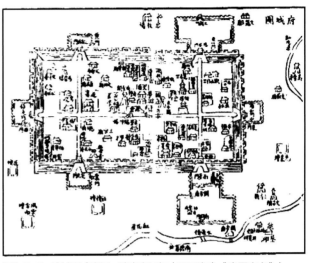

图6-5-3　府城图（来源：清嘉庆三年（1798年）《宁夏府志》）

（二）中观空间肌理——城市历史格局的保护

　　中观空间肌理是指城市平面形状以及内部功能结构和道路系统的结构和形态，是历史发展过程中人工干预与自然发展相互创造的结果，与城市街道、建筑、景观、交通等内部构成因子息息相关，是对人文环境、自然环境的缩影与写照。

1. 银川市城市形态要素的空间肌理传承

　　城市的形态布局要素主要包括：架、核、轴、群和界面，"架"指城市形成的骨架——道路交通；"核"包括狭义和广义两个概念，狭义的核指居民心里的中心，而广义的核则指政治、经济、文化等的中心，也可以是公共活动的中心；"轴"指市形成的或者发展的方向，是城市的生长秩序；"群"指一个区域内建筑形体组织的集中表现；"界面"指空间中调节城市具象与抽象的"软质空间"（图6-5-3）。

　　嘉庆《宁夏府志》记载宁夏古城是双城并置的空间格局，府城在兴庆府基础上建设，距府城西十五里处建有新满城。分析明嘉靖宁夏城图与清嘉庆宁夏府城图以及1927年《朔方道志》城池图可以看出在这三个时期宁夏府城的城市形态变化不大，都为矩形平面，鼓楼位于城中心偏东处（图6-5-4）。

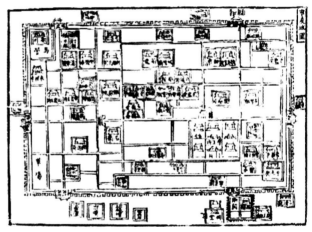

图6-5-4　宁夏城图（来源：明嘉靖十九年（1540年）《宁夏新志》）

　　由府城图可以看出宁夏古时城市形态要素中的"架"为由主要城市道路组成的"一横两纵"布局，将城门两两相连；"核"为府城以鼓楼为中心的政治中心；"轴"指与满城的双城并置格局，形成空间发展轴线；"群"为府城中的标志性建筑组成的群体空间，例如以鼓楼为中心的建筑群体；"界面"是城市中"软化"城市实体组建的河湖等绿化空间。

　　从《银川市城市总体规划（2011—2020年）》中可以看出，银川城市发展基本继承并发扬了古时的基本城市形态特征，城市发展方向为南进、北拓、东优、西控，此为城市

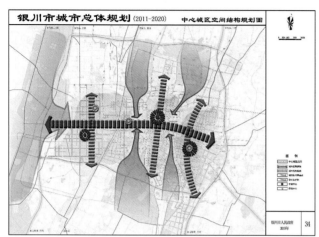

图6-5-5 银川市总体规划——中心城区空间结构规划图（来源：银川市规划局）

形态之"轴"，城市发展在双城并置的基础上进行相向发展，利用金凤区将原府城（兴庆区）与原满城（西夏区）连通，并向外发展，南北共进，但仍保持其矩形城市轮廓；中心城区突出生态优先的发展模式，逐步构建"四轴三带多中心"的城市布局形态（图6-5-5）。

四轴包括依托北京路形成的城市东西向发展主轴，以及沿民族街形成兴庆区南北向发展轴、沿宁安大街形成金凤区南北向发展轴和沿同心街形成西夏区南北向发展轴三条城市发展副轴。此为城市之"架"，在"一横两纵"的基础上，结合主城区的三区划定，发展新的城市骨架。三带分别是以唐徕渠为主干，由七十二连湖、宝湖、中山公园、海宝公园等湿地、公园构成的生态隔离带；以爱伊河为主干，七十二连湖、阅海等形成的生态湿地公园，构成城市的中部生态隔离带；以及沿贺兰山东麓形成的银西防护林带及百万亩葡萄长廊生态带。此为城市之"界面"，利用绿化与水系衔接城市建筑群体。

多中心包括位于兴庆区的商贸综合服务中心、位于金凤区的行政文化中心和位于西夏区的产业服务中心三个市级中心，以及兴庆区综合服务中心、金凤区综合服务中心和西夏

区综合服务中心三个区级中心；此为城市之"核"，在单中心的基础上随着区域变化，形成多中心发展模式。而城市之"群"随着多中心的增长不断增多，但原始之"群"地位仍然不变。

2. 固原市"组团发展、蛙跳生长"的空间肌理传承

固原是明代九边重镇之一，历来是军事要镇，具有1000多年的营城历史，之间几经战乱与自然灾害损毁，但城市基本形态未发生大的变化。固原古时为两重城墙，整体平面呈"回"字形，两重城墙共有城门近十座，州城外城墙南门有瓮城，城东内城墙也建有瓮城。从明清两本地方志固原州城图可以发现，其城市格局随时间的推移而有所改变。明代以鼓楼为城市中心，而清代除鼓楼外，还出现了以南门与文昌宫连线形成的城内主轴线。[1]并且从其城图与地方志描述中可以发现，固原城市营建特别重视山水关系，符合中国传统城市营城模式，鼓楼位置居于城市中心，是城市的标识性建筑物，登其上可远望崆峒、俯瞰全城，是典型的防御性城市营城方式，并且鼓楼的中心位置也起到了统帅全城的作用，具有"西阁风高鼓角雄，南来形胜倚崆峒。青围睥睨诸山绕，绿引潆洄一水通"的气势（图6-5-6、图6-5-7）。[1]

1949年之后，在固原古城之上，城市依托清水河、公路和铁路等水陆交通设施的不断完善，逐步沿河沿路拓展。除了必要的铁路及其场站等区域性交通设施建设外，1990年代以前的固原市基本上保持着以古城为中心的团聚状，这从清宣统古城图和1987年的城市影像对比中可以清晰看出。[2]

2003年时，城市建成区面积为14.3平方公里，城市规模和形态基本继承了上一时期的发展现状，之后，在"优先发展新区、保护改造老城、拉开城市框架、扩大城市规模、强化城市管理"的发展思路指导下，城市道路网在2007年出现"突变"，城市出现更大一级环路（北京路——萧关东路），显著地将城市扩展空间引向新区，但

① 王树声. 中国城市人居环境历史图典[M]. 北京：科学出版社，2016.
② 任晓娟，陈晓健，马泉著. 西北地区城市空间扩展及动因分析——以宁夏固原市为例[J]. 遥感信息，2017.

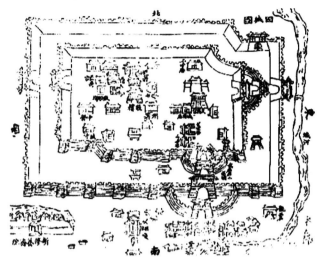

图6-5-6　固城图（来源：清宣统元年（1909年）《固原直隶州志》）

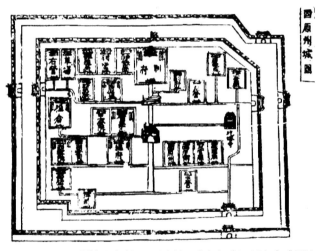

图6-5-7　固原州城图（来源：明嘉靖三十九年（1560年）《平凉府志》）

基本填充建设完成。城市西南组团和西部新区的道路建设再次打破城市原有形态结构，城市路网向西、向南继续扩展，城市第3个环路出现（北环路——萧关路），城市框架再扩大，城市新增2个组团用地，"四区、五园、多中心"的城市空间形态已现雏形。[①]

固原城市无论在古城营建还是之后的稳定发展期到近几年的突破发展期，其多中心发展模式一直未曾改变，只是在此基础上，保留古城雏形，结合现代发展模式与战略规划定位呈现"组团发展、蛙跳生长"的城市形态（图6-5-8、图6-5-9）。

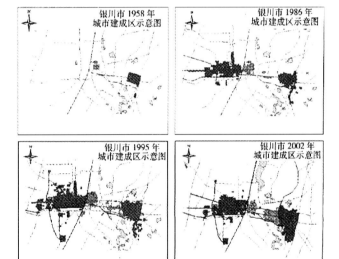

图6-5-8　银川城区变迁图（来源：西北地区城市空间扩展及动因分析——以宁夏固原市为例）

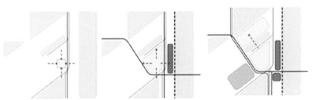

(a) 明清以前：固原古城　　(b) 2000年以前：沿河沿路　　(c) 2000年以来：新区跨越

图6-5-9　固原城市变迁图（来源：西北地区城市空间扩展及动因分析——以宁夏固原市为例）

由于古雁岭的阻碍，城市空间扩展并未出现圈层式蔓延，而是呈明显的组团式结构和"蛙跳式"生长；城市建成区面积增至26平方公里，4年间面积近乎翻倍，这一阶段的城市扩展强度也达到研究期最大值。至2011年，由于城市道路网的建设对城市骨架的拉伸，城市空间扩展突破老城范围，城市用地出现空心化——填充空心的增长过程。至2014年，城市建成区规模达到44.4平方公里，城市新区

① 任晓娟，陈晓键，马泉著. 西北地区城市空间扩展及动因分析——以宁夏固原市为例[J]. 遥感信息，2017.

（三）微观空间机理——保护、更新与创新式传承应用

微观空间肌理是一个城市的组成要素在宏观空间中的自我演绎，建筑是凝固的艺术，同时建筑也诉说着一个城市的历史变迁与空间发展。一个城市是由大小不一的街区和星罗棋布的建筑群体组合而成，街区与建筑群体的空间肌理折射出城市的空间脉络。

1. 银川"三角"视线廊道的空间传承

中国古人绘制城图会将重要的建筑或节点表达在图面上，从银川明代的府城图就可以看出，当时已经有了很明显的地标性建筑与街区，其中地标性建筑除六大城门外，有旧城楼（今玉皇阁）、承天寺塔（今西塔）和黑宝塔（今海宝塔），从明代宁夏地方志《宁夏城图》中可以看出三大地标性建筑形成一个酷似等边三角形的视线通廊，结合古人营城思想与宁夏周边自然景观及其城市性质定位，不难推断，明朝时宁夏府城就存在了地标性建筑之间的空间演绎，而今银川在城市建设的同时，已将这条空间视线走廊纳入到古城历史格局的保护范畴中，加以积极保护，并在城市发展中地标建筑依托新中心的发展衔接新的城市视线通廊（图6-5-10）。

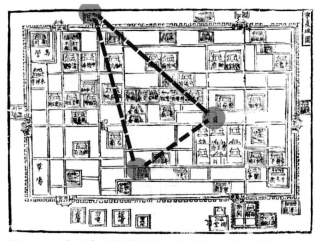

图6-5-10　"三角"视线廊道（来源：根据资料，李慧、董娜 改绘）

图6-5-11　解放街旧貌（来源：宁夏日报）

2. 银川解放街的历史演绎

每个城市诞生之日起，都会有自己的第一条街。在银川，解放街应该能担起这一角色。事实上，在人们口耳相传中，它甚至有个更阔气的称呼——"宁夏第一街"。如今的解放街，在银川众多街道中，称不上最宽，也够不上最长，甚至与那些新时代建成的街道相比，已显得有些"简陋"，然而，它却是银川最厚重且具生动历史演绎。

解放街是银川最为古老的街区之一，在明代形成的"一横两纵"城市格局中，"一横"就是指现在的解放街，是银川的城市主要发展轴线，随着后来城墙的拆除，解放街向西延连新城（清新满城）、新市区，成为银川重要的空间发展轴线。随着城市的建设发展，原来的两条副轴有所减弱，产生了新的南北副轴即今民族街、中山街。从清府城图可以看出当时商业中心南关和北关仍然是城市的商业网点之一，连接它们之间的商业街成了现在城市主要生活性干道；而从明国府城看出这时期的商业分布由过去单一的街巷布局发展成成片集中布局的形态。如今的银川商业中心已有多处，并形成了以正源街为代表的呈线性分布的商业新街区，但鼓楼商业中心的位置在银川人心中仍然无法替代，这仅仅是一个街区在城市中的历史定位，更是居住在城市中的人对于一个城市历史留存的传承与感知（图6-5-11）。

二、基于自然环境的传承方法

自然环境是城市建设发展的先决条件，在城市长期的

发展过程中，自然环境作为一个基本的立地条件深深地影响着城市的生成与发展，而建筑是构成城市的基本单位，建筑依存于自然环境发展创造，《管子》有云："因天材，就地利，故城郭不必中规矩，道路不必中准绳。"所以在城市建设中建筑会依据自然环境的不同而发展变化。

（一）建筑适应自然地貌

宁夏自南向北地形呈阶梯状排列，南部山区、中部沟壑区、北部川区地貌特征迥异，不同的地貌特征孕育了不同的建筑体系，现代建筑对于当地地形地貌的诠释也比比皆是。

1. 宁夏文化艺术中心——地形特征的当代传承

西夏陵墓留存下来的遗迹，经戈壁的常年风化，呈现出粗犷的肌理和与宁夏地区无垠戈壁一致的温暖黄色，宁夏文化艺术中心的外墙采用玻璃、花岗石等现代材料，花岗石选用的色调为灰黄色，机刨面层，在阳光下给人以厚重、沉稳、温暖的感觉，视觉上与银川当地的西夏王陵，以及宁夏地区的沙漠和戈壁协调统一，并且这种色调的石材沿用在室外地面、室内墙面，加强了文化中心建筑的内外一致感。建筑细部上，北侧的规整条形建筑体量外墙采用的竖向分隔、间隙玻璃幕墙的手法，是室内办公小空间在室外立面的自然体现，和南侧与东侧的大空间所形成的巨大封闭石材体量产生明确的对比；美术馆最南侧主入口处设计的条状细密坚挺使入口空间更贴近人的尺度，加强了整个建筑的亲切感；建筑外墙的开窗和洞口基本上与花岗石石材分缝相一致；在建筑檐口处饰以抽象的金属装饰来呼应回民建筑的细部处理（图6-5-12）。[①]

2. 银川当代美术馆——地质肌理的当代传承

银川当代美术馆，基地位于黄河岸边的冲积平原，长久以来，泥沙的沉积与河水的冲刷缓慢而持续地塑造着黄河周

图6-5-12　宁夏文化艺术中心（来源：马媛媛 摄）

边的自然环境，述说着古老的历史，而这种设计的敏感度正是源自于对它们的尊重与体悟。[②]通过对地貌学的研究，建筑师了解到美术馆所在地在汉代至清代曾经是黄河流经之处。由于河水的冲刷，这里形成了独特的地质肌理，美术馆的外观设计正是基于这种地貌的变化，以流动的褶皱造型还原了千年塑造的沉积岩形态，流畅优雅，自成一景。

3. 韩美林艺术馆——环境肌理的当代传承

银川韩美林艺术馆（图6-5-13）的设计从岩画中受到启示，让艺术馆如岩画遗迹一样自然地介入这片雄浑而原始的自然环境。为不破坏周围的地势特征，巧妙利用高差，将美术馆嵌入山体之中。利用具有当地原始肌理的砌石墙体融入环境，建筑的主要功能穿插于厚重的墙体之间，形成三个平台，清水混凝土的材质与粗糙墙体形成对比，以恰当的尺度表达出人的存在感，营造出苍茫场所间的安全领域感，从而体现出人与自然共生的内涵，建筑整体完美地融入贺兰山之巅、苍穹之下，与周边环境共同演绎着一曲山——水——石的共鸣。[③]

建筑适应自然气候

宁夏地区丰富而又典型的气候特征影响了建筑材料的使用和建筑风格的形成，使其形成了自己的建筑特色。在现代

① 李卫东，周旭宏. 地域风格的忠实诠释——宁夏银川文化艺术中心建筑设计[J]. 建筑学报. 2009.
② 柯林·福涅尔，冯元玥. 对"差错"的礼赞——银川当代美术馆[J]. 世界建筑. 2015.
③ 全惠民，李天颖. 韩美林艺术馆建筑与室内设计探析[J]. 家具与室内装饰. 2018.

图6-5-13　韩美林艺术馆（来源：马媛媛 摄）

建筑的发展中，环境对建筑风格的影响由来已久，人们通过对传统建筑中优良传统的继承，形成了独特的现代本土特色建筑。

大漠之野——适应沙漠气候形成的建筑特征

中卫沙坡头沙漠酒店（图6-5-14）外观设计模仿绵延流畅的沙丘，与波涛万顷、云谲波诡的腾格里沙漠相映生辉，巧夺天工，充分体现了沙漠特有的人文精神和旷世豪情。外挑的走廊这一构造看似简单，却可以延续建筑空间，还具有遮阳等构造特点，使建筑风格与功能上达到和谐统一。

北部民居——适应降水稀少、风沙侵蚀形成的建筑特征

宁夏平原地区干旱少雨，普遍使用平屋顶形式，房屋较低，形式简单，在南面开窗，北面不开窗。外观简陋朴实，除满足居住需要基本功能外没有多余装饰（南部固原地区降雨较多，坡屋顶也具有一定的实用性）。在宁夏地区，夯土技术至今仍用于民居的建造。

宁夏地区冬春季节风沙多，厚重的夯土墙抵挡风沙作用，当地黄土多而少石材，民居往往就地取材。合院是宁夏北部平原地区主要的民居形式之一，合院能够较好阻挡风沙，形成避风的室内外围合空间，营造适宜居住、躲避沙尘的小环境（图6-5-15、图6-5-16）。合院因地适宜，因经济条件，追求功能使用上的合理方便与院落的干净清洁。

图6-5-14　沙坡头沙漠酒店（来源：马媛媛、代汇权 摄）

图6-5-15　院落鸟瞰（来源：李巧玲 摄）

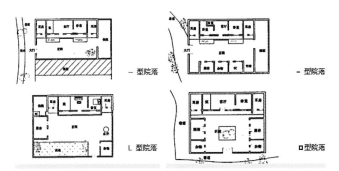

图6-5-16　院落类型（来源：李巧玲 绘）

图6-5-17　中卫十字轴线（来源：根据资料，李巧玲 改绘）

三、基于空间原型提取的传承方法

宁夏拥有历史悠久的先民文化、边塞文化、西夏文化、黄河文化及回族文化，随着时间的递推，空间发展在原始状态下不断传承与创新，"以人为本""天人合一"的中国传统建设思想始终在宁夏城市建设与建筑群体构成中得到体现，在现代建设当中依然能看到对原始空间原型的继承与发扬。

（一）延续文脉——对历史空间原型的提取与演绎

中卫在秦代时划属北地郡，地势险要，是宁夏五卫之一，也是抵御外族的重要军事要塞，军事战略地位十分重要。因此，中卫古代的城市形态以防御性质为主，充分体现了古代城市规划强调战略思想和整体观念，强调城市选址、建设与城市自然环境结合。高庙历史街区的范围划定就是传承与中卫原有城市空间格局，他的再生理应尊重城市原有肌理并融入新的时代发展理念。[①]

中卫古城由两条十字轴线构成城市的主要脉络，一是鼓楼西街至鼓楼南街方向的历史线路空间，另一条是由鼓楼东街至鼓楼北街的文化演绎线路。两条线路交会于鼓楼，形成了中卫原有的文化活动中心，现在统称为高庙历史街区（图6-5-17）。

高庙历史街区的范围划定就是传承于中卫原有城市空间格局，它的再生理应尊重城市原有肌理并融入新的时代发展理念。当前，鼓楼——高庙历史街区中三个重要的历史建筑：高庙、鼓楼和太平寺之间缺乏必要的联系，各自散落在破碎的城市肌理中，没有形成整体形态结构。因此，首先需要强化三者之间的视线通廊和公共空间轴线网络，对太平寺至高庙之间街区在尺度、形式、街廓等方面影响通廊、轴线建构的建筑进行部分改造和拆除，进行肌理修复与重塑，营造出太平寺到高庙的街巷式步行空间，最大限度地打造和恢复历史空间形态结构，其次依托视线通廊打造的开放空间和高庙形成轴线对应，最后形成鼓楼——高庙地区的特色空间网络体系（图6-5-18、图6-5-19）。[②]

（二）寓意于形，对地域空间原型的提取与演绎

黄河自中卫出山流入宁夏平原，孕育了丰富多彩的历史文化。又因地处黄河前套之首，黄河冲积平原的肥沃土壤，孕育出享誉世界的中宁枸杞，素有"天下黄河富宁夏，中宁枸杞甲天下"的美誉。沙漠自古以苦寒之地出现在世人的印象里，但随着宁夏水利系统的发展，以及中卫自身的城市特色，中卫以其优美的黄河沙漠共生的自然景观风貌、独特的城市形态结构、浓郁的地域民俗文化而远近闻名，拥有"塞上小江南"之美称。

而随着人们对《宁夏空间发展战略规划》的全面开展，

① 邱琦. 城市特色塑造视角下的历史街区再生设计研究——以宁夏中卫市高庙历史街区为例[D]. 河北工业大学. 2015.
② 刘荣伶. 城市空间特色营造中的历史环境再生策略——以宁夏中卫市为例[C]. 新常态：传承与变革——2015中国城市规划年会论文集（09城市总体规划）. 2015.

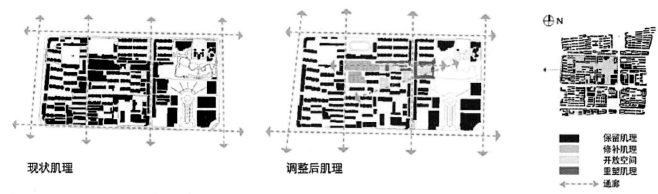

现状肌理   调整后肌理

保留肌理
修补肌理
开放空间
重塑肌理
通廊

图6-5-18 鼓楼1（来源：高庙历史街区建筑肌理的修复《城市空间特色营造中的历史环境再生策略——以宁夏中卫市为例》）

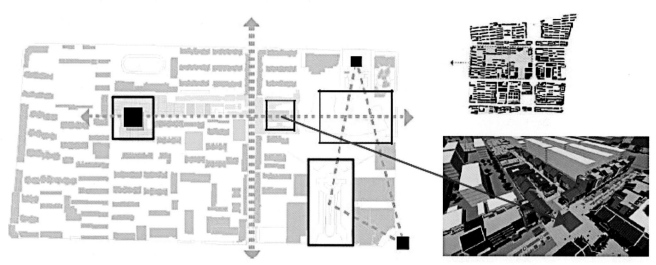

图6-5-19 鼓楼2（来源：高庙地区的特色空间网络体系《城市空间特色营造中的历史环境再生策略——以宁夏中卫市为例》）

中卫副中心城市定位为丝绸之路经济带上的交通物流枢纽城市、特色产业城市、生态旅游城市，体现"沙漠水城，花儿杞乡"的城市特色。在这一举措下，中卫的旅游业也开始进入快速发展阶段，在宁夏中卫市沙坡头区常乐镇上游村，临近黄河的位置吸引来了一批在中国有一定影响力的品牌民宿，他们根据当地地形地貌、文化底蕴，提取相应的设计元素建设一个黄河边、沙漠里的"黄河·宿集"（图6-5-20）。

"大漠孤烟直，长河落日圆"，正是描绘西北大漠风光，大漠、长城、黄河，荒原、戈壁，奇特壮美的大西北

图6-5-20 黄河·宿集（来源：马媛媛、代汇权 提供）

总有一种魔力，总能够引起人们无限遐想。万里无人烟的大漠，尽显孤独与沧桑，但仍吸引着五湖四海的游人纷至沓来。随着现代化进程的不断发展，对于旅游体验已经上升了一个新的高度，在大漠骑骆驼、滑沙、飙车，已远远不能满足现代人的需求，那么"游"在沙漠、"吃"在沙漠、"行"在沙漠、"居"在沙漠已成为当代年轻人极力想去体验的一种短暂生活方式，人们开始迫切地想要与自然比邻，贴近自然，回顾自然。宁夏中卫古城，西偏南方向，黄河在这里进入宁夏，是黄河的一个"转弯口"，高原、盆地、走廊、湿地、绿洲都能在这里窥见，设计师提取地域空间元素进行设计，使这个西陲小村落又注入了新的活力。

"黄河·宿集"项目是由南岸、西坡、大乐之野、墟里和飞茑集五家品牌民宿组成的，民宿群的位置就坐落在这里，对岸就是广袤无垠的腾格里沙漠，门前就是黄河（图

6-5-21、图6-5-22）。

为了还原当地最原始的建筑风貌，贴近地域传统文化，保留村落最原始的建筑肌理和道路脉络，中卫宿集·大乐之野就地取材，将夯土作为了主要建筑材料。自然略显斑驳的墙面，是与荒漠一脉相承的土黄色，在色彩上交相呼应，它既有岁月的厚重纹路，又有简单的朴素感。"老树"的孤植与秋千的零落，让院落更显西北荒漠的孤独，故配以原木，原木让黄土墙看着更温暖，全新的审美带来了现代和传统碰撞后的融合感。院落中共有15间客房，就散布在其中，没有规律却自称方圆，面积在35～60平方米不等。落地玻璃朝向围合庭院，通过通透的材质将内外相连，和谐地打开整个空间。超大的落地窗，将胡杨林与黄河尽数纳入居者视野，视线廊道尽显通达，空间中无一丝金属材质，使民俗接地气又比城市里奢华，光影透过隔窗落满房间，光影斑驳产生慵懒却不失活力的室内空间。

图6-5-21　民宿内部空间（来源：马媛媛、代汇权 提供）

图6-5-22　民宿外部空间（来源：马媛媛、代汇权 提供）

第七章　宁夏现代建筑的文化求索与地域性实践

　　宁夏现代建筑发展历程体现着建筑界对中国传统的建筑文化传承的各种创新性尝试。在中华人民共和国成立前后、改革开放以及21世纪以来的各个重要历史时期，建筑界在宁夏都留下了我国传统建筑文化传承的探索性作品。结合传统营城思想和自然环境特色的城市布局；从"盲从建筑"走向"和谐建筑"的建筑理念；强调以地域特色为原型的建筑设计以及体现时代精神的多元化探索实践，都反映出建筑界同仁对宁夏传统建筑义化的积极传承。本书阐述了宁夏现代建筑多方位的文化传承与地域性实践探索，通过优秀案例诠释了现代建筑传承传统建筑文化内涵的原则与方法。

第一节　追求深厚地域特色的宁夏现代城市建筑

一、银川总体城市规划与设计对传统营城思想的传承

银川位于典型的平原地区，地势平坦，受地形限制较小，道路是方格网状系统，地处我国东、西两大构造带的连接部分，属于贺兰山褶皱带和鄂尔多斯地台间的山前凹陷区，正是因为这一特殊的地质构造，银川以东为地震断裂区，对道路的布局产生了严重的影响，促使其只能不断向西延伸。其次，长期的引黄灌溉使得聚落地下水位较高，尤其是靠近黄河的东部兴庆区在进行道路敷设时，必须先要降低地下水位才能施工，这在一定程度上也限制了道路系统的布局。再次，银川东部兴庆区位于冲积平原的地势低洼处，道路建设受到坡度和湖洼地的影响，而金凤区和西夏区对道路的敷设非常有利。银川属于寒冷地区，宽阔的东西向街道能使沿街建筑得到更多南向的阳光，在充分吸收阳光的同时还储存热量，而南北向街道相对较窄。这种布局最大限度地吸收南向的热量。整个城市的骨架一直延续到贺兰山下，由东到西将兴庆区、金凤区、西夏区串联起来。东西向的道路形成了"川"字形的路网结构。

1. 结合自然环境特色的聚落轴线

银川市均呈南北走向，三者之间浑然一体，并形成了一个天然的"川"字地景结构。贺兰山从西翼环抱聚落，阻挡西伯利亚寒流的同时削弱沙尘对聚落的影响；黄河从东翼流经聚落，灌溉万亩良田的同时改善聚落的人居环境。因此，聚落的中轴线北京路西指贺兰山、东对黄河水，这种山水相结合的特殊形式作为建立轴线的基本依据，使得轴线与自然环境发生联系，将特有的自然环境融入聚落的有机构成当中，从而建立起与自然化境和谐发展的新的秩序。除聚落中轴线外、南北向的次要轴线也表现出结合自然环境的特色。民族街、宁安街、同心街分别作为兴庆区、金凤区、西夏区的纵轴，与贺兰山、黄

图7-1-1　银川市"川"字结构布局（来源：银川总体规划）

河并驾齐驱的同时保持平行。聚落的三条纵轴共同形成了一个"川"字轴线结构，反映了轴线与自然环境相融合的布局方法和人们对自然环境特色的尊重与追求（图7-1-1）。

2. 结合风向要素的聚落用地布局

聚落的主导风向或盛行风向是决定用地布局的重要因素之一，良好的用地布局能最大限度地减少烟尘、粉尘及有毒气体对居民的影响。银川地处我国西北地区，深居内陆远离海洋，太平洋东南季风和印度洋西南季风对其影响微乎其微，表现出秋冬两季以偏北风为主，春季以西北风为主，夏季以东南风为主的四季风向。因此，结合聚落常年主导风向为偏北风这一特征，将工业区集中布置在整个聚落的西南角，为人们的工作、生活创造了良好的聚居环境。而金凤区的零星工业用地是以生产电子仪器为主的高新技术产业开发区，不会对环境产生污染。同时将生活区、商业区、教育区布置到常年主导风向的上风向，并在周围设置大型公园和绿化设施，极大地提高了聚居环境的"适宜性"与"舒适性"（图7-1-2）。

二、中卫沙漠景区防沙治沙项目

中卫沙坡头区地处腾格里沙漠边缘，沙漠总面积达1068.13平方公里，占版图总面积近五分之一。至1949年这里的沙漠以年均4.5米的速度逼迫人退，压埋侵蚀良田禾苗及沟渠。面对自然形成的严酷现实带来的挑战和考验，中卫人民迎

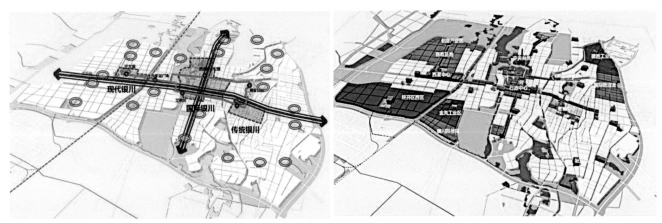

图7-1-2 银川市用地布局示意图（来源：银川总体规划）

刃而解，一场旷日持久的生态战在无垠的瀚海戈壁延伸开来。如今走进中卫，不仅感受不到肆虐的风沙，甚至会有一种置身塞外江南的感觉。"中卫模式"的防沙治沙，不仅让这里绿了起来，更让这里的人富了起来。在治沙实践中，中卫人民经过多年来的不懈努力和探索，发明了多项治沙技术和治沙方式，"麦草方格"就是实现这一治沙奇迹的法宝之一。治沙人用麦草在活动沙丘上扎设方格固定流沙的办法，使肆虐的沙丘穿上了"天衣"，破天荒地被固定住，并通过在麦草方格里播种草籽、树籽，让绿色生命扎根沙漠。经年累月间，扎下草方格的沙地上长满了植被，金色沙海翻起了绿色波澜。

中卫以沙漠生态治理与旅游资源开发相结合，大力营造防沙林和生态风景林，经过多年持续综合开发治理，建成了沙、水、林为一体的沙坡头旅游区，实现了治沙造林与旅游经济效益的双赢。特别是近年来，实施了以湿地保护及恢复为主的沙漠湿地保护示范工程建设项目，通过退耕还湖、营造护堤林、人工开挖、修建补水渠道、治污限排、加强湿地管理等措施，建成了香山湖国家湿地公园和腾格里区级湿地公园，成为中卫城区重要的生态湿地和中印、中澳鸟类迁徙路线上重要的停歇地和繁育地（图7-1-3）。

三、石嘴山市

石嘴山市位于宁夏银川平原的北部，中朝准地台鄂尔多斯

图7-1-3 中卫市沙漠治理（来源：中卫日报）

台缘褶带的西北缘，市辖范围自西向东分为山地、洪积冲积倾斜平原、黄河冲积平原和鄂尔多斯台地四大地类。矗立城市西侧的贺兰山形成城市的天然屏障和景观背景。山洪冲积形成的平原湖泊则为大武口区域提供绝佳的城市自然景观环境。东侧的黄河为市区提供主要的地表水资源，也是惠农区重要的水环

图7-1-4 石嘴山市山水环境（来源：代汇权 摄）

图7-1-5 石嘴山市绿化环境（来源：代汇权 摄）

境城市背景。石嘴山属中温带干旱气候区，四季明显。炎热湿润的夏季加之充足的水资源，在贺兰山东麓洪积平原和黄河冲积平原上形成良好的绿化条件。邻近城市区域有森林公园、滨河湖绿化区和采煤塌陷区生态复建的绿化区。绿化和山水环境是石嘴山市评为国家森林城市的根本条件，也是城市大风貌的基本背景（图7-1-4、图7-1-5）。

石嘴山市是宁夏北部中心城市，下辖大武口、惠农两区及平罗一县。大武口区为市域一级中心城市及一级旅游服务基地，人口约24万。城市建成区域面积52.4平方公里，远期规划建设用地规模约36平方公里。城市建设区分为老城区、新城区及工业园区三个组团，围绕星海湖形成的绿心布局。其中老城区承担生活服务、医疗体育等职能，街道尺度适中，主要呈现改革开放后至20世纪末我国典型地方城市风貌；新城区主要承担行政办公及教育科研等职能，街道宽阔，城建密度低，更多呈现大尺度山水园林城市风貌（图7-1-6）。

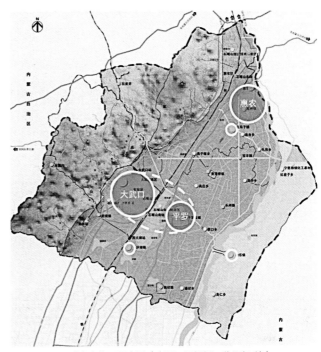

图7-1-6 石嘴山市辖区示意图（来源：马媛媛、代汇权 绘）

惠农区是中心城市的组成部分，也是石嘴山市的发源地，人口约13万，城市建成区域面积50.4平方公里，远期规划建设用地规模约24平方公里。市区由河滨工业园和惠农城区组成。惠农城区为生活中心，工业园为工业中心。城区北部为依托工矿区发展起来的老城区域，与采煤塌陷区邻近处仍留有工业立市时期的厂矿生活用房。城市南部是规划发展方向，新城建设方兴未艾。平罗县是石嘴山境内建制较早的行政区域（图7-1-7、图7-1-8）。

石嘴山市早在4万～1.5万年前就有人类居住，在西汉时期筑县，后历经数代移民屯兵，留下许多历史遗迹，如平罗县的玉皇阁、鼓楼以及大武口区的北武当庙等。石嘴山也是回族聚居区域，境内各市镇多建有清真寺，其中以惠农区的中街清真寺（图7-1-9）和大武口清真大寺（图7-1-10）为代表。

图7-1-7　石嘴山市惠农区街景（来源：马媛媛 摄）

图7-1-8　石嘴山市平罗县街景（来源：马媛媛 摄）

图7-1-9　惠农区的中街清真寺（来源：李慧、董娜 摄）

候区，是典型的大陆性气候，降雨相对充沛，但日照强烈，蒸发量大。南部为六盘山脉，植被良好；北部属于黄土丘陵沟壑区，自然地貌变化丰富，景观资源优良。

汉武帝治安定郡于公元前114年，从此固原成为古代丝绸之路东段北道上的重镇，正所谓"外阻河朔，内当陇口，襟带秦凉，拥卫畿铺"。秦长城遗址、回字形古城遗址、隋唐古墓、须弥山石窟等历史文化资源具有鲜明的特色，丝路文化源远流长。固原城始建于汉代，历代不断修缮。明代万历三年（1575年）大兴土木建成砖包城，即内城。清代扩建时，在明城外围又修建了外城，形成了固原古城的"回"字形结构。20世纪70年代时固原城墙被拆除，现只有城墙西北角砖城保存完好。独具特色的"回"字形古城格局，地表遗存段共12处，建设遗址公园，充分展示地上遗存。可能遗存段城墙，所在空间优先作为市民活动的公共场所，建设为公园或休闲文化广场（图7-1-11）。

固原民族文化：固原是全国知名的回族聚居区，具有一定的民族传统、饮食、宗教、产业基础，需要进一步发掘民族资源，争取自治区的支持，落实民族特色空间，发展民族特色产业。红色文化：固原市以"长征终结点、三军会师

图7-1-10 大武口清真大寺（来源：李慧、董娜 摄）

石嘴山市以工业立市，是西北重要的能源、新材料研究基地。近期以新材料、煤基炭材的综合利用产业为主，远期则向新材料工业为代表的高新技术产业和商贸旅游服务业转型。作为资源枯竭型城市的典型，石嘴山市在产业转型过程中将遗留下大量工业遗产，包括采矿区、工业生产区、厂矿生活区、家属区等。这些工业遗产将成为石嘴山在宁夏五市中独具特色的城市风貌。

四、固原市

固原市是宁夏回族自治区回族聚居地区，地处西安、兰州、银川三省会（首府）城市所构成的三角地带中心，是回乡风情与中原文化交汇处。固原地处黄土高原暖温半干旱气

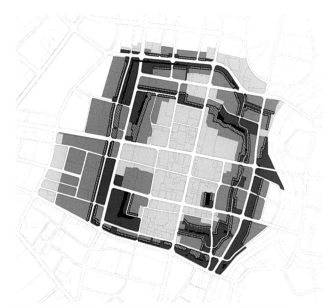

图7-1-11 固原市"回"字形结构（来源：马媛媛、代汇权 绘）

地"而闻名天下，六盘山红军长征纪念馆、将台堡红军长征会师园等红色景点发展态势良好，有望发展成为全国知名的红色旅游和爱国主义教育基地。

固原市由4条生态廊道、多条绿化轴线和多个绿化节点3个层次相互叠加，形成"山城相伴、绿网交织、绿园镶嵌"的绿地系统结构（图7-1-12、图7-1-13）。

"回"字形开放空间结构：独特的"回"字形城墙结构在城市肌理中还依稀可辨。结合现状开放空间梳理、打通"回"字形开放空间结构，并在沿线布置城市活力空间，塑造双环串珠的整体结构，强化固原古城的空间特色。城市发展轴线：中山路、文化街是固原老城的天心十字，也是贯穿南北、东西的发展轴线，应保护这两条轴线的重要对景。政府路沿线则形成了众多商业、办公、文化设施，应强化两个端头节点，形成城市发展次轴。清水河景观带：根据老城与周边山体的朝对关系，打通由城市内部通向清水河的景观廊道，提高清水河滨水景观带的活力。文化聚落：结合重要历史文化资源，设置丰富多样的城市活力空间，形成文化聚落，作为城市发展提升的触媒，塑造古韵新风魅力之城。

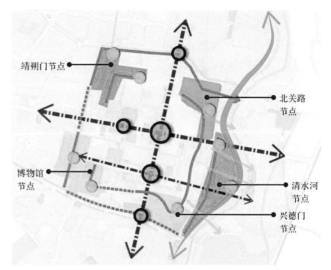

图7-1-13　固原市景观节点示意图（来源：固原市总体规划文本）

第二节　从"盲从建筑"走向"和谐建筑"

1. 历史文化街区建设

1986年银川市被公布为第二批中国历史文化名城，1998年出台《银川市历史文化名城规划》，1996年的《银川市城市总体规划》（1996-2010）将1989版的名城保护规划纳入，2001年开始对唐来渠断进行全面的改造和整治，在沿街的住宅和商业上都做了亮化工程和体现回族特色的拱券符号；2007年公布了14处"第一批近现代建筑"；海宝塔公园进行了环境整治与园区建设；2008年开展"穿衣戴帽、洗脸修面"特色街区改造工程，对20余条特色建筑与街道界面风貌整治开放空间以及老旧小区进行改造整治；2012年，

图7-1-12　固原市绿地系统结构（来源：固原市总体规划文本）

《银川历史文化名城保护规划》（2012版）出台以及银川新区标志性建筑建成，如银川新火车站、宁夏回族自治区博物馆、宁夏图书馆新馆等；2013年，《银川市历史文化名城特色空间规划及重点地段保护与提升修建性详细规划》开始全面开展旧城风貌塑造。在银川城市风貌演变的过程中，银川市的一些表现近现代风貌建筑、开放空间代表的城市特色得到重视和认可，开始有意识地对老旧的城市面貌改造，使得城市建筑焕然一新，地域文化特色更加凸显；最后对城市特色的认知视野扩展到了市域层面，初步形成了具有回族风情的现代化大都市。

在地域性建筑发展的过程中，银川市的城市特色被提炼出来。西夏区——西夏古都：有着价值突出、地位独特的西夏古都历史文化遗存，如西夏王陵；兴庆区——回族之乡：在回族历史文化的身后影响下表现出丰富博大的回族文化风情；金凤区——塞上湖城：山拥河绕、渠湖相连的塞上江南景观，塞上湖城的积淀深厚、遗存众多的明清边防文化线路。银川市历史悠久，属于国家1986年公布的历史文化名城之一，现有6处国家级文物保护单位、10处自治区级文物保护单位，决定了其标志性建筑具有很强的历史文化属性，如海宝塔、承天寺塔、钟鼓楼、玉皇阁、南熏门等（图7-2-1）。

2. 中山公园

银川中山公园，占地面积约32公顷，其中水面6.7公顷，是银川最大的综合性公园，也是宁夏历史最悠久的公园，位于银川市兴庆区西部，南临湖滨西街，西临凤凰北街，北临北京中路，正门位于公园东南角，面向光明广场。据史料所载，这里原为西夏国元昊宫遗址，当时的元昊宫"逶迤数里，亭榭台池，并极其盛"，为西夏国都兴庆府第一大建筑，西夏王元昊建都兴庆府（今银川）时，在此修建了以水景为主的"元昊宫"，后毁于战火。明嘉靖年间，此为镇属兵马营房，俗称"西马营"。清代汉、满、回人民于此聚居贸易，欢度节日，俗称"西满营"。1929年，为纪念孙中山，冯玉祥部门致中（时任当时的宁夏省主席）特于此辟建公园，正式命名"中山公园"。1949年以后，经过30多年的精心规划和修建，公园面积扩大到780亩，内有"银湖"，增添了"烈士纪念亭""朔方亭""游船码头""玉带桥""少年科技站""儿童活动场"及动物园等20多处景观及游乐场所。

银川中山公园是一处体现宁夏地域文化特色的名胜古迹，有西夏古城墙、文昌阁、岳飞诗碑、樵橹禁钟俗称"明钟"等古迹。园内的园林建筑有一山二岛、三湖一榭、六桥八亭。园内植物品种丰富，现有各种树木2万多株，木本花

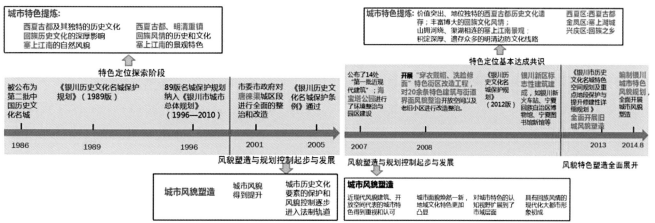

图7-2-1　银川市文化街区建设时间轴（来源：银川市总体规划文本）

图7-2-2　银川市中山公园（来源：马龙 摄）

图7-2-3　银川市南关清真寺（来源：张天然 摄）

卉92个品种，树木葱绿，芳草萋萋，三季有花，四季常绿。主要树种有国槐、刺桐、白蜡、臭椿、桧柏、云杉等。有古树名木101株，现存的一棵百年家桑仍然枝繁叶茂，1936年种植的一棵桧柏，俗称"宁夏第一柏"，苍劲挺拔，是公园的历史见证。经过80多年的建设，公园形成高水准的风景旅游区、游艺活动区、儿童游乐区、花卉观赏区、动物展览区、文化活动区及供游人休闲的安静休闲区等分区功能。各区域功能健全，环境优美，服务规范，令人流连忘返（图7-2-2）。

3. 南关清真寺保护与复建

南关清真寺是宁夏最大的清真寺之一，该寺位于银川市南关南环东路。明末清初始建于南门外，1915年迁至城区，1953年经过扩建，成为一座拥有大殿63间、面积1200多平方米、南北配房41间、占地为20多亩的建筑群，其规模居于当时银川市区7座清真寺之首。原寺为中国传统古典建筑风格，殿堂门窗皆为红松木，雕刻工艺精细，惜于"文化大革命"中遭拆毁。1981年重建，改为阿拉伯式建筑风格。2008年南关清真寺开始进行大规模的修葺，现南关清真大寺占地3亩多，建筑面积为2074平方米。该寺由回族建筑设计师姚复兴主持设计。主体建筑分上下两层，建筑面积1300多平方米。礼拜大殿位于上层，沿着弧形阶梯拾级而上，是二层平台，平台

与大殿之间有一道汉白玉贴面的双心圆券柱廊。大殿呈正方形，边长各21米，窑殿用汉白玉做成圆心复叶型壁龛形式，上刻《古兰经》。大殿中部有4根绿色瓷砖贴面的方柱。大殿顶部为一大穹顶，直径为9.5米，四角各为一小穹顶。大小穹顶通体全绿，顶部均有宝瓶装饰，其中大穹顶上的新月距面22米。大穹顶底部与殿内的方柱之间为圆柱形的鼓座，开设有24扇天窗，加上大殿内南北两侧各开6扇大窗，增加了殿内之光照亮度。此外，殿内还是19盏大宫灯，墙壁置双管玉兰灯。礼拜大殿下层为小礼拜殿、阿訇住房、会客室等，以回廊相连接。以后，该寺在大殿前又添建了两座方柱形的"邦克楼"和两侧长廊，使整个清真寺的风格浑然一体，典雅华美，庄重宏伟。殿前还有一喷水池，绿萍浮水，莲荷映月，院内绿树成荫，春夏秋三季百花争艳。银川南关大寺建筑新颖，一度成为宁夏回族自治区的标志性建筑物，加之该寺位于城区，交通方便，因而成为宁夏境内吸引国内外旅游观光客人最多的人文景点之一（图7-2-3）。

第三节　以地域特色为原型的建筑

1. 西夏王陵保护项目：地景文化思想之传承

西夏陵是中国现存规模最大、地面遗址最完整的帝王陵

园之一，西夏陵约建于公元11世纪至13世纪初，这座现存规模最大的西夏文化遗址，将汉族文化、佛教文化和西夏特有的党项文化有机地融合在了一起。1038年，生活在宁夏平原的党项人首领李元昊建立西夏，随即将其祖父李继迁和父亲李德明的陵墓迁葬于贺兰山东麓。

如今的西夏陵景区占地面积58余平方公里，核心景区20.9平方公里，分布9座帝王陵墓、250余座王侯勋戚的陪葬墓，规模宏伟，布局严整。每座帝陵都是坐北向南，呈纵长方形的独立建筑群体。陵园吸收唐宋皇陵之所长，又受佛教建筑影响，构成中国陵园建筑中别具一格的形式。从博物馆走向陵区，贺兰山下的三号陵（图7-3-1）孑然矗立，三号陵茔域面积15万平方米，是西夏陵九座帝王陵园中占地最大和保护最好的一座，考古专家推测其为西夏开国皇帝元昊的"泰陵"。西夏陵每座帝陵陵园都是一个完整的建筑群体，占地面积在10万平方米以上，坐北朝南，平地起建。高大的阙台犹如威严的门卫，矗立于陵园最南端。

西夏陵园在吸收中国古代汉族皇家陵园建筑形制风格的同时，又受佛教建筑的巨大影响，使汉族文化和佛教文化与党项文化三者有机地结合在一起，构成了中华陵园建筑中别具一格的建筑形式，在中国陵寝发展史上占有重要地位。陵台是陵园中的主体建筑。在中国古代传统陵园建筑中陵台一般为土冢，起封土作用，位于墓室之上。但西夏陵台建在墓

室北10米处，不具封土作用，是塔式陵台，为夯土实心砖木混合密檐式结构，且偏离中轴线矗立，这在中国建筑史上无前例，是党项人的创造。塔是佛教建筑物，实质上是埋葬佛骨或高僧的坟墓。从陵台建成塔式反映了西夏帝王笃信佛教，也可以说明西夏陵园的塔式陵台是佛教文化与党项文化相结合的产物。

2. 黄沙古渡原生态旅游景区

黄沙古渡原生态旅游景区位于银川市兴庆区月牙湖，距银川市52公里，距银川河东机场38公里，距银川火车站66公里。景区规划面积32.3平方公里，整个景区由六大景点构成，分别是功能服务区、黄河湿地公园、望娘亭、观日台、古渡口、月牙湖。

黄河在宁夏腰部穿过，流程390多公里，在宁夏有许多古老的渡口。据一些地方志记载，明清时期的官渡有横城、高崖、李祥、马头、临河、永康、常乐、新墩、宁安堡、广武、老鼠嘴、张义、青铜峡、冰沟、泉眼山和田家滩南等16处，其中最负盛名的是横城渡口。横城渡口是一处古老的黄河渡口，早在西夏时期就已有了，是西夏国重要交通咽喉。横城位于银川市东30余里的黄河东岸，这里登高东望，是浩瀚无垠的黄沙，隔河西眺，则是一片一望无际的绿色田野。滔滔的黄河水，从这里向北奔腾而去；蜿蜒的明代长城向东南伸延。由于横城之北有个地名叫黄沙嘴，所以明代又把横城渡称为"黄沙古渡"。

黄沙古渡生态旅游景区开发建设的主题思路是通过旅游规划，逐步形成黄沙古渡落日观光、湿地保护、治沙示范、生态农业、民族民俗风情、大漠挑战、黄河漂流、沙浴康体、休闲娱乐、黄龙祭祀为一体的特色生态旅游景区。具有代表性民间民俗物品为主要内容的综合型博物馆。坐落在黄沙古渡旅游景区内，占地面积12000平方米，其中展厅面积2300平方米，共计26个展厅。馆内共分幸福年代、生产、生活、农具、石器、铜器、灯具、木雕、工匠制造、皮影、年画、剪纸、绣品、泥塑、毛文化等展厅。馆内藏品资源丰富，特色鲜明，主要藏品有西北地区以及黄河流域劳动人民

图7-3-1　西夏王陵三号陵（来源：张天然 摄）

图7-3-2 黄沙古渡生态旅游景区（来源：马媛媛 摄）

水系，这里丰富的水资源是生态环境建设综合治理的重要组成部分，湖泊面积占湖区面积的80%，灌排水系发达，西有汉朝开挖的汉延渠，东有清代开挖的惠农渠，水源稳定性好，水量充沛，基本上不受年降水变化率的影响，湿地生态环境可人工控制，湖底平坦，由于其水系未受工业污染，人为破坏影响因素较少，湖水四季透明，水质良好，基本完整地保持了自然生态环境。鸣翠湖作为一个典型的湿地生态系统，由沼泽、湖水、芦苇有机地形成一个适于鸟类繁衍、栖息和生存发展的生态支持系统。湖东侧大片的芦苇引来大量水禽栖息，并在此"生儿育女"，湖周边沼泽广布芦苇、蒲草和香蒲等，这里丰富的小鱼小虾成为鸟儿觅食的黄金地带。湖心的岛屿、苇丛和码头是鸟类晚间栖息的好地方，而连片的沼泽是鸟类觅食的好去处，"天时、地利、鸟和"形成了一个自然、适宜、和谐、非常理想的鸟类栖息地和候鸟驿站，为建设银川及西部的鸟类研究、观赏基地，提供了绝好的天然资源（图7-3-3）。

4. 贺兰山岩画

贺兰口距银川城50余公里，位于贺兰山中段的贺兰县金山乡境内，山势高峻，海拔1448米，俗称"豁了口"。贺兰山在古代是匈奴、鲜卑、突厥、回鹘、吐蕃、党项等北方人驻牧游猎、生息繁衍的地方。他们把生产生活的场景，凿刻在贺兰山的岩石上，来表现对美好生活的向往与追求，再现了他们当时的审美观、社会习俗和生活情趣。在南北长200

生产、生活当中常见的各种工具、农具、器具物品，如各种木器、家具、运输工具、工匠制作工具、生活用具和剪纸、年画、皮影、小人书等，其中最具代表性的为石器馆和灯具馆。这些民俗物品，从不同侧面集中反映了西北地区以及黄河流域各族人民在不同历史时期的艺术、审美、劳动、居住、民俗、民风、民情的历史风貌，是我国北方千百年来各民族文化融合的历史见证（图7-3-2）。

3. 银川鸣翠湖国家湿地公园

银川鸣翠湖国家湿地公园位于宁夏银川市兴庆区掌政镇境内，距银川市区9公里，距黄河3公里。鸣翠湖分南北两湖，生态体系完整，湖区及周边河流、湖泊、沼泽、灌渠、水稻田连片，水量充足、土壤肥沃。鸣翠湖的水资源属黄河

图7-3-3 银川鸣翠湖国家湿地公园（来源：张天然 摄）

多公里的贺兰山腹地，就有20多处遗存岩画，其中最具有代表性的是贺兰口岩画。这是自远古以来活跃在这一地区的羌戎、月氏、匈奴、鲜卑、铁勒、突厥、党项等人的杰作，时间大致从春秋战国到西夏时期。

山口景色幽雅，奇峰叠嶂，潺潺泉水从沟内流出，约有千余幅个体图形的岩画分布在沟谷两侧绵延600多米的山岩石壁上。画面艺术造型粗犷浑厚，构图朴实，姿态自然，写实性较强。以人首像为主的占总数的一半以上，其次为牛、马、驴、鹿、鸟、狼等动物图形。人首像画面简单、奇异，有的人首长着犄角，有的插着羽毛，有的戴尖形或圆顶帽。表现女性的岩画，有的戴着头饰，有的挽着发髻，风姿秀逸，再现了几千年前古代妇女对美的追求。有的大耳高鼻满脸生毛，有的口衔骨头，有的面部有条形纹或弧形纹。还有几幅面部五官似一个站立人形，双臂弯曲，两腿叉开，腰佩长刀，表现了图腾巫觋的造型形象。

根据岩画图形和西夏刻记分析，贺兰口岩画是不同时期先后刻制的，大部分是春秋战国时期的北方游牧民族所为，也有其他朝代和西夏时期的画像。刻制方法有凿刻和磨制两种：凿刻痕迹清晰，较浅；磨制法是先凿后磨，线条较粗深，凹槽光洁。贺兰口岩画的题材、内容与表现手法都十分广泛，富有想象力，给人一种真实、亲切、肃穆和纯真的感受。众多岩画为我们了解和研究古代游牧民族的历史、文化、经济状况、风土人情提供了极为珍贵的文物资料，堪称是一处珍贵的民族艺术画廊（图7-3-4）。

5. 水洞沟遗址旅游区

水洞沟遗址旅游区位于宁夏灵武市临河镇，西距银川市19公里，南距灵武市30公里，距河东机场11公里，地处银川河东旅游带的核心部位，北与内蒙古鄂尔多斯市相接，是连接宁蒙旅游的纽带，占地面积14.4平方公里。水洞沟独特的雅丹地貌，鬼斧神工地造就了魔鬼城、旋风洞、卧驼岭、摩天崖、断云谷、怪柳沟等20多处奇绝景观，记录了三万年前人类生生不息的活动轨迹。由"横城大边"、烽燧墩台、城障堡寨、藏兵洞窟等构成的古代长城立体军事防御体系，成

图7-3-4　贺兰山岩画（来源：李慧、董娜 摄）

为中国保存较为完整的军事防御建筑大观园。

水洞沟属温带大陆性气候，在全国自然区划中属温带干旱气候区。虽然深居中国西北内陆，但具有干旱少雨、蒸发强烈、冷热温差大、光照充足、风大沙多，冬寒长、夏热短、春暖迟、秋凉早和气象灾害较多等特点，也造就了这方水土极致、透彻、坚韧的特质。

水洞沟旅游区已经成为一个集旅游观光、科学考察、休闲娱乐、军事探密为一体的旅游区。水洞沟旅游区有3公里长的芦花谷，芦花谷内芦苇摇曳生姿，人们走在其间的小路上，陶醉在那苇荡丛中，此刻心情一片宁静。湖泊面积近30万平方米，其中鸳鸯湖上修有原生态木桥4座、凉亭两处，湖面上，芦苇丛中百鸟翔集。碧绿的湖水、清脆的鸟鸣、唯美的画面，使此处成为人们休闲娱乐的好去处。红山湖内绿波荡漾，游船往来，水岸长城，难得一见，在游船上

图7-3-5 水洞沟旅游区（来源：马龙 摄）

观赏雄伟的古长城，别有一番情趣。当你还没有从土林景观的童话世界中走出来的时候，下船登上码头，又掉入了一个世外桃源内，那就是景区内的沙枣湾。沙枣湾里沙枣树丛生，六七月份沙枣花开的时候，那一阵阵的清香又让你流连忘返（图7-3-5）。

6. 七十二连湖生态环境修复

在中国西北乃至整个北方，拥有如此大面积河湖水系的城市十分少见。中华人民共和国成立初期，银川仍是湖群密布。20世纪五六十年代以来，随着人口增加、城市扩展，大面积围湖造田、填湖盖楼，湖泊群日渐萎缩。到21世纪初，银川的湖泊湿地由原来的6.7万公顷锐减到1.2万公顷。城内外1000亩左右的天然湖泊只剩下10来个，而且彼此相隔甚远，水源枯竭，灌排不畅，生态退化。

21世纪以来，银川市坚持走绿色发展和可持续发展之路，大力实施生态立市战略，始终保持湿地只增不减、只扩不缩的定力，扩湖拓面、退田还湿、连通水系、强化湿地保护和恢复，湿地面积达到5.3万公顷，拥有6处国家湿地公园、自然湖泊近200个，市区湿地率达到10.65%，湿地保护率达到78.5%，成为中国西部以及东亚——澳大利西亚鸟类重要的迁徙路线和栖息繁殖地。据统计，银川鸟类品种已经从2012年第二次鸟类普查时的169种，增加到目前的239种，其中不乏大鸨、小鸨、中华秋沙鸭、黑鹳、白尾海雕等国家一级保护鸟类，仅银川阅海、鸣翠湖、宝湖等湿地鸟类种群数量就比2009年增加了35%。

从银川河东国际机场进市区的游客，都会经过一段湖光戏柳、草树烟绵、百鸟翔集之地，这是银川城东最大的一片湿地、占地面积1万亩的鸣翠湖国家湿地公园。此外，阅海湖、大小西湖、宝湖、海子湖、北塔湖、鹤泉湖等湖泊，加之流淌千百年的唐徕渠、汉延渠等古灌溉渠系，使"城在湖中，湖在城中"的"塞上湖城"景象得以再现。百万年前的地质巨变造就了泱泱巨川，形成了"塞北江南"的壮美轮廓；千百年前的天堑分流、引渠灌溉，造就了"塞北江南"的水色文脉；十多年的退耕还湖、生态修复，再现了"七十二连湖"的湖光胜景（图7-3-6）。截至2017年年底，银川市已建成公园113个，建成区绿地面积7327.92公顷，绿化覆盖率、绿地率和人均公园绿地面积分别达到42.07%、42.04%和16.83平方米。自2014年起，银川新建面积在2000~10000平方米的小微公园42个，这些"袖珍公园"以乔木为背景林，沿路两侧栽种花灌木和地被植物，搭配不同风格的休闲坐凳与设施，成为一个个"室外会客厅"。

图7-3-6　"七十二连湖"的湖光胜景（来源：贺平 摄）

第四节　体现时代精神的多元化探索

一、三馆两中心

　　银川三馆两中心位于银川的中轴线宁安大街尽头，三馆包括博物馆、图书馆、科技馆，两中心为宁夏国际会展中心、文化中心（图7-4-1）。

　　宁夏国际会展中心位于银川城市核心区人民广场西侧，建筑包括展厅、商务中心、办公以及辅助用房等。设计中将不同功能的用房分层分区做到相对集中，独立进出又能相互

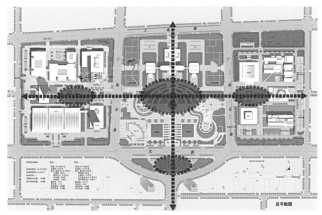

图7-4-1　银川三馆两中心示意图（来源：根据资料，作者改绘）

联系。银川国际会展中心南面柱廊和挑檐设计是表达宁夏回族建筑特色的关键所在。挑檐基本造型单元宛若盛放的花朵，设计以半个挑檐造型单元作为会展中心屋顶桁架的收头造型，并在南面增设一个完整单元，结合柱廊，实现了会展中心造型与结构相结合的目标，巧妙地解决了大跨结构难以表达地域文化的设计难题。挑檐基本造型单元的设计打破了对同族拱券形象的传统二维应用，将其扩展到三维层面。柱廊设计的焦点集中在柱子上。设计打破常规，将高约22米的"十"字形构件以变截面的方式处理成中部粗壮、四端逐渐收分的形式以获得稳定感。柱身"十"字形变截面的处理方式既与顶部反弧造型相呼应，又能相互拼接形成整体，加强了造型间的相互联系。在总长度约430米的城市界面上，会展中心的柱廊仿佛"手拉着手"，以团结有力的姿态矗立在北京路上，又好似由地面生长而出、在顶部绽放的花朵，相互连接，无穷无尽，形成具有同族风格的三维"拱券"。层次丰富的立面造型，在不断重复和涌现的韵律中，产生出一种独特、优雅的表情（图7-4-2）。

　　银川大剧院位于银川市金凤区人民广场东侧，与宁夏博物馆、宁夏图书馆和银川市文化艺术中心围合成一个漂亮的广场。由于博物馆及图书馆均为方整的造型，大剧院采用了外方内圆的圈式，使之成为一个完整的组合并将作为主体的大剧院的形象突显出来（图7-4-3）。

　　宁夏博物馆新馆建筑面积30258平方米，位于银川市北京路人民广场东侧，新馆的主体建筑如果从顶上俯瞰，整个建筑平而呈一个大大的"回"字形，这一设计紧紧切合宁夏回族自治区的"回"字。四方形的建筑采用古代都城的形状，四周开门，构筑了一个充满现代意味的"文化城堡"。从纵向来看，新馆颇似古代的烽火台，这一细节则是对宁夏边塞文化的呼应。设计文物饱和藏量达数万件，日接待参观人数1000人以上，是一座集文物收藏、展览、研究、开发为一体的现代化博物馆。外顶部为四面体玻璃金字塔，四面体玻璃金字塔造型具有很高的技术含量，它的保温隔热性能很强，采光出色，可以充分体现环保节能。大厅内顶部借鉴了中国古代建筑中的天花藻井，数十个藻井窗花系由纯铜锻

图7-4-2　宁夏国际会展中心（来源：马媛媛 代汇权 摄）

图7-4-3　宁夏银川大剧院（来源：马媛媛 摄）

图7-4-4　宁夏博物馆新馆（来源：马媛媛 摄）

造而成，庄严华美，体现着中华传统文化的精髓。新馆出入口的立面具有强烈的伊斯兰民族风格，外立面顶部采用伊斯兰建筑风格的"尖圆拱"雕饰，利用光影作用，形成伊斯兰建筑的"回廊"效果，具有鲜明的民族特色。而馆体的四角别出心裁地使用了力士志文支座，朴素典雅的石材外墙贴面上，32个迎陵频伽雕饰格外引人注目（图7-4-4）。

二、宁夏花博园

宁夏中国花卉博览会，属于经国家批准继续举办的展会活动，每四年一届，是我国规模最大、规格最高、影响

最广、内容最为丰富的花事盛会之一，被誉为中国花卉界的"奥林匹克"。花博会至今已举办八届，从规模、影响上都已大大加深，正在向着国际化的方向发展。

本次花博园的规划结构是"一心、两轴、四岛、多园"。"一心"即花博园中心展馆区，由主题馆、四季馆和综合馆三个室内展馆组成。"两轴"即科技文化轴及花博景观轴。"四岛"由南到北依次为览山岛、回乡岛、花博岛及阅海岛。"多园"即以展示为主的各个省（区、市）花协室外展园、宁夏各地级市展园、友好城市展园以及各类花卉专类园组成的室外展园系统。除了60多个风格各异的漂亮园区，本次博览会中还将举办郁金香展、银川首届荷花艺术

图7-4-5 宁夏花博园（来源：马龙 摄）

节、精品兰花展、第二届中国杯盆景大赛、第七届中国花卉交易会等养眼又有趣的精品活动（图7-4-5）。

三、贺兰山麓葡萄酒生产基地

贺兰山东麓地区位于中带干旱气候区，属于典型的大陆性气候，光能资源丰富，日照时间长，昼夜温差大，葡萄的糖分可以充分积累，同时葡萄的酚类物质含量也比较高，有着发展葡萄种植的优越条件，为葡萄酒产业的发展提供了优越的自然基础。贺兰山东麓葡萄可谓种植历史悠久，隋唐之时，"贺兰山下果园成，塞北江南旧有名。"脍炙人口的唐诗名句，是对当时宁夏河套平原风光的真实写照，而诗人贯休"赤落蒲桃叶，香微甘草花"的著名诗句，则是唐代宁夏地区已大量栽培葡萄的佐证。如巴格斯酒庄占地面积达6500平方米，总建筑面积2200平方米，绿化率54%。酒

庄由酿酒车间、地下酒窖和商务中心三大建筑群组成，呈现出欧式园林建筑风格，以巴格斯酒神像作为酒庄的标志性建筑。巴格斯酒神是原始自然、绿色健康的象征（图7-4-6～图7-4-8）。

四、宁夏永宁县闽宁镇特色小镇

宁夏永宁县闽宁镇位于宁夏首府银川南端、贺兰山东麓、永宁县西部，闽宁镇从自身实际情况出发，大力发展优势产业，着力打造全国"生态移民扶贫新标杆，东

图7-4-6 巴格斯酒庄（来源：马媛媛 摄）

图7-4-7 巴格斯酒庄发酵车间（来源：马媛媛 摄）

图7-4-8 巴格斯酒庄室内（来源：马媛媛 摄）

西合作发展好典范"和闽宁协同发展、茶酒文化共融的AAAAA级文化旅游特色小城镇。目前，闽宁镇有特色种植（葡萄、红树莓种植）、特色养殖（肉牛、蛋种鸡养殖）、光伏产业、劳务等四大主导产业。红树莓种植业已成为闽宁镇新的经济增长点。闽宁镇是福建和宁夏对口协作的重点项目和示范工程，是两省区友谊的象征、协作的窗口，是闽宁东西合作、宁夏南北互助的典范，全区东西合作、民族互助的移民示范镇，以发展葡萄产业、商贸服务业为主，具有回乡文化和闽南文化特色的生态文化宜居城镇。新镇区建设充分展现闽南茶文化和宁夏红酒文化，两者代表不同地域的文化；老镇区建筑布局充分体现了回乡文化特色。结合新老镇区建筑布局，将福建闽南文化与宁夏回族文化在闽宁镇交融。

闽宁贺兰山东麓洪积扇平原，地势开阔平坦，干旱少雨，蒸发强烈，降水量变化较大，生态环境脆弱。闽宁镇属扬水灌区，西夏渠从镇区穿过，为镇区注入了新的活力，闽宁镇以农畜产品资源为主。粮食作物以小麦、玉米为主，辅之以豆类等，经济作物有葡萄、枸杞、瓜果等。闽宁镇现状201省道东侧以传统回乡文化特色为主，建筑多表现回族建筑特色；201省道西侧为闽宁合作的新镇区，建筑色调以红色、白色及灰色为主，建筑主要表现闽南、闽都建筑的特色（图7-4-9）。

水是万物之源，以水为媒介，将闽南文化与宁夏文化在

图7-4-9 闽宁镇建筑风貌（来源：《闽宁镇特色小镇规划文本》）

闽宁镇交融，并在建筑风格上老镇区的回族风和新镇区的闽南、闽都风格相融合。通过新建闽宁镇新镇区红酒博物馆、茶文化博物馆、茶艺馆、名人酒庄、闽茶街活化新镇区经济活力，为游客和生活在本镇的人们提供良好的品茶品酒的优美环境，从而也能让人感受到人生之乐趣。通过新镇区美食广场、闽宁交流中心、旅游接待中心、闽南客栈、精品酒店、葡萄酒学院、闽南文化广场、闽都文化广场、丝路文化广场展现闽宁镇的活力和特色。通过新镇区闽商会馆、红酒养身会所、企业会所、创意文化园的建设，并配套完善的基础设施及公共服务设施，为有想法、充满活力的创业者提供平台，成为他们创业的乐土，美丽的家园。

五、陶乐康养小镇

康养小镇位于黄河湿地与毛乌素沙漠之间，北侧有大面积的黄河湿地，西侧紧邻黄河，景色壮阔，东部与毛乌素沙漠接壤，具有大漠风光特色。陶乐镇地处宁蒙交接带，区域内汉、回、蒙等民族多元文化交汇，同时融入丝路文化、黄河文化、边塞游牧文化等。镇域内有沙苇湖生态旅游区、拉巴湖沙漠生态旅游区、庙湖生态旅游景区、莹湖湿地生态园、天河湾湿地公园、马兰花影视基地、特色农（渔）家乐等特色旅游资源。

陶乐镇打造康养特色产业离不开良好的生态环境，通过区内、周边域治理绿化工程提升为陶乐镇发展康养产业供生态保障。陶乐镇农业是平罗县河东产带的重要组成部分，主发展沙漠瓜菜和草畜。发展模式主要是依托河东沙漠瓜菜田园综合体、现代农业示范观光体验让城市退休老人及家属以为生活空间，农作、农事为生活内容，回归自然享受生命的一种方式。同时优质的有机瓜菜，保健作用突出，沙漠瓜菜为康养体验提供基础保障。康养+旅游，是以健康养生为目的，打造亲近自然、休闲度假胜地。

将陶乐镇构建成"一心、二带"的产业空间布局。"一心"以陶乐镇区作为域康养小镇服务中心。"三带"根据不同的生态条件将其分为三个产业带，即西部滨河休闲带、中部现代农业产带、东沙漠生态部现代农业产带（东沙漠生态带）（图7-4-10）。

六、镇北堡镇

镇北堡镇因镇区东南部的自治区政府级重点保护单位——镇北堡而得名。现存的镇北堡始建于明清，是当时屯兵之地，南堡先建，于1738年震毁后，又在原址东北部新建城堡，现开辟为西部影视城。镇北堡镇位于贺兰山东麓，地势西高东低。气候属温带干旱气候带，具有明显的大陆气候特点。境内土壤类型主要为淡灰钙土、山地灰钙土、山地灰褐土、山地草甸土、亚黏土。植被类型为山麓荒漠草原、山

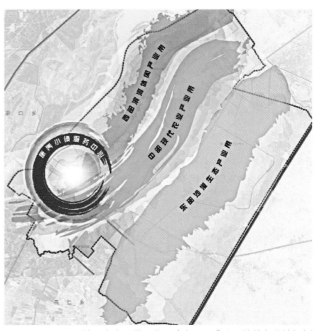

图7-4-10　陶乐镇三个产业带示意图（来源：《陶乐镇特色小镇规划文本》）

地草原、山地树林草原、山地针叶林、亚高山灌丛草原。贺兰山具有丰富的野生动植物资源，具有典型的温带干旱、半干旱山地植物景观，是比较完备的西北山地森林生态系统。

镇北堡镇处在贺兰山东麓洪积扇平原，地势开阔平坦。蓝灰色的贺兰山为整个城镇的大背景。镇北堡影视城在中国众多的影视城中以古朴、原始、粗犷、荒凉、民间化为特色。黄土地、土夯城墙、中国传统古建风貌为其景观要素。镇区沿110国道经过近几年的改造建设，已形成一定规模的具有西夏特色的街道景观，但沿镇区内部道路的建筑质量参差不齐，建筑形式杂乱，城镇景观较差。镇区公共绿地很少，绿化缺少系统规划，形成的空间景观效果也不很理想，缺乏良好的生态和生活环境。

镇北堡是全国著名的影视基地、银川市区西部重要的近郊旅游服务城镇。涵盖影视文化、葡萄酒文化、边塞文化及西夏文化，特色小镇规划以"影视"为主打产业，"旅游、葡萄酒"为辅助产业，打造集影视创作、旅游观光、休闲休憩、文化体验、商务会议、度假、娱乐为一体的中国北方小镇。镇北堡通过引进宁夏影视艺术学院、宁夏大学葡萄酒学

图7-4-11　镇北堡镇（来源：马龙 摄）

院，借助大学与城镇的共生带动相关产业的发展。利用校园资源优势可以增加学校与商业、社区的互动，为城镇空间带来人气；利用图书馆、餐厅、体育馆、剧场等公共设施能够为社会服务，促使用地高效利用；利用学校特色的产业资源与城市发生联动。将镇北堡特色小镇的定位为：中国北方影视名镇，将其打造成为"影游结合、红酒品鉴、文旅互动"的文化旅游特色小镇（图7-4-11）。

镇苏路以南以影视文化、旅游服务为设计主题，规划布局影视基地、影视拍摄场景制作、影视乐园、导演明星庄园、红酒主题街、群演生活区等以影视、娱乐、观赏、教育为主的旅游设施。设置镇域级的旅游接待中心，配置适量的餐饮、宾馆、会所、游客接待、纪念品商店等服务设施。

西部影视城和葡萄酒产业是镇域最重要的旅游资源。贺兰山自然风景名胜区、西夏王陵、滚钟口、苏峪口、贺兰山岩画等景区景点在镇区周边呈放射状沿山分布，是宁夏最具特色和最富有优势的旅游发展带。依托独特的旅游资源，不断创新旅游发展理念。近年来着重发展有机枸杞采摘观光专业村、旅游纪念品加工销售专业村、农家乐旅游度假村、奇石剪纸刺绣专业村等与旅游产业密切相关的专业村，逐步将该地区打造成为具有西夏风格的旅游型小城镇。

镇北堡地处贺兰山东麓，西靠巍峨的自然山体，又处在贺兰自然保护区和贺兰山东麓葡萄文化旅游绿色长廊内，具有山为背景、林做点缀、葡萄田地环伺的丰富自然景观特征。同时，镇北堡镇是汇集了西夏文化、边塞文化与宁夏回

族文化、现代文明建设的代表。镇域南部临近现存规模最大的一处西夏文化遗址——西夏王陵；镇域内拥有著名的镇北堡西部影视城，以边塞的古朴、原始、粗犷、荒凉、民间化为特色；镇内回族人口占一定比例，拥有较明显的民族特色。

镇北堡影视城是融合了历史遗迹的人文景观与现代影视艺术相结合的产物，是享誉海内外的以中国西部题材和古代题材的电影电视最佳外景拍摄基地，被誉为"中国一绝，西北大观"，其地貌和内部场景代表了宁夏的传统乡镇风情、生活方式、生产方式和游乐方式。

第五节　基于自然环境的城市生态修复

生态立区对于宁夏可持续发展有着重要意义。"宁夏作为西北地区重要的生态安全屏障，承担着维护西北乃至全国生态安全的重要使命"，习近平总书记在宁夏调研时曾殷殷嘱托。2011年印发的《全国主体功能区规划》中，宁夏被列入国家"两屏三带"生态安全战略格局之中，地处"黄土高原——川滇生态屏障"和"北方防沙带"之上，是国家西部生态屏障的重要组成部分。然而由于特殊的气候条件，宁夏境内天然植被稀少、沙漠化、盐碱化等生态问题严重，极大地困扰了宁夏的发展。为了走出困境，宁夏人民通过一代代的努力，用愚公移山般的精神孜孜不倦地将绿色一点点涂在宁夏的地貌之上，通过绿化隔壁荒滩、治理荒漠沙滩，再造秀美山川。

石嘴山位于宁夏最北端，承担着北部天然屏障的生态功能，然而由于常年干旱少雨（年降雨量约200毫米，蒸发量约2200毫米，蒸发量约为降雨量的11倍），导致境内植被覆盖度低，尤其西北部贺兰山山体植被生长情况较差（图7-5-1），大部分以裸露的山体为主，疏林地及中高覆盖度草地占比很小，难以发挥较大的生态效益。同时，石嘴山煤炭资源丰富，是国家"一五"时期重点建设的十大煤炭工业基地之一，是宁夏工业的"摇篮"，工业产值曾占宁夏的半壁

江山，在经历了半个多世纪的开采之后，导致山体中矿坑遍布，严重影响了地形地貌与植被生长。煤炭开采后剥离的岩石堆砌在附近的林地之上，形成巨大的土渣山，渣土漫天飞扬且植被无法生长，矿坑积水下渗增加了地质破坏的风险，开采形成的陡坡加剧了水土流失问题，种种问题严重恶化了生态本就脆弱的山体环境（图7-5-2）。

　　生态本底差，自然恢复难度大，因而植被的生长与恢复极大地依赖人为养护。石嘴山于1997年提出第一轮国家森林城市建设，全民义务植树。在有水源的地方人工造林，并

广泛播撒草籽，利用雨期进行自然生态修复，最终推动大武口森林公园的成功建成，森林公园的建成极大地改善了大武口区的生态环境，对大武口区防风固沙、涵养水源具有明显作用。2008年，石嘴山市被国务院确定为首批国家资源枯竭型城市，石嘴山市抓紧推进产业转型、民生转型及生态转型。改善城区生态环境成为石嘴山市生态转型的首要任务，而多年的矿业活动使得石嘴山境内贺兰山北段千疮百孔，成为生态修复的难点。

　　在城区环境提升方面，将大武口区原电厂一号排灰场改建为旅游景区"华夏奇石山"，将惠农煤炭开采沉陷区改建成地质生态公园。华夏奇石山原为大武口电厂的一号排灰场，二十多年的煤灰排放，在此处形成了一座高出地面13米，占地面积达1平方公里的粉煤灰山，周边污水横流，遇到大风天气，粉尘肆意飞扬，严重污染了环境，并对周边市民的生产生活带来恶劣影响。2015年，石嘴山政府对此片区域进行整体改造及开发建设，通过场地平整、人工复绿、道路硬化、建设娱乐项目等一系列措施，使得华夏奇石山的面貌得到翻天覆地的改变，如今的华夏奇石山已成为国家4A级旅游景区（图7-5-3）。惠农区煤炭开采始于1958年，多年的开采导致惠农区形成9.1平方公里的采煤沉陷区，周边的居民同样被空气污染、植被破坏、环境恶劣等问题所困扰，后期经过居民搬迁、场地平整、景观美化等措施，将采煤沉陷区改建为地质生态公园。

　　在贺兰山北段生态修复方面，因原有矿区与贺兰山国

图7-5-1　夏季山体植被生长情况（来源：刘佳 摄）

图7-5-2　积水矿坑（来源：刘佳 摄）

图7-5-3　粉煤灰山改建形成的景点（来源：刘佳 摄）

图7-5-4　经过削坡处理后的山体（来源：刘佳 摄）

第六节　构建美丽乡村的传承实践启示

本节所指建筑，既包括基于生存胁迫、使用功能、尊重自然、审美理念的建设意向原始目标驱动力，也包括来源于生产发展需求、兼容并蓄发展与和谐共生精神追求综合作用下的建筑实体，即传统建筑作为无声的语言和有形的历史映射，以其本身的诞生理念、结构功能、美学凝练、布局个性、发展诉求和精神境界，向人们展示了简单而精致的人与自然和谐共生的建筑理念——建筑与生命共同。本节以宁夏回族自治区为例，总结了传统建筑作为综合性信息载体，在文化传承领域给予当代建筑规划、设计和文化传承方面的一些启示。

一、逐水而居的生存法则

水是生命之源，有了水才会有生命的繁衍生息，这是人类生存发展的基本条件。逐水而居的生存法则，包含了五个维度逐次递进的涵义，维度指从物质条件到群体意识形成过程的时间和空间。从宁夏传统建筑文化传承角度审视逐水而居的生存法则，至少，这一法则包含了以下五个关键点。

1. 水源安全

在无人工干预的情景下，自然水源包括河流、湖泊、湿地、泉水、渗坑等无需改变原有型态即可取水的场所。在有人工干预情景下，取水水源包括井、水库、集雨设施、水厂等需经人工改造或建造的场所。水源安全至少包括三方面需求，一是水质安全，即水中无有毒有害物质或水未被污染；二是水量安全，即水的来源或供应满足人的用水需求；三是稳定性，即水质水量的供应稳定可持续。

从宁夏传统建筑选址的共同特征来看，建筑物用无声的语言传达了三个维度上明显而强烈的信息：一是水质安全（时间维度），所有传统建筑物所处时间范畴，水质安全均受到当地自然生态系统天然功能的保障；二是水量安全（空间维度），所有传统建筑所处空间范围，均有由当地自然生

家自然保护区范围有所重叠，因此2008年以后，石嘴山市先后出台一系列政策关停保护区范围内的煤炭企业，对煤炭开产后遗留的生态问题进行处理，通过削坡修坡、矿坑回填、场地平整、回填覆土、播撒草籽等一系列措施进行山体生态修复。

贺兰山山体石质沙砾占比大，山脚下沙漠、盐碱地占比大，同时矿业开采后遗留下的矸石山自燃问题成为植树造林中必须攻克的难题。通过多年的人工复绿，石嘴山在植树造林方面逐渐总结出一系列可靠经验（图7-5-4），极大地提高了植物的成活率。如利用硫酸亚铁中和盐碱地的碱度，树坑换土，添加生根剂，选择抗旱、抗盐碱树种，尽量营造"乔、灌、草"复合结构等。通过全市人民的不懈努力，石嘴山生态转型取得多项荣誉，于2013年被授予全国绿化模范城市、国家森林城市称号，2016年获得国家园林城市称号，2017年被授予全国文明城市称号。

态系统提供的远超人类需求的水资源量；三是自然存在和人工干预共同作用下的水源稳定性（人文维度），所有传统建筑所处人文环境，其水源均具有自然生态系统和人工干预共同作用下的相对稳定性。

2. 取水方便

取水方便的一般要求是：取水易操作，运水距离短，获取成本低。

从宁夏传统建筑布局的共同特征来看，人类在长期生存生产和生活实践中，逐渐形成了利于取水的建筑单体和建筑群落的布局习惯，即依据选址结果，采用集中式和分布式相结合的取水方式。以地下水为水源的地区（常见于平原地区），单井呈分布式建造特征，而井群则呈现集中式建造特征，地下水供水能力和供水方式相匹配。以地表水为水源的地区（常见于沿河和沿湖地区），河流和湖泊与村镇布局在空间形态上交融协调。以天上水（降雨）为水源的地区，则呈现出沟道—坡面—川台地等空间分布的协调性。

3. 战时防御

从宁夏传统建筑布局的共同特征来看，在无人工干预情景下，大江大河和湖泊湿地往往成为战争发生后人类聚集区的生命安全的屏障，其避难功能一般包括：跨越困难（如涉水渡河困难、水域穿行危险）、生境独特（如地形阻碍、生物威胁等）、局部安全（如食物能源自给自足、生态系统稳定）、防御容易（如空间优势、时间优势等）。在有人工干预情景下，天然水源（水体）经人工干预（改变型态和功能或再造）成为战时防御屏障（如护城河和其他防御水体等）。

4. 供水持续

自然水文生态背景下，人们在选择建筑物筑造方式和材料时，一般受群体经验理念主导，在无人工干预情景下，基于生存和发展考虑，人类对自然水源所能提供的用水可持续性逐渐形成了明确的要求，即量质稳定、不受干扰、无安

隐患。在有人工干预情景下，井、水库、集雨设施、水厂等需经人工改造或建造的水源，除上述量质稳定、不受干扰、无安全隐患之外，对提供这些保护条件的社会管理机制也提出了相应要求（如普惠性法治保障、公益性经费支持、应急性防御机制等）。

从宁夏传统建筑的建造风格来看，各种建造流派均适应地域特征进行了改造和创新，如在宁夏中北部引黄灌区，因天然降雨量少，人们对雨水的收集利用较重视，传统民居逐渐形成了"屋顶宽大平、集水短平快"的特点，该地区传统民居的房顶建造成平顶（微坡面）加雨漏模式。而在南部山区降雨量较大的地区，传统民居的屋顶多采用斜坡构造，利于雨水的排泄。

5. 景观优美

在满足生产安全、生活便利的基本生存条件后，景观优美一直是人们不懈的追求。传统建筑外围的景观和生态，是中华文明数千年文化的积淀而成，它是人类的文明财富。要用现代文明善待历史文明，一般通过景观营造，解决传统建筑周围面临的景观问题。宁夏多样化的国土空间和融合交汇的多民族文化共同造就了各具风情、丰富多彩的传统建筑和传统村落，蕴含着浓厚的历史文化气息和自然生态景观，各类建筑充分展示着人们的生活物质、精神文化、审美追求等多维度风貌。

在宁夏中北部被列入世界灌溉工程遗产名录的宁夏引黄古灌区（青铜峡灌区、卫宁灌区），城镇、村庄、交通、水系、田园、林地、公园等人工建筑物均与当地农业生态系统有机融合，形成了独特的阡陌和谐纵横、水系活力有序、湖泊湿地花鸟遍布、田野麦浪阵阵、稻香一望无际、西有贺兰雄浑、东有黄河旖旎的塞上新天府自然和人文交汇的美丽景观。在宁夏中部干旱带，传统建筑则充分反映了该区域鄂尔多斯台地向黄土丘陵过渡的地貌特征和半干旱草原的环境特征，也明显记录了干旱少雨、土地贫瘠大地上的民族兴衰、社会变迁、经济生产、军事活动等纷繁的文化景观信息。在宁夏南部山区，自然环境受六盘山生态圈的影响，地域文化

属关中文化边沿地带，传统建筑多为蔓延式的乡村聚落，每个村落集民居建筑、艺术、历史传统、科学、应用、自然环境、观赏价值和人文精神等为一体，表现出建筑与人、自然相融合的特点。

二、生态和谐的建筑功能

就建筑功能而言，传统建筑按其功能可分为人居建筑物和非人居建筑物两大类。人居建筑物指在使用过程中需频繁和人体发生直接接触关系的建筑物，如人的居住、取暖、防暑、休憩、娱乐、餐饮、工作等活动，需要依靠建筑物固有功能才能实现所需。非人居建筑物指为实现特定的文化、生产、防御等功能，无需与人体发生直接关系的建筑物，如具有文化传播功能的纪念塔、雕塑，具有生产发展功能的养殖场，具备防洪功能的围堰堤坝等。其中，人居建筑物和非人居建筑物中的养殖建筑物，一般容易出现和周边生态环境相矛盾的问题。宁夏传统建筑物向人们展示了建筑物生态和谐功能实现的途径，为当代绿色建筑规划设计提供了启示。

1. 人居建筑物生态和谐功能的实现途径

生态和谐是指建筑物自身功能与所处生态系统在物质和能量流动上的平衡共存。生态和谐是传统建筑物之所以长盛不衰的根本原因。满足人类所需的建筑物功能的发挥，对自然生态环境而言，是一种客观存在的干扰，即建筑物的出现，干扰了原始自然界的物质和能量流动平衡，建筑物通过耗能、取水、排污、色彩、声音扰动和空间占用等方式，对生态环境造成了影响。因此，采用减缓和消除影响的规划设计方法和相应技术措施，是实现生态和谐的基本途径。这种减缓和消除影响的理念和行为，也逐渐成为当代绿色建筑设计的基本框架。

（1）传统民用建筑功能是指规定的使用年限内，内外部空间应满足的功能，包括安全性、舒适性、观赏性、私密性、开放性、协调性、可变通性等。建筑物本身及其内部空间要维持功能运转，就必须和外界（其所处生态环境）发生物质和能量的流动和交换。

（2）节能降耗是所有传统建筑首先要考虑的。在北部平原地区，传统建筑物节能降耗常见的方法和途径包括充分利用太阳能（晾晒取暖）、生物质能（秸秆燃烧）、土法保温、麦草稻草保温等方式。中部干旱地区则充分利用风能、太阳能、沙漠沙等方式解决温控问题。南部山区以充分利用地形优势，选择避风向阳场所，在最大限度利用自然生态环境提供的便捷条件基础上，尽量减少对自然环境的干扰。在经济社会高速发展的现代社会，节能降耗除上述传统方法外，从外部获取物质和能源支持，是人居建筑物的普遍做法，而其中，清洁能源的输入、环境无损的能耗技术，正在成为发展趋势。

（3）排污（主要包括生活垃圾和生活污水的排放）是人居建筑物对环境最大的扰动，近年来宁夏各地区在生活垃圾处理、生活污水处理和农村厕所革命领域所采取的技术措施中，可以归结为四个方面的共同特点：一是原位利用自然消除影响，例如建设土地渗滤、人工湿地、氧化塘等污水处理设施，或建设厌氧发酵池、高温堆肥等堆肥设施，使污染物对周边生态环境的影响降至最低，或使污水中植物可吸收的营养物质得到再生利用；二是原位强化人工干预方式消除，例如建造有动力的各型生活污水处理设施，污水经处理达标后排放，将污水对周边环境的影响减至最低；三是异位处理，例如将建筑物生活污水通过管道接入外界污水处理厂处理，或者采用车辆运输至其他区域处理；四是分值、高值化处理和利用，例如生活垃圾的分类处理和资源化利用、生活污水的分类处理和资源化利用，农村厕所革命中黑水与污水处理、有机垃圾处理的技术衔接等。

（4）声音、色彩和空间占用影响的消除，则需要设计者独具匠心的设计构思，需要满足该功能的建筑物一般为非聚落区，例如宗教场所、会议中心、农家乐等，需要结合独特生境进行生态环境影响减缓的设计策略。

2. 非人居建筑物生态和谐功能的实现途径

非人居建筑物在生产高度集约化发展的大背景下，呈现大幅度增长趋势（例如畜禽养殖建筑物）。篇幅所限，本书只对生态和谐影响最显著的畜禽养殖建筑物生态和谐功能的实现途径进行启示总结。一定构造形式和养殖容量的养殖建筑物，必然承载与之相应的畜禽养殖生产活动，因此，在考虑生态和谐问题时，可以将养殖建筑物作为非人居干扰源，仅从建筑物功能的生态和谐性角度，充分吸取传统建筑物所展现的智慧和和经验，而不纠结于复杂的养殖行为中。基于此认识，宁夏各地畜禽养殖建筑物作为非人居建筑物的典型代表和生态扰动最多影响因素，通过长期的建造和使用实践，向人们提供了以下几点启示，这些启示，也成为当代绿色养殖系统（非人居绿色建筑）规划和设计的基本准则。

（1）自然放养模式下，养殖建筑物适应性和谐。纵观畜牧业发展历程及其建筑物特征，无论是草原放养的牛羊骆驼、草地放养的猪和鸡、湖泊湿地放养的鱼和鸭，所有人工建造的养殖建筑物，都呈现一个共同特征，即建筑物被动适应自然生态。建筑物仅提供庇护所、避难所、防灾喂养场所，自然生态系统对养殖行为的直接或致命影响，将养殖建筑物干预自然生态的作用将至最低，建筑物只能被动适应。此种背景下，建筑物所用建材、工艺、结构、能耗等随之降至成本最小。

（2）农户散养模式下，养殖建筑物干预下和谐。随着人类定居，养殖行为被带至村庄和城镇，农户散养模式开启。在农户散养模式下，养殖建筑物（干扰源）在人工干预下实现和谐，即，发生建筑物干预生态环境行为时，人工及时干预。例如当牛棚出现异味、污水外泄、粪便外漏行为时，养殖者会随时取土掩埋或采取影响减缓的措施。农户养殖建筑物的规模和密度存在一个阈值，当建筑物密度超过阈值时，人工干预将失效，养殖建筑物作为干扰源，就会对村庄生态环境产生影响，于是出现建筑物与生态的不和谐现象。

（3）规模化养殖模式下，养殖建筑物防御性和谐。随着经济社会发展，农户散养模式在宁夏各地农村发展迅猛，养殖建筑物在村庄的分布密度超过了人工干预的阈值，养殖建筑物与生态环境不和谐的矛盾凸显，于是，规模化养殖模式应运而生。将畜禽集中在特定区域进行养殖，所建造的养殖建筑物作为新的干扰源，对生态环境的影响随之加剧，以养殖建筑物（干扰源）为对象的生态环境保护逐渐升级为生态安全防御，于是，防御性和谐开始出现。防御性和谐主要包括三种类型：一是污染治理，即先污染后治理，减缓或消除生态环境影响；二是养殖建筑物和防污建筑物同时设计同时施工同时运行，避免生态环境影响；三是建造新型种养平衡设施，通过实施种养平衡，实现养殖建筑物对生态环境的零干扰。

（4）工厂化养殖模式下，养殖建筑物强制性和谐。工厂化养殖模式是在人们对养殖产品需求大量增加、养殖所需水土资源受限、工厂化养殖技术高度发展的现代社会发展起来的养殖模式，其养殖建筑物高度集中、养殖密度不断加大，同时，对生态环境的扰动隐患更加巨大。在这种情景下，养殖建筑物与生态环境的和谐上升为强制性和谐，即，强制性确保养殖建筑物对生态环境的零干扰。这种强制性，体现在更加严格的环境立法和监管机制上。这种强制，使养殖建筑物的功能更加综合、建造成本更高、使用安全性更强、建筑材料、工艺、能耗也相应不断升级和增加。

三、顽强坚韧的审美理念

建筑物是人文精神的表达、延伸和体现，作为精神世界的固化存在，从诞生那一刻起，就体现了人们的审美理念。在中国传统文化观念中，建筑从来都不只是单纯为了居住、使用，而首先是秩序、权力、礼仪、道德等精神理念的体现。建筑物已经突破了作为生活容器的概念，成为天、地、人共生共荣的空间存在形式。"夫宅者，乃是阴阳之枢纽，人伦之轨模"（《黄帝宅经》）。

1. 审美理念溯源

与中原地区不同，历史上，宁夏长期地处塞外边境，人们饱经恶劣自然气候和战乱影响，生存危机频发，对生存和人身安全的渴望成为建筑伦理和建筑审美的第一要务，期间历经可随时迁移的毛毡帐篷、隐蔽的简单生土建筑窑洞、结构复杂的土筑城墙，顽强坚韧的求生理念，逐步在建筑审美上得到了体现。从小型私人民居到大型公共建筑，从院落围墙到养殖圈棚，至少可以发现三个共同特征，一是结实坚固的就是美的，时至今日，遍布农村的院落围墙的构建方式，大多采用封闭式厚墙体，大门结实坚固、房屋院落封闭营造，院落小环境安全，这个内陆地区镂空式、格栅式院墙建造明显不同；二是防灾减灾就是美的。人们在考虑建筑物的防灾减灾功能上，体现出了集体无意识的认同，即建筑物应具有防风沙灾害、防洪水灾害、防火灾、减少地震灾害等基本功能，不能满足这些基本功能的建筑物，基本不能获得审美认同；三是色彩和谐的就是美的。色彩和谐既体现了建筑物的安全性能，也体现了与周边生态环境的一致性，与周边生态环境相比，突兀的色彩极少出现在传统建筑中。

2. 审美理念的同化作用

从结实坚固、防灾减灾、色彩和谐的审美共性中，不难看出，其根源均发自于人们生存的顽强和坚韧精神。需要指出，这种精神对来源于不同地域和文化背景的人群有着直接和明显的影响，例如受儒家学术思想的影响，源自中原地区的部分传统建筑体现出十分明显的伦理观念，通过升堂入室、曲径通幽、堂前屋后，构建了一个潜在实体伦理空间并以实体的符号来规范人们的行为，人们潜移默化中遵循了这样一种伦理价值观念。但这种建筑形式一旦输入宁夏地区，则常被简化处理，出于本地人的某种理念，一般会取消升堂入室、取消曲径通幽、取消堂前屋后，按照本地自然地理和历史文化传统，改造为高墙大院。

3. 审美理念的延续

随着经济社会发展，虽然人们的生存条件逐步得到了保障，但这种顽强坚韧的审美理念依然持续至今。在宁夏北部引黄灌区、中部干旱风沙区、南部黄土丘陵沟壑区，普遍可以看到高墙大院的村庄和农家院落，农家院落的大门依然坚固紧凑，房屋和村庄依然保留简单有效的安全防御功能。建

筑物的色彩基本与当地生态环境相协调。

四、便利生产的个性布局

宁夏种植业、养殖业、林果业、农产品加工业、小手工业、商业等发展历史悠久，在这些人们赖以生存的生产历史实践中，传统建筑物逐渐形成了便利生产的个性化布局特征。总结这些布局特征，可以发现一些对当前实施"一庄一策、一村一业、一乡一品、一县一优"的产业规划布局途径有较好的启迪。

1. 一庄一策

庄指村庄（也称自然村或基层村），按照我国当前行政区划，一个村庄基本上是一个生产队（组），虽然有若干个村庄同属某一个行政村，但村庄形态往往有差别，仅从传统村庄建筑即可发现其中的差异，如村道布局、房屋样式结构、院落布局方式等。因此，当前传承传统建筑文化基础上开展的美丽村庄整治、村庄环境整治、村庄美化、量化、网格化管理、物联网建设等升级改造过程中，必须按照一庄一策的理念，即一个自然村需要一个治理对策，要紧密结合村庄实际开展规划布局。例如针对村庄产业不同的特点，建立发挥村庄产业个性化优势的设施布局形式，针对若干连片村庄产业相同的特点，布局规模适度的产业公用型设施布局形式。

2. 一村一业

村指行政村，业即产业。在宁夏中北部引黄灌区，瓜果村、蔬菜村、花卉村等以行政村为单位的产业发展模式发展迅速；在中部干旱带，出现了养殖村、硒砂瓜村、农产品加工村等适应当地气候环境的特色产业村；在南部山区，中药村、旅游村、红梅杏村等相继出现。建立适应以村为单位产业发展的传统建筑构造方式，应从传统建筑历史实践中吸取经验，例如，为自然晾晒方便，在布局农户院落时，要考虑农产品自然晾晒所需场地，是否需要硬化，是否需要防渗

等。在设计安排民居和生产建筑物的空间协调问题上，应充分考虑生产的便利性，农产品暂存、初加工、包装、运输的便利性，在村庄道路、通信、水电、供暖等环节，结合实际，为产业发展提供基础条件。

3. 一乡一品

乡指乡和镇，品指产业品牌。在若干行政村特色产业发展的基础上，选择独有或稀有产业或产品，重点发展，做成品牌，称为一乡一品。适应一乡一品的村庄布局形式、民居、公共建筑物、其他公益设施等，均应向有利于营造品牌发展的方向集结。例如在宁夏中部地区以乡镇为单元高效发展的硒砂瓜产业、肉羊养殖产业，中北部灌区的长枣产业、枸杞产业、菜种产业、南部山区的苗圃产业、旅游产业、中药材产业，均成为乡镇品牌，一个基本经验，就是要在建筑物尤其是公共建筑物和公用设施布局上，以生态和谐为基

础，按照一乡一品的产业特点，为产业发展提供便利，只有这样做，才能发挥建筑文化传承的重要功能。

4. 一县一优

县指县（市、区），优指产业优势。一县一优指以县为单位形成产业优势。在助力一县一优目标实现的实践中，发挥传统建筑文化传承的作用途径包括四个基本点：一是定性分析研究，揭示原有生产布局中的建筑设施问题，提出改进方向，并借助定量分析，预测生产发展的前景，为制定建筑布局方案提供依据；二是根据不同县（市、区）的特点，选择相应的数学模型，如计量经济模型、投入产出模型、数学规划模型、系统动态学模型等；三是依据不同产业建立不同的评价指标，如产量指标、成本指标、劳动生产率指标等；四是建立与产业发展相匹配的建筑和设施布局，并提出相应的产业文化营造方案。

第八章 结语

　　任何地域的任何时代所出现的建筑都有其特定的文化内涵存于其中，更加弥足珍贵的是其特殊的地域性文化以及建造艺术均是时间与空间交织而偶得，宁夏传统建筑承载了宁夏当地的历史、艺术、科学、宗教、精神等方方面面众多的信息，可以说是地方文化最直观的载体。在新时代的剧烈变革下，新与旧、外来与传统、现代化与地域化产生剧烈的反应，那么如何在多元元素中进行取舍，显得尤为重要，如何在诸多因素下取得最优解，值得建筑师们深思。

第一节 宁夏传统建筑文化传承面临的挑战

一、外来建筑文化冲击与自我文化价值体现

趋同化与全球化的大势所趋下，多元的冲突与交融使得一切都有着可能性，多元文化其本身也是特定时代下社会巨大变化出现的产物。现代建筑的便利性仿佛更加适合快节奏的建设步伐，随着钢筋混凝土建筑的普及，尤其是城市改造与建设，新农村的改造，也导致了一些颇具宁夏本土特色的建筑遭到破坏甚至荡然无存。很多乡村与城市都变成了一个模样。这些仿佛流水线上打造出来的工业产品，身处其中方才发现，记忆里的故土已然面目全非。

以宁夏本土新农村改造为例，其实，传统村落的建设与选址都很有讲究。很多村落的原址都临近水源，背山靠水，本身具有局部科学适宜的小气候。而如今，现代技术的介入，打破了传统，选址不再刻意追求。而且宁夏乡村地区以夯土为原材料，如：融入"高房子"与"虎抱头"元素的传统房屋逐渐减少，造成现状的很大一部分原因是宁夏地处西北，信息交流、技术交流相对来说闭塞，建筑文化尚未形成体系，便接收到外来建筑文化的巨大冲击。无选择的接受导致人们对于传统建筑的普遍认可度较低，对于此类建筑的认知观念也有一些偏差。正是这些偏差，使得很多人对于传统建筑的基本印象甚至停留在最为粗浅且错误的层面。乡村居民热衷于"小洋楼"，很多面临街道的商铺执拗地使用不属于自己文脉的建筑符号与语言，企图寻找的特色乡村在不知不觉中无了踪迹。这导致宁夏本土的一些村庄出现变味的"多元化"现象。

二、本土传统建筑的建造艺术缺失

宁夏本土传统建筑在历史风雨洗礼后，留存数量不多，现有古建筑多被地方政府列为保护单位，然而，令人倍感焦虑的是传统古建的营造方式难度较高，也无现代技术与之结合。致使宁夏本土此类建筑的建造技术存有短板，技术人员的流失以及多方面因素综合，导致宁夏本土鲜有敢做、能做此类建筑的建筑单位，因而传统古建修复常请外地施工单位进行。这使得宁夏系统建立传统建构体系的脚步缓慢，意味着宁夏本土的传统建筑体系仍处于探索期。

第二节 宁夏传统建筑文化传承再思考

宁夏地区由于地理的特殊原因，人们为了躲避恶劣的气候条件，进行人口迁移，导致自古以来宁夏就是移民与多民族聚居的局面，党项人、回族等多民族融合，形成以中华民族传统文化为本源、各民族文化繁荣的局面，其特色仍有保留中原文化的内核。

近现代宁夏较著名建筑亦有高庙、董府等，从侧面来讲，这也是宁夏传统建筑文化在近现代传承的缩影。回族建筑也在宁夏土壤上绽放过一段时间。由此可见融合一直是宁夏地区传统建筑文化的主题曲，而今，现代建筑文化的冲击下，传统建筑文化将何去何从？

笔者在这里认为，首先需要传承本土文脉。我们反对为迎合现代主义，而有意无意地忽视当地地域文化的行为。即使在文化融合的背景下，也仍旧应该保有自我的精神文化，遵循就地取材的原则，传承地方代表性的建筑文化特点。在传统与现代化中进行取舍，这种取舍，绝非摒弃自身文化内核，而是弃掉一些由于时代与历史带来的局限，因为传统建筑文化与现代建筑文化并非天然对立，建筑师通过相应的处理手法，运用设计理念，从而提供给传统建筑文化与现代建筑文化一个相融合的通道。顺应融合的背景，融合现代基因对传统建筑文化进行复兴，在保证建筑的使用功能与合适的尺度的完整性可符合现代建筑要求时，借用宁夏传统元素，使其符合现代的审美，进行文化传承——即以厚重的传统文化为底蕴，加以多元文化的扩充，达到取长补短的目的，让传统建筑文化跟随时代进步，翻开新篇章。

附 录

Appendix

一、宁夏传统建筑名录汇总表

序号	位置		名称	创建年代	遗存现状	备注
					宁夏传统建筑名录汇总	
1	银川市	引黄灌区	纳家户村	南宋	以纳家户大清真寺为中心，村落向心式布局	
2		兴庆区	银川承天寺塔	元代	寺院、殿宇毁于地震，寺塔现存	
3			宁夏平罗天主教堂	清代	圣堂现存	
4			银川市天主教堂	民国时期	现存大教堂、修女院、主教楼和办公楼	
5			银川鼓楼	清道光元年	鼓楼保存完好	宁夏回族自治区重点文物保护单位
6			玉皇阁	明洪武年间	现存台体、大殿、钟鼓楼	宁夏回族自治区重点文物保护单位
7			宁夏河东边墙	明成化十年（1474年）	呈现多山川河流、沙漠、高原、谷地等复杂地形	
8		贺兰山东麓	西夏王陵	西夏	尚存规模宏大但破坏严重的陵园夯土遗存以及大量的建筑遗址、遗迹	全国重点文物保护单位
9		滨河新区	水洞沟旧石器时代晚期人类活动的遗迹	旧石器时代	石器、骨器和用火痕迹	我国最早进行系统性研究的旧石器时代遗址之一
10		永宁县	纳家户清真寺	明嘉靖年间	门楼、礼拜大殿、厢房、沐浴堂	
11		灵武市	红山堡	明代	逐步发展成为旅游景区	
12			灵武市郝家桥村	不详	村落现存	
13			镇河塔	西汉	塔保存完好	沿黄城市唯一镇河塔
14	石嘴山市	贺兰山东麓武当山	北武当庙寿佛寺	明正统年间	现存汉白玉佛、佛阁、壁画道和儒遗迹尽毁	
15	吴忠市	利通区	董府	清代	主体建筑基本保存完好，府郭和护府河已荡然无存	全国重点文物保护单位

序号	位置		名称	创建年代	遗存现状	备注
					宁夏传统建筑名录汇总	
16	吴忠市	东塔寺乡	马月坡民宅	民国时期	现存原故居的西院部分，故居的其他部分已经被损坏或者拆除	
17		盐池县	毛卜剌堡	不详	逐步发展成为旅游景区	
18			安定堡	不详	整体保存一般，其四面城墙、角台、北墙马面保存较好。堡门址及瓮城门址残毁不存	
19			韦州古城	明弘治十三年（1500年）	遗址至今存在，镇区逐步向外扩散	
20		同心县	集镇	不详	村民住宅院落沿道路呈带状布局	
21			云青寺	不详	在原址依原来的建筑模式，重修了寺庙各大殿主体工程及十间住房	
22			同心清真大寺	明初	现存主体建筑邦克楼和礼拜大殿，寺门前的一座仿木青砖照壁	中国现保存最古老的清真古寺之一
23			明王陵	明代	现在的明王陵多为庆王及其王妃、子孙王墓	
24	中卫市	中宁县	中宁石空石窟寺	唐代	现存壁画、彩塑、洞窟群	
25			周家堡子	不详	建筑主体保存较为完好	
26		海原县	天都山石窟	西夏时期	窟内造像已毁，窟室完好，到处可见残砖瓦砾，其至是琉璃样式的建筑构件	
27			盐茶厅	清乾隆年间	村落遗存	
28			菜园村	石器时代	逐步发展成为旅游景区	
29			堡寨聚落	西夏时期	从防御形制聚落形式逐渐演化为民居区，堡寨的建筑形态——围墙高角楼演变为现在的高房子	
30			马家窑文化店河—菜园类型	公元前5000年左右	中心区的房屋和窖穴分布密集	
31		喜鹊沟黄河北岸	长城宁夏镇	明弘治年间	贺兰山段石砌城垣有断续残存，并保存一段因断层地震活动而造成的错位现象	
32		沙坡头区	南长滩村	元代	现存果园、农田、河滩、村落	
33			中卫高庙	明永乐（1403年）年间	高庙保安寺除一口古钟和部分建筑物遗存	宁夏回族自治区重点文物保护单位
34			北长滩村	新石器时代	上下滩现存一架大型水车，形成了水、田、路、村为一体形态格局	
35	固原市	原州区	固原古长城	西周周宣王时期	黄土夯筑，较为完整	
36			八角塔	1944年	塔身保存完整	宁夏回族自治区历史建筑

续表

		宁夏传统建筑名录汇总				
序号	位置		名称	创建年代	遗存现状	备注
37	固原市	原州区	隋史射勿墓	隋代	顶部及四壁塌毁，其余部分保存较为完整，装饰突出	固原隋唐史氏家族墓地6座墓葬中目前所见的唯一一座隋墓
38			城隍庙	明景泰元年（1450年）	献殿完整，内外装饰豪华	
39			财神楼	重修于清光绪四年（1878年）六月	外观像钟鼓楼，内外装饰保存完善	固原市唯一保存的歇山顶、卷棚顶式楼阁建筑
40			东岳山寺庙建筑群	明代至清代	自下而上有九台建筑，保存完整	
41			文澜阁	始建于明代清道光乙巳年（1854年）重修	经多次修缮，保存较为完善	固原地区保存较完整的清代古建筑之一
42			须弥山石窟	开凿于北魏末年，西魏、北周、隋、唐各代连续营造	石窟现存各类形制的窟龛162座，造像近千个	国家AAAA级旅游景区
43			安西王府	元代	墙垣、殿基皆存，其周约四里	
44		西吉县	齐家文化遗址	新石器时代晚期至青铜时代	重型礼仪玉器——玉璧和玉刀、祭坛遗址	2001年度"中国十大考古新发现"之一，国家级文物保护单位
45			白崖乡油房沟村	不详	村落村民居住分散，沿村庄主要道路两侧的新建农宅较多	
46			单家集陕义堂清真寺	清宣统二年（1910年）	布局为三合院形制，现存清真寺礼拜大殿	红色教育与旅游基地
47			宋墓	宋代	装饰部分突出	
48		隆德县	镇红崖村	不详	遗存十几个院落	
49			张程乡李河村	不详	村民农宅院落沿乡道两侧分布，布局分散	
50			城关镇红崖村	明清时期	有着石台阶、石村寨门洞、老戏台、老磨坊、老树、古钟、枯井、土蜂窝子、砖雕照壁、红军墙、土羊圈等古老乡村建筑	列入第一批中国传统村落名录"中国最美休闲旅游乡村"
51			奠安乡梁堡村	宋代	部分堡墙是由村民重新进行修补好的，还有保存完整的明代古宅——世德堂	列入第一批中国传统村落名录
52		泾源县	余羊清真寺	清光绪三十三年（1907年）	现存礼拜大殿、南北厢房、水房	

续表

宁夏传统建筑名录汇总

序号	位置		名称	创建年代	遗存现状	备注
53	固原市	泾源县	泾河源镇冶家村	不详	紧邻老龙潭旅游风景区，所以发展旅游经济，西海固地区著名的乡村旅游示范村	
54			香水镇卡子村	不详	村落农宅呈组团式分布，各方面设施齐全	
55		彭阳县	城阳乡长城村	元代	秦长城经过该地，民居建筑居多	列入第五批中国传统村落名录
56			璎珞宝塔	1554 年	塔身保存完整，装饰突出	固原境内唯一保存的明代塔式建筑

（注：伍雅超、刘蓓蓓 绘制）

二、宁夏传统建筑特征汇总表

地区	类型		特征
北部平原绿洲区传统建筑	传统村落聚落	城居	城居形式的出现要比中原地区晚，在类型上主要有郡县体制下的行政城镇、军事城堡和商业市镇三种类型
		乡居	乡居形式的出现和中原地区在时间上没有明显的差别，但比城居形式出现的时间要早得多，在以后的历史进程中变化也比较频繁。乡居的本质含义是村落居住
	传统建筑群体	旧石器时代到新石器时代晚期	半地穴式、窑洞式、地面房屋。距今 5500 年 ~ 4900 年的隆德县沙塘乡和平村页河子新石器时代遗址（隆德县沙塘乡和平村页河子新石器时代遗址图）的 6 处白灰面房基大致可以说明这一点
		商周时代	各地长期以来形成的部落集团征战不已，迁徙不定，今宁夏中卫黄河以南"香山"为中心的地区，并且认为现存于中卫的香山、大麦地和西山三个岩画区的万余幅岩画（岩画图），特别是其中的龙、蛇图腾崇拜是其充分的证明之一
		战国秦汉以后	随着宁夏被逐渐纳入中原王朝的正式统治范围以内的过程的进行和完成，郡县体制下的乡村居住形式作为制度化的产物被日渐普及和组织化起来
		战国秦汉以后到明清以前	村落规模一般都不大，有城村、非城村以及数户散居等三种形式
		明清以后	清乾隆时期的盐茶厅（今属中卫市海原县）地处六盘山山区，不少村落依山傍水而形成
		聚落院落	向心式布局形态	纳家户也呈现出"背山面水"的格局，而其所处的汉延渠与唐徕渠的"汭位之地"，使得村落附近水源充足，利于耕作。受到民族传统文化和宗教信仰的影响，村落呈现出"围寺而居"、"依寺而居"的向心式布局形态
			线形布局形式	北长滩村位于这台地之上。南、北长滩村隔黄河遥遥相望，自然山水格局便十分相似，不同的是，受带状台地的影响，这里村落的发展沿道路轴向生长，呈现出线形布局形式
		官府民居	董府内寨	董府内寨建筑布局为"三宫六院"式，是北京宫廷建筑与宁夏地方民族特色建筑的结合物，为传统砖木斗栱结构，运用彩绘、雕刻等手法，又以碑、匾、题、画点缀装饰。庭院错落，以回廊贯通，结构精巧，工艺精湛，风格古朴典雅，具有很高的建筑艺术价值和文物价值
	传统建筑单体		马月坡寨子	马月坡寨子为三合院形制。三合院建筑布局紧凑，结构独特，砖雕木刻工艺精湛，民族风格浓郁，堪称宁夏回族民居建筑艺术之瑰宝。原寨子坐北朝南，东西宽 78 米，南北长 93 米，平面呈长方形
		民居	坡顶房	单坡覆瓦房布局在三合或四合院落里，多为侧房或下房。单坡覆瓦房的门窗大多开在坡下矮墙一面，但如果后山墙临街或面向公路时，门窗则开在起坡的后山墙上，作为临街商铺。宁夏北部平原地区南部山区的民居，多有土坯砌墙、单坡挂瓦的单坡覆瓦房。同心县的单坡覆瓦房的坡面与后墙的角度就很大，坡面缓平，几乎与平顶房相同
				两面坡起脊挂瓦房一般坡顶起凸脊，坡面铺设梁、桁、椽、覆草、抹泥。这种夯土版筑或土坯砌筑墙体、坡顶覆以草泥的两面坡土屋
		佛教建筑	高庙保安寺	高庙保安寺的建筑特点是集中、紧凑、重叠、回曲、高雅。整个建筑设计沿中轴线纵向展开，横向左右对称，逐次伸进、升高，平地高台浑然一体，其布局上下贯通，前部分是保安寺，山门连接引楼，简朴淡雅。进山门通院落，迎面是三凤朝阳的木刻小牌坊，小巧俊秀，亭亭玉立，往北走为古朴大方的天王殿，东西两侧各有祠堂，院落左右厢各配殿宇，通天王殿

地区	类型			特征
北部平原绿洲区传统建筑	传统建筑单体	佛教建筑	北武当庙寿佛寺北	北武当庙寿佛寺北依贺兰山而建，为四进院落，布局自然和谐、严整紧凑，殿塔亭阁集于一体，蔚为壮观。从最南端的前山门楼向北，依中轴线建有灵官殿、观音楼、无量殿、多宝塔和大佛殿等。中轴线两旁有钟鼓楼、厢房、配殿相对称，置身其中，感觉到古寺这种结构精细、布局严谨和精巧优美的建筑风格是一种有气势的秀美
			中宁石空石窟寺	中宁石空石窟寺，其整体布局、建造样式、艺术手法等，同甘肃敦煌石窟相类似
			承天寺塔	承天寺塔为一座八角11层楼阁式砖塔，高64.5米，比西安的大雁塔还高0.5米。塔体建在高2.6米、边长26米的方形台基上。塔门面东，可通过4.8米的券道进入塔室
		天主教建筑	平罗天主教堂	宁夏平罗天主教堂的建筑风格是罗马式风格与传统建筑相融合的类型，教堂平面为矩形，有明显的罗马式建筑特征的一些体现，立面采用了三段式构图、教堂顶部采用了穹顶形的采光小钟塔、门窗用简洁的半圆形拱顶等
			银川市天主教堂	银川市天主教堂始建于1923年，由传教士康国泰主持建造，小教堂为东西走向，是平房，为伊斯兰教建筑与中国传统建筑的结合体
		西夏宫殿建筑		西夏陵园吸收了秦汉以来，特别是唐、宋陵园之长，受到了佛教建筑的影响，将汉族文化、佛教文化与党项文化三者有机地结合在一起，构成了我国陵园建筑中别具一格的建筑形制
	公共建筑	功能性建筑	银川钟鼓楼	银川钟鼓楼其建筑结构由台基、楼阁、角坊三者组成。台基为正方形，边长24米，高8.5米，用砖石砌筑而成。钟鼓楼的结构严密紧凑，造型俊秀华丽，建筑风格为清代汉族建筑风格
			玉皇阁	玉皇阁正中辟有券棚抱厦，造型玲珑俏美。大殿东西两侧是两层重檐飞脊的亭式钟鼓楼，从底层大殿内侧的木梯登上顶层，是一层宽敞的殿堂，殿外以回廊相通，绕以朱漆栏杆，可凭栏四望。整个建筑群重楼叠阁，飞檐相啄，布局巧妙，结构严谨
			古长城	北线长城于明嘉靖九年（1530年）修筑，西起贺兰山北，经惠农、大武口、平罗东至黄河西岸，古人称之为"山河之交，中通一路"。墙体长20公里，其中惠农的旧北长城有近6公里。北长城的起点掩映于田间坟头处，现仅存的几点土墙，成断续状，向东则踪迹全无。位于红果子镇的旧北长城，保存相对较完整
				西线长城是指分布于贺兰山山间的长城墙体，即在便于贯穿通行的两山交界处直接以黄土夯筑或用石块垒砌墙体，西线长城主要是沿各便于穿行的山口内修建长城墙体，而在山体高耸处则是直接利用山险，所以此段墙体基本成断续状
			镇河塔	镇河塔为8角13层空心厚壁楼阁式建筑，塔身通高43.6米，塔底直径13.5米。塔的大门向西而设，塔门上额可这"镇河"两字。塔内底部有一浸水井，在水井上方设有木梯可螺旋式向上攀登，越往上层，腹径越小
			清水营古城	清水营古城为方形，边长300米，城墙底宽14米，顶宽6米，高9米，四角有方形角台，角台实体凸出城墙墙体，比较墙体宽而厚实，角台之上城楼已不复存在，但城楼基础残踪尚存。东城墙有大门，面东而开，城门外套以瓮城，瓮城墙体高大、纵深，其南墙下有门洞面南外开，以古色青砖拱砌
			宏佛塔	宏佛塔在贺兰县东北潘胡乡，是一座外形结构比较奇特的密檐式厚壁空心砖塔。塔身和塔刹高度相近，一至三层为楼阁式塔身，上为体量巨大的覆钵式砖塔，是传统中国楼阁式建筑与喇嘛塔相结合的复合式空心砖塔，塔身各层上部用砖砌出兰额、斗栱和叠涩砖塔檐，檐上作出平座栏杆，上为十字对折角覆钵塔

续表

地区	类型			特征
中部荒漠草原区传统建筑	传统城乡聚落	总体	团块形	用地布局有向心性，空间扩展模式随时间向外围扩散，大多位于河谷川台地带或地势较平坦的地区，平面形态多样，通常规模较大，布局紧凑
			"井"字形	其用地空间扩展时，沿道路同时扩展，整体呈现出向心性，在黄土丘陵地带的村落则沿沟渠或河道限制向道路外围扩展延伸
			散点形	建设密度小，布局高度离散，聚落边界模糊，它们根据日常生活功能随机布置，彼此联系不太紧密，呈现出各自为政的布局结构
		地形地貌影响下的聚落	平川形	选址于平原、川区，或较大的盆地、塬地中，规模比较大。聚落平面形状近似于矩形、多边形或圆形，道路外部交通便捷，院落或呈平行，或从聚落中心向外发散状排列状
			坡地形	选址于山坡之上，聚落形状与布局沿着山坡的走向，形态或呈扇面展开，或呈不规则几何体，聚落内部结构垂直空间变化明显，层级关系为梯度状排列
			半川半坡形	早期选址于川地区域，为保留耕地，将住宅沿着坡面建设，有靠崖窑洞式房屋，层层递增逐渐形成现在的半川半坡形居住形态。聚落外部形态沿着川道呈线性，内部结构为上下错多层级
	传统建筑群体	古长城与军事聚落		长城及军事聚落所处地带的自然地貌呈现多山川河流，沙漠、高原、谷地等复杂地形，中部地区作为不同区域的过渡地带，这里现在仍然留存着古长城以及依城墙而建的军事聚落
		韦州古城		韦州古城，在同心县东北85公里，这里青龙山耸其东，大螺山峙其西，两山相对，中间一片平滩地，由此而南，西穿大小罗山的连脉处，进入葫芦川河，即可南通关中，北达塞外
	传统建筑单体	土坯房	平顶屋	屋顶是当地气候的直观反映，宁夏中部地区降雨量少，为了减少造价，降低成本，民居多为平顶房
			单坡覆瓦房	在空间布局上，单坡房往往居厢房或下房的位置，少有用作堂屋的单坡，在降雨量较少的干旱半干旱地区
		堡寨		（1）规模宏大，多为矩形；（2）形态封闭，布局合理；（3）自给自足的生态系统
		窑洞	靠崖窑	断面尺寸不同，洞口以土坯砌整齐，中间开门窗，门窗多为木质，有整齐的木格与花菱格两种装饰，平面布局，以坐北朝南的窑为主窑，两边的窑洞为辅
			箍窑	是用夯土版筑或土坯砌筑墙体，用土坯券出拱形屋顶，砖砌锢窑较为少见
	公共建筑	佛寺		因地、因势制宜，依山而建，环境优美；造型玲珑，布局别致，钩心斗角，雕梁画栋
		清真寺		从装饰和体量上看并不是绝对等同的，其功能也不同；在与中国传统建筑向融合的过程中，中国的传统木构架建筑为其空间的延展及灵活分隔提供了实现的可能，因此形成多座建筑联结在一起的形制，从而也造就了其多元的艺术价值
		陵墓		陵区的墓冢多用黄土夯筑成的陵台，四周修筑陵园，构建、方位、布局和十三陵的形制则几乎完全相同
		石窟		内部寺庙群建筑雕梁画栋，金碧辉煌
南部黄土丘陵区传统建筑	民居	"一"字形		院落内主体建筑仅有一排，呈"一"字形布局。左右东西墙内侧，有大大低于主房的草房、粮房（又称"仓房子"）建筑，厕所一般建在后墙院外
		平行式		平行式布局是院落内主体建筑为平行两排门对门的布局形式
		曲尺形		曲尺形布局的平房建筑，俗称"虎抱头"，一般是短尺二间，长尺三间，短尺平房朝向东，长尺平房面向南，形成坐西北、面东南的建筑格局。面向南的三间房屋称上房，面向东的两间房屋称侧房
		三合院		面南建筑称为堂屋，东西两侧则称为东西厢房，厢房为对称布局，院门正对堂屋，开设于院南墙侧，院内步道呈"十"字形布局，且堂屋地坪由台阶升起高于厢房，凸显主导地位

续表

地区	类型		特征
南部黄土丘陵区传统建筑	民居	四合院	四合院布局的土屋建筑，上下房各三间、东西厢房各两间四面围合，南向或东向辟门。四面围合的形制，为上下房、东西厢房的东南、西南、东北、西北四角不同闭合关系
	宫殿		建筑规模较大，豪华壮丽，琉璃有黄、绿、白三种，尤以绿釉、黄釉琉璃瓦为数最多，还有黄釉龙纹圆瓦
	寺庙		寺院纵深较大，尽显古朴典雅、深邃庄重之感殿由卷棚、殿身、后殿组成，这三部分各有起脊的屋顶，采用勾连搭构造形式连为一体，飞檐挑角，卷棚以彩色明柱支撑和装饰，并会用一些花草植物的雕刻作为装饰
	阁楼		阁楼多为六边形三层重檐式木结构建筑，列柱里外两排，内金柱通至檐，二柱间童柱承托中檐，各柱之间均以梁、枋联结。上檐内部为攒尖式，角梁及顶部由雷公柱支撑。各层外檐均用双层飞椽，方形飞椽前端做刹，全部瓦顶为筒板布瓦，各角砌脊施兽，砖包顶
	石窟	北魏	洞窟形制以中心柱窟为主，但规模不大，中小型者居多，窟的平面为方形，窟门上方开有明窗，覆斗顶，壁面多不开龛，个别的三壁三龛
		北周	洞窟形制以中心柱窟为主，但规模不大，中小型者居多，窟的平面为方形，窟门上方开有明窗，覆斗顶，壁面多不开龛，个别的三壁三龛
	佛塔	璎珞宝塔	身通高约 20 米，塔身第一层略高。每面边长 1.6 米，东面劈一券门，高 1 米，以条石砌成。每层叠塞砖牙檐下，每面正中及塔棱的转角处，均饰有砖雕的一斗三升的斗栱。第三层上面置有上仰莲瓣形刹座，塔顶为八面覆斗式十三璇相轮，在相轮之上置圆形刹顶。整个塔体为仿木结构，八角十窗，既显得简洁朴素大方，又小巧玲珑剔透。塔室采用原空心式木楼层结构，原有的木梯可供登攀，叫临极顶
		八角塔	该塔坐落在 4 米高的八边形砖砌基座上，塔基南侧有一台阶可拾级而上。塔平面呈八边形，边长 1.15 米，底径 2.77 米，高 7.3 米。身为实心砖砌密檐塔，共九层密檐，底边用石条砌一层，上用青砖平砌，白灰勾缝。第一层高 2.4 米，每面正中（距地面 1.2 米）砌一方框，宽 0.4 米，高 0.8 米，应为题写铭文处，其上每层高度逐层递减，逐渐内收，塔顶饰一宝刹。整个建筑小巧玲珑、精致灵秀
	陵墓		墓道、过洞、天井和墓室一般绘有壁画。壁画均绘在没有地仗层的壁面上，仅是将墙壁护平，涂一层很薄的白灰浆后在上面作画。这种做法与安伽等北周墓葬绘制壁画的情况相似，也是固原地区唐墓绘制壁画的常见方法
	古长城		宁夏境内的长城，从战国开始，经过秦、汉、隋、明数朝的不断修筑，总长度达 1507 公里，可见墙体 517.9 公里，保存高度 1~3 米，每隔 200~300 米筑一凸出墙外的墩台，长城附近和其经过的重要隘口、山顶都有烽燧遗址。共有敌台 589 座、烽火台 237 座、关堡 25 座，还发现了铺舍、壕堑、品字形窖等遗址。固原境内的古长城皆就地取材，由黄土夯筑而成

（注：伍雅超、付钰、刘蓓蓓 绘制）

三、宁夏近现代建筑名录汇总表

序号	位置		名称	创建时间	备注
			宁夏近现代建筑名录汇总表		
1	银川市	西夏区	银川新火车站	2011 年	
2			宁夏贺兰山体育场	2012 年	
3			西夏风情园	2014 年	
4			镇北堡镇	1995 年	
5			志辉源石酒庄	2014 年	
6			巴格斯酒庄	2007 年	
7			西夏博物馆新馆	2019 年	
8			长城云漠酒庄	2015 年	
9		金凤区	宁夏文化艺术中心	2008 年	
10			宁夏博物馆新馆	2008 年	
11			宁夏市民大厅	2014 年	
12			银川国际会议中心	2011 年	
13			亲水体育馆	2009 年	
14			宁夏国际会议中心	2015 年	中阿博览会永久会址
15			宁夏花博园	2014 年	
16		兴庆区	中山公园	1929 年	
17			南关清真寺	1981 年	
18			黄沙古渡原生态旅游景区	2006 年	
19			银川老大楼	1965 年	
20			解放街	1949 年	宁夏第一街
21			宁夏人民会堂	1998 年	
22			绿洲饭店	1986 年	
23			宁夏展览馆	1986 年	
24			银川当代美术馆	2015 年	
25			光华清真大寺	1985 年	
26			银川鸣翠湖国家湿地公园	2000 年	
27		贺兰县	宁夏韩美林艺术馆	2015 年	
28		闽宁镇	永宁县闽宁镇特色小镇	2017 年	
29		灵武市	水洞沟遗址旅游区	2002 年	

续表

宁夏近现代建筑名录汇总表

序号	位置		名称	创建时间	备注
30	固原市	隆德县	六盘山红军长征纪念馆	2005 年	
31		西吉县	将台堡红军长征会师园	1996 年	
32	石嘴山市	惠农区	中街清真寺	2011 年	
33		大武口区	大武口清真大寺	1980 年	
34		平罗县	陶乐康养小镇	2017 年	
35	中卫市	海原县	老巷子	2010 年初建，2014 年扩建	
36		沙坡头区	中卫沙坡头沙漠酒店	2009 年	
37			"五馆一中心"之体育馆	2009 年	

（注：买瑞、付钰 绘制）

四、宁夏境内国家禁止开发区域名录

国家自然保护区名称	面积（平方公里）	位置	主要保护对象
宁夏贺兰山国家级自然保护区	206266	银川市、石嘴山市	水源涵养林、野生动植物及森林生态系统
宁夏灵武白芨滩国家级自然保护区	74843	灵武市	天然柠条母树林及沙生植被
宁夏沙坡头国家级自然保护区	14043	中卫市	自然沙生植被及人工治沙植被等
宁夏哈巴湖国家级自然保护区	840	盐池县	荒漠、湿地生态系统等
宁夏罗山国家级自然保护区	3371	同心县	珍稀野生动植物及森林生态系统
宁夏六盘山国家级自然保护区	678.6	泾源县、隆德县、原州区	水源涵养林及野生动植物

（注：刘佳 绘制）

参考文献

Reference

[1] 宁夏海原县菜园村遗址切刀把墓地[J]. 考古学报, 1989（04）: 415-448+526-535.

[2] 周特先.宁夏国土资源[M]. 1988（07）, 银川: 宁夏人民出版社.

[3] 余道明. 我国传统街区空间开放形态浅析[J]. 建筑与规划理论. 2005, （03）: 11-13.

[4] 王凯.宁夏董府的建筑风格与空间形态研究[D]. 西安建筑科技大学, 2008.

[5] 韩志刚, 杨学诗. 董府古建筑的现状与文物价值[J]. 固原师专学报. 1998, （01）: 63-65.

[6] 纳建宁, 龙凯音. 宁夏伊斯兰教建筑与佛教建筑艺术特色比较[J]. 中南民族大学学报. 2014, 34（06）: 55-57.

[7] 常昕. 中卫高庙古建筑群构图艺术研究与评价[J]. 山西建筑. 2011, 37（34）: 28-29.

[8] 高彩霞. 19世纪中叶以后的宁夏教堂建筑研究[D]. 西安建筑科技大学, 2006.

[9] 高彩霞, 田棋. 中西建筑文化碰撞下的宁夏天主教教堂建筑[J]. 中外建筑. 2008, （04）.

[10] 银川鼓楼的"前世今生"[N]. 银川晚报, 2012-07-04（025）.

[11] 越檀. 银川鼓楼[J]. 工会信息, 2018（08）: 3.

[12] 吕军辉. 宁夏银川市玉皇阁勘测简报[A]. 土木建筑学术文库（第7卷）[C]. 2007: 3.

[13] 燕宁娜. 宁夏西海固回族聚落营建及发展策略研究[D]. 西安建筑科技大学. 2015.

[14] 艾冲, 明代陕西四镇长城. 西安: 陕西师范大学出版社.

[15] 银川市城区军事志编纂委员会编.银川市城区军事志. 银川: 宁夏人民出版社.

[16] 韦州古城.

[17] 《弘治宁夏新志》卷三.

[18] 《读史方舆纪要》卷六十二.

[19] 《宋史·夏国传》.

[20] 刘自强, 周爱兰. 宁夏县域经济的类型演变特征及其发展路径[J]. 人文地理. 2013, （4）: 103-108.

[21] 金其铭. 农村聚落地理[M]. 北京: 科学出版社, 1988.

[22] 杨恒喜, 沈树梅, 史正涛. 基于GIS的独龙族居民点的空间分布[J]. 林业调查规划, 2010, 35（2）: 14-18.

[23] 中国社会科学院语言研究所词典编辑室. 现代汉语词典. 北京: 商务印书馆. 2005: 1526页.

[24] 郭晓东, 马利邦, 张启媛. 陇中黄土丘陵区乡村聚落空间分布特征及其基本类型分析——以甘肃省秦安县为例[J]. 地理科学, 2013（1）: 45-51.

[25] 薛正昌. 宁夏泾源县余羊寺、马家寺的保护与开发——兼论村落遗产保护[J]. 宁夏师范学院学报（社会科学）. 2015, 36（4）: 45-49.

[26] 辞海[M]. 上海: 上海辞书出版社. 1999.

[27] 韩有成. 从须弥山石窟看原州古典建筑式样——略析须弥山石窟建筑[J]. 宁夏师范学院学报（社会科学）. 2009, （2）: 64-68.

[28] 周兴华, 周晓宇. 从宁夏寻找长城源流[M]. 银川: 宁夏人民出版社, 2008.

[29] 钟侃, 张心智. 宁夏西吉县兴隆镇的齐家文化遗址. 考古, 1964, 5.

[30] 董居安. 宁夏隆德李世选村发现新石器文化遗物. 考古, 1964, 9.

[31] 宁互文物考古研究所, 中国历史博物馆考古部. 宁夏海原县菜园村遗址、墓地发掘简报. 文物, 1988, 9.

[32] 宁夏农牧业发展与环境变迁研究[J].

[33] 宁夏通史·古代卷. 银川: 宁夏人民出版社, 1993, 9.

[34] 元史·世祖本纪. 北京: 中华书局.

[35] 李卫东. 宁夏回族建筑研究[D]. 天津大学.

[36] 明长城"九边"重镇军事防御性聚落研究.

[37] 陈莹. 宁夏西海固地区传统地域建筑研究[D]. 西安建筑科技大学, 2009.

[38] 燕宁娜等. 宁夏回族建筑形态及其可识别特征成因[J]. 四川建筑科学研究, 2013.

[39] 王军. 西北民居[D]. 北京: 中国建筑工业出版社.

[40] 刘景纯. 历史时期宁夏居住形式的演变及其与环境的关系[J]. 西夏研究. 2012, (03): 96-99.

[41] 燕宁娜. 基于传统木构空间的回族建筑现象解析——以宁夏回族传统木构清真寺为例[J]. 华中建筑, 2013.

[42] 李霁. 历史文物介绍——承天寺塔[J]. 宁夏社会科学, 1983.

[43] 纳建宁, 龙凯音. 宁夏伊斯兰教建筑与佛教建筑艺术特色比较[J]. 中南民族大学学报, 2014, 34 (06): 55-57.

[44] 常昕. 中卫高庙古建筑群构图艺术研究与评价[J]. 山西建筑, 2011, 37 (34): 28-29.

[45] 余军. 西夏王陵对唐宋陵寝制度的继承与嬗变——以西夏王陵三号陵园为切入点[J]. 宋史研究论丛. 2015.

[46] 王树声. 中国城市人居环境历史图典[M]. 北京: 科学出版社, 2016.

[47] 任晓娟, 陈晓键, 马泉著. 西北地区城市空间扩展及动因分析——以宁夏固原市为例[J]. 2017.

[48] 李卫东, 周旭宏. 地域风格的忠实诠释——宁夏银川文化艺术中心建筑设计[J]. 建筑学报. 2009.

[49] 柯林·福涅尔, 冯元玥. 对"差错"的礼赞——银川当代美术馆[J]. 世界建筑. 2015.

[50] 全惠民, 李天颖. 韩美林艺术馆建筑与室内设计探析[J]. 家具与室内装饰. 2018.

[51] 邸琦. 城市特色塑造视角下的历史街区再生设计研究——以宁夏中卫市高庙历史街区为例[D]. 河北工业大学. 2015.

[52] 刘荣伶. 城市空间特色营造中的历史环境再生策略——以宁夏中卫市为例[J]. 新常态: 传承与变革——2015中国城市规划年会论文集（09城市总体规划）. 2015.

宁夏回族自治区传统建筑解析与传承分析表

宁夏传统建筑解析

地区分类
- 北部平原绿洲区
- 中部荒漠草原区
- 南部黄土丘陵区

建筑类型
- 皇家建筑：宫殿建筑、陵寝
- 公共建筑：寺庙、楼阁、钟鼓楼、塔、石窟、清真寺、教堂
- 民居建筑：北部民居、中部民居、南部民居
- 军事建筑：长城、古城遗址

宁夏传统建筑分类总结

传承解析

思想特征：庙舍庙字,覆之以瓦,止若棚焉。民居用土,以招紫气东来,起地方文脉,壮山城景色 汉族、回族、党项人文化融合 佛道合一,三教合一 山河之交,中通一路

营造方法：照壁 石雕 前寺后庙 左昭右穆葬制 前平后台 楼阁式佛塔 毡木结构 土坯和黄草泥垒窑洞 土木结构 砖木结构 拼砖的技法 砖石砌筑

物象特征：高房子 单坡顶覆瓦房 无外廊式 开口式 封闭式 多为矩形 一村一堡 规模宏大 两面坡起脊挂瓦房 墓塞防御型 传统建筑相融合

历史贡献：研究中国近代史 地方文化及人物历史的见证 爱国热情和民族自尊心的见证 艺术观赏价值 反映出宁夏地区建筑技术水平

精义解释

传承原则：适宜性、创新性、可持续性、保护性

当代传承
- 兼顾形式与意蕴
- 基于布局基理
- 基于自然环境
- 基于原型空间提取

传承策略

建筑类型
- 公共建筑：办公、文教、商业、医疗、博览、体育……
- 民居建筑：城市住宅、农村住宅
- 传统建筑：保护、修葺、更新

设计实施

后 记

Postscript

　　几经易稿编纂，《中国传统建筑解析与传承　宁夏卷》终得以面世，再回首，本书凝结了各方面的力量。在这里本书编委会表示由衷感谢，包括宁夏回族自治区住房和城乡建设厅霍健明、李志国、杨普、杨文平、岳国军、万雄兵、李鸣、徐海波、杨彦国、白昕同志；宁夏国土资源厅李晓玲、丁小丽、唐婉琪、陈伟民同志；宁夏文化厅朱瑞华同志；宁夏文物管理局马建军、孔德翊同志；宁夏统战部宗教处杨玉龙同志；宁夏社会科学界联合会杨占武同志；宁夏社会科学院薛正昌同志；宁夏大学西夏研究院杜建录同志；宁夏建筑设计研究院有限公司李志辉、尹冰、边江同志；宁夏木谷建筑设计事务所陈李立、马媛媛同志；银川市规划建筑设计院有限公司詹雷同志；宁夏路达施工图审查咨询有限公司郝艳英、韦红同志；银川市规划勘察设计研究院有限公司李岩、李卫东同志；固原市原州区文物管理所胡永祥同志；固原市隆德县文物管理所所长刘世友同志；须弥山石窟文物管理所所长王玺同志。感谢以上十六家单位共计34位成员对此书的持续关注及大力支持，感谢各位的辛苦付出与不懈努力。

　　本书由霍健明、李志国、杨普、杨文平、岳国军、万雄兵、李鸣、徐海波、杨彦国、白昕负责组织，由陈宙颖负责全书协调汇总讨论、对接联络工作以及书稿结构及目录制定。由丁小丽、陈宙颖执笔，张天然、魏红宁协助完成绪论。王晓燕、董茜执笔，郜英洲、姚瑞、龙倩、李巧玲、陈帆协同完成第二章北部平原绿洲区传统建筑解析。第三章中部荒漠草原区传统建筑解析由李涛、马冬梅执笔，马龙、王蕾、唐美、谷晓菲协同完成。第四章南部黄土丘陵区传统建筑解析由马冬梅、马小凤编著，常轩、姚瑞、李晓玲协同完成。第五章由尚贝、李涛、唐婉琪执笔。第六章由马依楠、吕桂芬、陈李立、马媛媛执笔，贾燕萍、田晓敏、朱启光协助完成。第七章由王德全、刘佳、陈李立、吕桂芬、马依楠、马媛媛执笔。结语、后记由陈宙颖执笔，张天然协助完成。编写组核心人员有陈宙颖、陈李立、马冬梅、董茜、王晓燕、马小凤、王德全、刘佳、李涛、吕桂芬、尚贝、马依楠、马媛媛，核心调研人员有林卫公、杨自明、张豪、宋志浩、郜英洲、姚瑞、常轩、贾燕萍、王蕾、张玲玲、田晓敏、朱启光、龙倩、李巧玲。附录表格由伍雅超、刘蓓蓓、买瑞、付钰等完成。图片绘制由郜英洲、单佳洁、马龙、魏红宁等完成。全文照片拍摄由贺平、燕宁娜、马龙、张天然、买瑞、李慧、董娜等完成。封面照片由苏宇静完成。此外统一感谢贾立南、杨昊、孙楠、陈帆、郜英洲、姚瑞、周润、常轩、贾燕萍、马龙、张天然、买瑞、伍雅超、刘蓓蓓、付钰、单佳洁、魏红宁、唐美、谷晓菲等同学在调研、测量、绘图等方面的辛苦付出。

宁夏传统建筑文化作为中国建筑文化的重要组成部分，历史悠久，意义非凡。本书编委会由于编撰时间仓促，调研难度高，资料收集困难等诸多因素限制，加之编写人员才疏学浅，本书笔头功夫实在难书宁夏传统建筑文化万分之一二。书中有不足处，还望各位专家学者、业内同行及广大读者批评指正！